第1種 放射線取扱主任者 実戦問題集

福井 清輔 編著

弘文社

まえがき

　本書は，第 1 種放射線取扱主任者の資格取得を目指される方が，実戦的な問題を解いて学習し，あるいは実力評価をすることができることを目的として用意した問題集です。

　過去に実際に出題された問題のうち，最近のものをランダムに配列して 2 回分の実試験形式にまとめています。

　過去問をできる限り丁寧にわかりやすく解説しました。これまでの学習の成果を試されたい方や，試験本番に備えて実戦的な問題に挑戦してみたい方に最適です。

　本書を活用されて，皆様が栄冠を勝ち取られることを願ってやみません。

著者

目　次

第1種放射線取扱主任者受験ガイド　　　　　　　　　　　　　　5
本書に取り組む前に　　　　　　　　　　　　　　　　　　　　　9

第1回 問題
物化生 …………………… 12　　物理学 …………………… 25
化学 ……………………… 32　　管理測定技術 …………… 39
生物学 …………………… 50　　法令 ……………………… 58

第2回 問題
物化生 …………………… 72　　物理学 …………………… 86
化学 ……………………… 92　　管理測定技術 …………… 99
生物学 …………………… 112　　法令 …………………… 119

解答一覧　　　　　　　　　　　　　　　　　　　　　　　　132

第1回 解答解説
物化生 …………………… 142　　物理学 …………………… 152
化学 ……………………… 164　　管理測定技術 …………… 180
生物学 …………………… 192　　法令 …………………… 208

第2回 解答解説
物化生 …………………… 223　　物理学 …………………… 235
化学 ……………………… 246　　管理測定技術 …………… 260
生物学 …………………… 272　　法令 …………………… 285

第1種放射線取扱主任者受験ガイド

※本項記載の情報は変更される可能性もあります。
必ず試験機関に問い合わせて確認してください。

放射線取扱主任者

　放射線取扱主任者は，放射性同位元素による放射線障害に関する法律（放射線障害防止法）に基づく資格で，放射性同位元素あるいは放射線発生装置を取り扱う場合において，放射線障害の防止に関し監督を行う立場となります。この資格を取得された方は，放射線に関する基礎知識や専門知識を持った専門家として評価されますので，さまざまな分野で活躍されることが期待されます。

受験資格

　学歴，性別，年齢，経験などの制限は，一切ありません。

試験課目と試験時間等

　試験は2日間にわたって実施されます。

	課目	問題数と試験時間	問題形式
1日目	注意事項，問題配布	9：40〜10：00	―
	物理学・化学・生物学	6問（105分） 10：00〜11：45	穴埋め（選択肢あり）
	注意事項，問題配布	13：20〜13：30	―
	物理学	30問（75分） 13：30〜14：45	五肢択一
	注意事項，問題配布	15：20〜15：30	―
	化学	30問（75分） 15：30〜16：45	五肢択一
2日目	注意事項，問題配布	9：40〜10：00	―
	管理測定技術	6問（105分） 10：00〜11：45	穴埋め（選択肢あり）
	注意事項，問題配布	13：20〜13：30	―
	生物学	30問（75分） 13：30〜14：45	五肢択一
	注意事項，問題配布	15：20〜15：30	―
	法令	30問（75分） 15：30〜16：45	五肢択一

この表からわかるように，105分の試験では6問，75分の試験では30問が出題されます。105分の試験では1問がそれぞれ複数の小問題に分かれ，主に与えられた選択肢から選ぶ形式となっています。これに対して，75分の試験の30問は基本的に五肢択一の形式で，1問あたり平均で2.5分が与えられています。
　いずれにしても，十分に余裕のある試験時間とはいえないと思われますので，できる問題を早めに片づけて，難しい問題により多くの時間を使うことができるように工夫することも重要な受験技術といえるでしょう。

試験日
例年，8月下旬の2日間にわたって実施　※変更される可能性もあります。

試験地
札幌，仙台，東京，名古屋，大阪，福岡の6ヶ所

受験の申込み
●受験申込書の入手
　受験申込書一式を入手する方法は，窓口で入手する方法と郵送によるものとがあります。
●主な窓口（入手先）

窓口	住所と電話番号
（公財）原子力安全技術センター 防災技術センター	〒039-3212 青森県上北郡六ヶ所村大字尾駮字野附1-67 電話：0175-71-1185
東北放射線科学センター	〒980-0021 仙台市青葉区中央2-8-3 大和証券仙台ビル10階 電話：022-266-8288
（独）日本原子力研究開発機構 東海研究開発センター　リコッティ	〒319-1118 茨城県那珂郡東海村舟石川駅東3-1-1 電話：029-306-1155
（一社）日本原子力産業協会	〒105-8605 東京都港区虎ノ門1-2-8 虎ノ門琴平タワー9階 電話：03-6812-7141

（公社）日本アイソトープ協会	〒113-8941 東京都文京区本駒込2-28-45 電話：03-5395-8021
中部原子力懇談会	〒460-0008 名古屋市中区栄2-10-19 名古屋商工会議所ビル6階 電話：052-223-6616
（株）紀伊國屋書店梅田本店	〒530-0012 大阪市北区芝田1-1-3　阪急三番街 電話：06-6372-5821

●提出書類
　1．受験申込書一式
　・放射線取扱主任者試験受験申込書
　・写真票
　・資格調査票
　・郵便振替払込受付証明書
　2．写真
　写真票に添付，申込者本人のみのもので，申込前1年以内に脱帽，無背景，正面を向き，上半身で撮影した縦4.5cm×横3.5cmのもの。
●受付期間
　4月に官報で告示して，5月中旬～6月下旬
●送り先
　公益財団法人 原子力安全技術センター 主任者試験グループ
　　〒112-8604
　　東京都文京区白山5-1-3-101　東京富山会館ビル4階
　　電話：03-3814-7480

　公益財団法人 原子力安全技術センター 西日本事務所
　　〒550-0004
　　大阪府大阪市西区靱本町1-8-4　大阪科学技術センター3階
　　電話：06-6450-3320

受験料

　13,900円　※変更される可能性もあります。必ず試験団体に問い合わせて確認してください。

合格基準
- ●試験課目ごとに50%
- ●全試験課目合計で60%

合格発表
- ・10月下旬の官報
- ・合格者に合格証の交付（不合格者には通知がありません）
- ・原子力規制委員会のホームページ　http://www.nsr.go.jp
- ・（公財）原子力安全技術センターのホームページ　http://www.nustec.or.jp

本書に取り組む前に

　放射線取扱主任者試験に限らず，どの資格試験でもあきらめずにあくまでも続けて頑張る必要があります。「継続は力なり」といわれますが，まさにその通りです。こつこつと努力されれば，遅くとも確実に実力がつきます。頑張っていただきたいと思います。
　試験まで時間がある場合には長期的な計画のもとに，試験の直前ではそれに合わせて短期間で頑張っていただきたいと思います。

　放射線取扱主任者試験に合格される方は，当たり前ではありますが，「60%以上の問題を正解される方」です。合格されない方は，「60%の問題の正解を出せない方」です。
　合格される方の中には，「すべてを理解してはいなくても，平均的に約60%以上の問題について正解が出せる方」が含まれます。逆にいうと，約40%は正解が出せなくても合格できるのです。多くの合格者がこのタイプといっても過言ではないかもしれません。
　合格されない方の中には，「高度な理解力をお持ちであっても，100%を理解しようとして途中で学習を中断される方」も含まれます。優秀な学力をお持ちの方で，受験に苦労される方が時におられますが，およそこのようなタイプの方のようです。
　いずれにしても，試験勉強はたいへんです。その中で，最初から「すべてを理解しよう」などとは思わずに，少しでも時間があれば，1問でも多く理解し，1問でも多く解けるように努力されることがベストであろうと思います。

　なお，本書では次の略号を使っております。
法：放射線障害防止法
令：放射線障害防止法施行令
則：放射線障害防止法施行規則
告：放射線を放出する同位元素の数量等を定める件

※本書は，過去に出題された問題を，試験実施機関のご協力のもと使用許諾を得た上で掲載しております。ただし，現行の法令に適合させるために修正を加えている箇所もあります。

第1回 問題

問題数と試験時間を次に示します。解答にかけられる時間は，物化生と管理測定技術が1問あたり平均17.5分，物理学，化学，生物学，法令が1問あたり平均2.5分となっています。時間配分に注意して，難しいと思われる問題にできるだけ時間を充てられるようにしましょう。

日程	課目	問題数	試験時間
1日目	物化生	6問	105分
	物理学	30問	75分
	化学	30問	75分
2日目	管理測定技術	6問	105分
	生物学	30問	75分
	法令	30問	75分

解答一覧　　P. 132
解答解説　　P. 142

物化生

問 1 次のⅠ～Ⅲの文章の□□の部分に入る最も適切な語句，記号，数値又は数式を，それぞれの解答群から 1 つだけ選べ。

Ⅰ 物質中に入射した光子束は，光子エネルギーが高い場合に起こる光核反応を除くと，主として A ， B ， C の3つの過程により減衰する。ここで， A の原子断面積 σ_a は物質の原子番号 Z と光子エネルギー E_γ に依存し，おおよそ $\sigma_a \propto$ D $\cdot E_\gamma^{-3.5}$ である。したがって， A はエネルギーの低い光子が原子番号の大きい物質に入射したときに寄与が大きくなる。一方， B は電子との散乱過程であるので，その原子断面積 σ_b は 1 原子当たりの電子数に比例する。また， C の原子断面積 σ_c は E に比例し，しきい値以上では光子エネルギーが高くなるほど大きくなる。

<A～Cの解答群>
1 ラザフォード散乱　　2 レイリー散乱　　3 トムソン散乱
4 光電効果　　　　　　5 チェレンコフ効果　6 コンプトン効果
7 オージェ効果　　　　8 核破砕反応　　　　9 電離
10 励起　　　　　　　 11 電子対生成　　　 12 イオン対生成

<D, Eの解答群>
1 Z^{-2}　　2 Z^{-1}　　3 $Z^{-1/2}$　　4 $Z^{1/2}$　　5 Z　　6 Z^2
7 Z^3　　8 Z^5　　9 Z^7　　10 Z^9

Ⅱ よくコリメートされた細い光子束が物質に入射したとき，光子フルエンス Φ の物質内の厚さ dx での減衰 $d\Phi$ は，μ を定数として

$$-\frac{d\Phi}{dx} = \mu \Phi$$

で表される。物質の厚さを x とし，入射光子フルエンスを Φ_0 とすると

$$\Phi = \Phi_0 e^{-\mu x}$$

となる。この式において μ を F と呼ぶ。ある物質の光子との相互作用に関する F は，その相互作用に対する原子断面積に物質の単位 G 当たりの原子数 N を乗じたものである。 F の逆数を H と呼ぶ。 F を物質の密度 ρ で割った値 μ/ρ が I であり，物質の状態によらず物質固有の値として扱える。また， B に対する I は，物質の原子番号 Z と質量数 A を用いて表すとき ア に比例する量となり，水素を除き J にあまり依存しないことが示される。

<F～Hの解答群>

1　内部転換係数　　　　2　線減弱係数　　　　　3　エネルギー転移係数
4　エネルギー吸収係数　5　ビルドアップ係数　　　6　平均自由行程
7　平均飛程　　　　　　8　最大飛程　　　　　　9　外挿飛程
10　長さ　　　　　　　11　面積　　　　　　　　12　体積
13　質量　　　　　　　14　半価層　　　　　　　15　コンプトン長

<I, Jの解答群>

1　質量阻止能　　　　　　2　質量減弱係数　　　　3　線減弱係数
4　質量エネルギー転移係数　　　　　　　　　　　5　線エネルギー付与
6　質量エネルギー吸収係数　　　　　　　　　　　7　質量
8　物質　　　　　　　　　9　光子エネルギー　　　10　光子フルエンス

<アの解答群>

1　$\left(\dfrac{Z}{A}\right)^{\frac{1}{2}}$　　2　$\dfrac{Z}{A}$　　3　$\dfrac{A}{Z}$

4　$\left(\dfrac{Z}{A}\right)^2$　　5　$\left(\dfrac{A}{Z}\right)^2$　　6　ZA

Ⅲ　Ⅱで述べた　F　あるいは　I　は，光子の物質中での減衰を扱う場合に重要であるが，光子による物質へのエネルギー付与やその結果生じる効果など，エネルギー伝達を扱う場合には，　K　や　L　で考える。

ここで，特性X線として持ち去られる平均エネルギーをδ，　B　において放出される二次電子の平均エネルギーを$\bar{E}$，電子の静止質量をm_0c^2とすると，　K　μ_1は，Ⅰで述べた3つの過程の断面積を用いて，

$$\mu_1 = \{\boxed{\text{イ}}\sigma_a + \boxed{\text{ウ}}\sigma_b + \boxed{\text{エ}}\sigma_c\} N$$

と表すことができ，全入射光子エネルギーのうち，どの位のエネルギーが相互作用により生成された二次電子の運動エネルギーに変換されるかの割合を示すパラメータとなる。　L　μ_2は，二次電子の運動エネルギーのうち制動放射線として失われるエネルギーの割合をgとするとき，

$$\mu_2 = \mu_1 \boxed{\text{オ}}$$

で表される。光子エネルギーが低く，空気や軟組織などの低原子番号物質では，ほぼ$\mu_2 = \mu_1$の関係が成立する。

これらのパラメータを用いて，0.5MeV光子が軟組織に入射する場合の軟組織に付与されるエネルギーについて考える。まず，0.5MeV光子と軟組織の相互作用の大部分は，　M　であり，相互作用の結果発生する二次電子が軟組織にエネルギーを付与する。軟組織中のある場所での光子フルエンスが

$1.0 \times 10^{15} \mathrm{m}^{-2}$ であるとき，その場所における単位質量当たりに付与されるエネルギーは，軟組織の ┃ L ┃ をその密度で割った値 μ_2/ρ を $0.003 \mathrm{m}^2 \cdot \mathrm{kg}^{-1}$ として，┃ カ ┃ $\mathrm{J} \cdot \mathrm{kg}^{-1}$ と求まる。

＜K〜Mの解答群＞

1　内部転換係数　　　　2　線減弱係数　　　　3　エネルギー転移係数
4　エネルギー吸収係数　5　放射線加重（荷重）係数
6　ラザフォード散乱　　7　レイリー散乱　　　8　トムソン散乱
9　光電効果　　　　　　10　チェレンコフ効果　11　コンプトン効果
12　オージェ効果　　　　13　光核反応

＜イ〜エの解答群＞

1　$\dfrac{\overline{E}}{E_\gamma}$　　　　　　2　$\dfrac{\delta}{E_\gamma}$　　　　　　3　$\dfrac{m_0 c^2}{E_\gamma}$

4　$\left(1-\dfrac{\overline{E}}{E_\gamma}\right)$　　5　$\left(1-\dfrac{\delta}{E_\gamma}\right)$　　6　$\left(1-\dfrac{2\delta}{E_\gamma}\right)$

7　$\left(1-\dfrac{m_0 c^2}{E_\gamma}\right)$　8　$\left(1-\dfrac{2m_0 c^2}{E_\gamma}\right)$

＜オの解答群＞

1　g　　　　　　　　2　$\dfrac{1}{g}$　　　　　　3　$(1+g)$

4　$\dfrac{1}{1+g}$　　　5　$(1-g)$　　　　　6　$\dfrac{1}{1-g}$

7　$\dfrac{g}{1+g}$　　　8　$\left(\dfrac{1}{g}+1\right)$　　9　$\dfrac{g}{1-g}$

10　$\left(\dfrac{1}{g}-1\right)$

＜カの解答群＞

1　1.5×10^{-2}　　2　2.4×10^{-2}　　3　5.0×10^{-2}
4　7.2×10^{-2}　　5　1.5×10^{-1}　　6　2.4×10^{-1}
7　5.0×10^{-1}　　8　7.2×10^{-1}　　9　1.5
10　2.4　　　　　　　　11　5.0　　　　　　　12　7.2

問2 次のⅠ〜Ⅲの文章の ┃　　┃ の部分に入る最も適切な語句，数値又は数式をそれぞれの解答群から1つだけ選べ。

Ⅰ　α 壊変は，原子核が α 粒子すなわち ┃ A ┃ を放出してより小さい原子核

に壊変する現象であり，若干の例外を除いて質量数が200以上の重い原子核で起こる。α壊変に伴い放出されるエネルギー，すなわち壊変エネルギーは　B　と呼ばれ，親核，生成核並びにα粒子の　C　から求められる。このエネルギーが生成核及びα粒子に運動量を保存するように分配されるために，α粒子のエネルギーは　D　を示す。^{226}Ra がα粒子を放出して ^{222}Rn に壊変する例を考えると，この壊変の　B　は　ア　MeV となる。また，α粒子のエネルギーは　イ　MeV となる。ただし，^{226}Ra，α粒子並びに ^{222}Rn の結合エネルギーを，それぞれ1731.6MeV，28.3MeV 並びに1708.2MeV とする。

<A，Bの解答群>
1　電子　　　　　　　2　中性子　　　　　　3　陽子
4　重陽子　　　　　　5　ヘリウム原子核　　　6　リチウム原子核
7　G値　　　　　　　8　Q値　　　　　　　　9　W値
10　ε値

<C，Dの解答群>
1　波高欠損　　　　　　　　2　質量欠損
3　ポテンシャルエネルギー　4　内部転換エネルギー
5　エネルギー損失　　　　　6　連続スペクトル　　　7　線スペクトル
8　マクスウェル分布

<ア，イの解答群>
1　4.0　　　2　4.1　　　3　4.2　　　4　4.3　　　5　4.4
6　4.5　　　7　4.6　　　8　4.7　　　9　4.8　　　10　4.9
11　5.0　　12　5.1　　13　5.2　　14　5.3

Ⅱ　β壊変には，$β^-$壊変，$β^+$壊変及び　E　があり，いずれも弱い相互作用によって起こる。

$β^-$壊変では原子核内の　F　が　G　に変わり，電子と反ニュートリノが放出される。壊変エネルギーは，生成核，電子（$β^-$線）及び反ニュートリノの運動エネルギーに分配され，$β^-$線のエネルギーは連続分布となる。一般に，β線のエネルギーは，電子が持ち出す最大のエネルギーで表されることが多く，これは壊変エネルギーに対応する。

$β^+$壊変では　H　とニュートリノが放出される。その結果，生成核の原子番号は　I　。また，その質量数は　J　。　H　のエネルギー分布も連続分布で，その分布の形状は $β^-$ 線のエネルギー分布と　K　。$β^+$壊変における親核の質量を X，生成核の質量を Y とすると，壊変エネルギーは，

| L |と表すことができる。ただし，c を光速度，m_0 を電子の静止質量とする。

| E |は，原子核の| M |が軌道電子と結合して| F |になり，ニュートリノを放出する現象である。これにより，電子軌道に空孔が生じ，そこへ外側の軌道の電子が遷移した場合には，| N |又はオージェ電子が放出される。| E |はもっとも内殻，すなわちK殻にある電子で起こりやすく，これが起こった場合，K軌道及びL軌道における電子の結合エネルギーを E_K 及び E_L とすると，| N |と競合して放出される電子のエネルギーは| O |となる。

＜Eの解答群＞
1　内部転換　　　2　核異性体転移　　3　電子捕獲
4　制動放射　　　5　自家核分裂　　　6　中性子捕獲

＜F～Jの解答群＞
1　陽子　　　　　2　中性子　　　　　3　電子
4　陽電子　　　　5　ニュートリノ　　6　反ニュートリノ
7　中間子　　　　8　1つ減少する　　9　変わらない
10　1つ増加する

＜K，Lの解答群＞
1　一致する　　　2　異なる　　　　　3　相似である
4　$(X-Y+m_0)c$　5　$(X-Y+m_0)c^2$　6　$(X-Y-m_0)c$
7　$(X-Y-m_0)c^2$　8　$(X-Y-2m_0)c$　9　$(X-Y-2m_0)c^2$

＜M～Oの解答群＞
1　陽子　　　　　2　中性子　　　　　3　電子
4　陽電子　　　　5　中間子　　　　　6　γ 線
7　制動X線　　　8　特性X線　　　　9　消滅放射線
10　E_K-E_L　　11　E_K+E_L　　　12　E_K
13　E_K-2E_L　14　E_K+2E_L

Ⅲ　α 壊変や β 壊変後の生成核は励起状態にある場合が多い。γ 放射は，このような励起状態の核種がより安定になるため γ 線を放出してエネルギーのより低い状態へ変化する現象をいう。γ 放射において，核子の構成に変化はない。また，励起状態からの移行は一般に瞬時に起こるが，その励起状態の寿命が測定できるほど長い場合を| P |という。γ 線を放出する代わりに，軌道電子を放出する過程を| Q |といい，放出される電子のエネルギーは| R |を示す。

<P～Rの解答群>
1 内部転換　　2 核異性体転移　　3 電子捕獲
4 制動放射　　5 自発核分裂　　　6 光核反応
7 連続スペクトル　8 線スペクトル　9 マクスウェル分布

問3 次のⅠ～Ⅲの文章の□□□の部分に入る最も適切な語句，記号又は数値を，それぞれの解答群から1つだけ選べ。なお，解答群の選択肢は必要に応じて2回以上使ってもよい。

Ⅰ　すべての物質は多数の原子が集まってできている。原子の大きさは ア m程度であり，原子の中心には，さらにその数万分の1の大きさの原子核がある。この原子の大きさには原子核を取り巻く A の広がりが反映されている。原子核を構成する陽子と中性子の質量はほぼ等しく，それぞれ約 イ グラムであり， A の質量の約1,840倍である。1モルの原子の質量は，原子核内の陽子と中性子の数の和である B にグラムをつけた値に近く， A の質量はほとんど無視できる。一方，原子間の結合は A が担い，原子の化学的な性質は A によって支配されている。しかし A の数は，中性原子では陽子の数に等しく，陽子の数が元素を決め，各元素に対応する C 番号となる。同じ元素（同じ C 番号）でありながら，中性子の数が異なる（したがって B が異なる）核種どうしは D と呼ばれ，化学的な性質はほぼ同じである。

<アの解答群>
1 10^{-6}　　2 10^{-8}　　3 10^{-10}　　4 10^{-12}　　5 10^{-14}
6 10^{-16}　　7 10^{-18}　　8 10^{-20}

<イの解答群>
1 1.7×10^{-24}　　2 3.4×10^{-24}　　3 1.7×10^{-23}
4 3.4×10^{-23}　　5 6.0×10^{-23}　　6 6.0×10^{23}
7 6.0×10^{24}

<A～Dの解答群>
1 原子　　2 原子核　　3 電子　　4 陽子　　5 中性子
6 中間子　　7 質量　　8 質量数　　9 核異性体　　10 同位体
11 同中性子体　　12 同重体

Ⅱ　地殻中に大量に存在し，動植物にとって必須元素であるカリウムは，天然同位体存在度が ^{39}K：93.26％，^{40}K：0.0117％，^{41}K：6.73％であり，カリウム

の原子量は39.1となる。この内，^{40}K は半減期12.5億年の放射性核種であり，46億年前の地球誕生時における ^{40}K の存在量は現在の約 E 倍であったと推定される。^{40}K は，その放射壊変において，89.1%が F 壊変して ^{40}Ca になり，10.7%が G 壊変して ^{40}Ar になり1.46MeVの光子を放出する。

地球大気中に約1%存在する気体アルゴンの99.6%は ^{40}Ar であり，これは主に ^{40}K から生成した。他に ^{36}Ar が0.34%，^{38}Ar が0.06%存在し，アルゴンの原子量は H となる。その結果，アルゴンとカリウムでは原子番号順で原子量の逆転が起きている。

カリウムは，元素の周期表では I などとともにアルカリ金属と呼ばれ， ウ になりやすい。カルシウムは， J などとともにアルカリ土類金属と呼ばれ， エ になりやすい。一方，アルゴンは希ガス（貴ガス）と呼ばれ，化学的に安定で反応しない。

<Eの解答群>

1 0.08   2 0.1   3 2   4 4   5 8
6 12   7 20

<F, Gの解答群>

1 α 2 β^- 3 γ 4 EC

<Hの解答群>

1 39.0   2 39.2   3 39.4   4 39.6   5 39.8
6 40.0

<I, Jの解答群>

1 C   2 Cd   3 Ce   4 Co   5 Cr
6 Cs   7 Cu   8 S   9 Sb   10 Sc
11 Se   12 Si   13 Sn   14 Sr

<ウ, エの解答群>

1 3価の陽イオン   2 2価の陽イオン   3 1価の陽イオン
4 3価の陰イオン   5 2価の陰イオン   6 1価の陰イオン

Ⅲ 人にとって必須元素であるヨウ素は K になりやすいハロゲンの一つである。ヨウ素は安定同位体が L のみの単核種元素であるが，放射性同位体は数多く知られている。とくに M （半減期8.02日）は，^{235}U などの核分裂によって大量に生成し，原子炉事故時における環境汚染が問題になるが，一方では甲状腺疾患のアイソトープ治療などにも多く利用されている。その製造には，天然組成の N を原子炉で中性子照射し，^{130}N (n, γ) ^{131}N $\xrightarrow[25\min]{\beta^-}$ M の反応が利用される。生成したヨウ素の揮発性を利用し

て，加熱により　M　を分離して得ることができる。安定同位体より中性子過剰の　M　はβ^-壊変して ^{131}　O　になる。逆に中性子不足の ^{123}I や ^{125}I などでは EC 壊変して，それぞれ ^{123}　P　や ^{125}　P　になる。

＜K の解答群＞
1　3 価の陽イオン　　　2　2 価の陽イオン　　　3　1 価の陽イオン
4　1 価の陰イオン　　　5　2 価の陰イオン　　　6　3 価の陰イオン

＜L，M の解答群＞
1　^{121}I　　2　^{123}I　　3　^{124}I　　4　^{125}I　　5　^{127}I
6　^{128}I　　7　^{129}I　　8　^{130}I　　9　^{131}I　　10　^{132}I
11　^{133}I　　12　^{135}I

＜N～P の解答群＞
1　Se　　2　Te　　3　Po　　4　Br　　5　At
6　Ar　　7　Kr　　8　Xe

問4　次の I，II の文章は，ウランの核分裂現象発見の根拠となった，O. ハーン，L. マイトナーらによる放射化学実験について述べたものである。□の部分に入る最も適切な語句又は記号を，それぞれの解答群から1つだけ選べ。なお，解答群の選択肢は必要に応じて2回以上使ってもよい。

I　天然ウランに熱中性子を照射すると，主として次の2つの反応の起きることが現在では分かっている。

　　　　　A　+n→核分裂反応　………………………………………… ①
　　　　　B　+n→ ^{239}U → ^{229}Np →　C　……………………………………… ②

　ハーンらが実験を行う少し前，E. フェルミや I. キュリーらがウランに熱中性子を照射すると複数の放射性核種が生成することを報告していた。フェルミは，ある核種が β^- 壊変すると　D　は変わらないが　E　は1つだけ増加することから，当時はまだ知られていない　F　が生成したと主張した。またキュリーらはランタンの放射性核種を発見したと報告していた。

　ハーンらは，生成した放射性核種の中に，バリウムと類似の化学的ふるまいをする核種があることから，下図の③と④のプロセスにより　G　が生成し，さらにその β^- 壊変⑤により，娘核種の　H　が生成したと推定した。③と④のプロセスは，ある核種が α 壊変すると，生成核種が，もとの核種よりも　E　が2，　D　が4だけ減少することを根拠にしている。

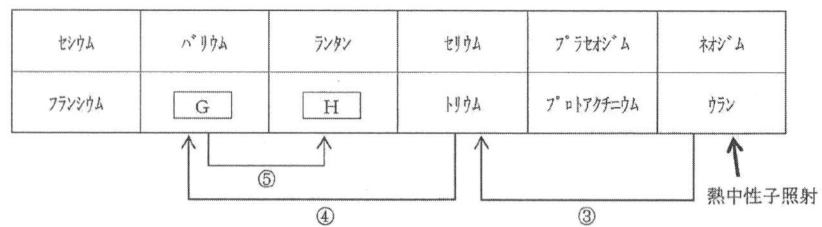

周期表の一部とハーンらが最初に想定した核変換のプロセス(③〜⑤)

<A〜Cの解答群>
1 ^{234}U　　2 ^{235}U　　3 ^{238}U　　4 ^{238}Np　　5 ^{238}Pu
6 ^{239}Pu　　7 ^{240}Pu

<D〜Hの解答群>
1 エネルギー　　2 中性子数　　3 原子番号
4 質量数　　　　5 アクチニウム　6 ランタノイド元素
7 超ウラン元素　8 ラジウム　　　9 テクネチウム
10 プロメチウム

Ⅱ　ハーンらは，Ⅰで述べた生成核種を確認しようとして，マイトナーらと詳細な化学実験を行った。照射したウランを溶解後，前処理をしてから，ラジウムの　Ⅰ　であるバリウムを　J　として添加し，高濃度の塩酸溶液系から塩化バリウムを沈殿させた。この沈殿には，ウラン，プロトアクチニウム，トリウム，アクチニウムが含まれていないことを確認した。次に，照射時間と照射後の冷却時間を変えてβ線を測定し，放射能の　K　曲線から，3つの親核種（Ra-Ⅱ，Ra-Ⅲ，Ra-Ⅳと表記）及び，それらからそれぞれ生成する娘核種（Ac-Ⅱ，Ac-Ⅲ，Ac-Ⅳと表記）の半減期を決定した。

ハーンらはさらに，これらの親核種と娘核種がそれぞれラジウム及びアクチニウムの同位体であると考え，その確認を試みた。しかし，Ra-Ⅱ，Ra-Ⅲ，Ra-Ⅳ，あるいは当時知られていたラジウムのトレーサー（^{228}Ra）を含む塩化バリウム系で繰り返し分別結晶操作を行った結果，Ra-Ⅱ，Ra-Ⅲ，Ra-Ⅳの化学的特性はいずれもラジウムとは異なり，むしろバリウムとしての挙動を示した。一方，Ac-Ⅱ，Ac-Ⅲ，Ac-Ⅳあるいは当時知られていたアクチニウムのトレーサー（^{228}Ac）を含むシュウ酸ランタン系で繰り返し分別結晶操作を行った結果，Ac-Ⅱ，Ac-Ⅲ，Ac-Ⅳの化学的特性はいずれもアクチニウムとは異なり，むしろランタンとしての挙動を示した。

それぞれの核種の親－娘の関係を考慮すると，塩化バリウムに捕捉された3

種の親核種 Ra-Ⅱ，Ra-Ⅲ，Ra-Ⅳは，いずれも放射性の L 同位体であり，それらから生成した娘核種 Ac-Ⅱ，Ac-Ⅲ，Ac-Ⅳは，いずれも M の同位体と考えられた。

以上の化学的事実から，ハーンらは，原子番号92のウランに熱中性子を照射すると，原子番号56の N が生成したと発表した。この報告に基づいて，マイトナーらとO．フリッシュはウランが核分裂することを提案した。

ウランが核分裂したときに生成する核種で，ハーンらが分離したと推定される核種を含む壊変系列について，現在明らかになっているデータを下図に示す。 ア ～ ウ の元素は何か。

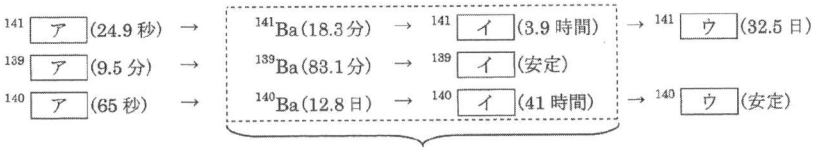

ウランの核分裂生成核種のβ⁻壊変系列

¹⁴¹ ア (24.9秒) → ¹⁴¹Ba (18.3分) → ¹⁴¹ イ (3.9時間) → ¹⁴¹ ウ (32.5日)
¹³⁹ ア (9.5分) → ¹³⁹Ba (83.1分) → ¹³⁹ イ (安定)
¹⁴⁰ ア (65秒) → ¹⁴⁰Ba (12.8日) → ¹⁴⁰ イ (41時間) → ¹⁴⁰ ウ (安定)

ハーンらが報告した核種

<I～Kの解答群>
1 同位元素　　　2 同素体　　　3 同重体
4 同族元素　　　5 トレーサー　6 担体
7 原子価　　　　8 消滅　　　　9 生成・減衰
10 吸収　　　　11 半減期　　　12 溶解度
13 質量数　　　14 密度

<L～Nの解答群>
1 ラジウム　　　2 ウラン　　　3 アクチニウム
4 バリウム　　　5 ランタン　　6 トリウム

<ア～ウの解答群>
1 Ba　　2 Ce　　3 Cs　　4 La　　5 Nd
6 Pr　　7 Ra

問5 次のⅠ～Ⅲの文章の ▢ の部分に入る最も適切な語句又は数値を，それぞれの解答群から1つだけ選べ。なお，解答群の選択肢は必要に応じて2回以上使ってもよい。

Ⅰ 高線量放射線を一度に全身被ばくしたような場合，数週間以内に現れる障害を急性障害という。線量によって症状は異なるが，典型的な経過は以下の4

つの病期に分けられる。被ばく直後から数時間以内に悪心，嘔吐，発熱など非特異的な症状が現れる　A　期，これらの症状が一時的に消失する　B　期，骨髄や消化管障害，脱水など多彩な症状が現れる発症期，その後の回復期あるいは死亡の4期である。

　障害の現れ方やその時期は，線量及び臓器・組織によって異なる。例えば，ヒトが高線量のγ線を全身被ばくしても医療処置がなされないと，3～10Gyでは3～4週間程度で　C　の障害により，10～20Gyでは1～2週間程度で　D　の障害により死亡する危険性が高い。

＜A～Dの解答群＞

1 潜伏	2 移行	3 前駆	4 感染	5 遷延
6 不顕性	7 中枢神経	8 腸管	9 腎臓	10 肺
11 心臓	12 骨髄			

II　臓器や組織の急性障害は，主に臓器・組織の実質細胞の　E　によって起こると考えられる。臓器や組織によって実質細胞の放射線感受性が違うために，障害を認めるようになる　F　も臓器や組織によって異なる。一般に，現れる障害の重篤度は，被ばくした線量が大きいと　G　。1回のγ線による被ばくでは，末梢血中のリンパ球数の減少は　H　Gy以上の被ばくによって起こる。女性の永久不妊は6Gy以上の生殖腺被ばくによって起こり，男性の永久不妊は　I　Gy以上の生殖腺被ばくによって起こる。また，男性の一時的不妊の　F　は　J　Gyで，女性の一時的不妊が起こる線量は男性に比べて　K　。

＜E～Kの解答群＞

1 分化	2 老化	3 死	4 増殖	5 実効線量
6 しきい線量	7 集団線量	8 高い	9 低い	10 変わらない
11 0.15	12 0.5	13 1	14 3	15 10

III　晩発影響としては，発がん，白内障，遺伝的影響などが挙げられる。発がんと遺伝的影響は，　L　と考えられている。一般に，被ばくしてから発がんまでの期間は固形がんでは白血病に比べて　M　。白内障は　N　に分類され，　O　の混濁による。遺伝的影響は放射線に被ばくした　P　に遺伝子の突然変異や染色体異常が起こることによる。遺伝的影響のリスクの推定には倍加線量法と，線量効果関係を動物実験によって求め，これをヒトに適用して行う　Q　法とがある。遺伝的影響のリスクは，倍加線量が大きいほど　R　く，一般的に線量率が低いほど　S　い。UNSCEAR（原子放射線の

影響に関する国連科学委員会）2001年報告では倍加線量を $\boxed{\text{T}}$ Gy と見積もっている。

<L～Oの解答群>
1　確率的影響　　2　確定的影響　　3　短い　　　　4　変わらない
5　長い　　　　　6　硝子体　　　　7　角膜　　　　8　水晶体
9　結膜

<P～Tの解答群>
1　体細胞　　　　2　生殖細胞　　　3　直接　　　　4　間接　　　5　遺伝有意
6　高　　　　　　7　低　　　　　　8　0.05　　　　9　0.2　　　10　1
11　5

問6　次のⅠ～Ⅲの文章の □ の部分に入る最も適切な語句，記号又は数値を，それぞれの解答群から1つだけ選べ。なお，解答群の選択肢は必要に応じて2回以上使ってもよい。

Ⅰ　放射線による細胞死には様々な様式が存在する。主なものとしては，細胞が大きくなり細胞内容が流出することが特徴的な細胞死である $\boxed{\text{A}}$ と，細胞が小さくなり核が凝縮する $\boxed{\text{B}}$ が挙げられる。これらの細胞死では細胞死に伴いDNAは断片化されるが，断片化の形式は細胞死により異なる。$\boxed{\text{A}}$ では断片化されたDNAは電気泳動により観察すると $\boxed{\text{C}}$ となるが，$\boxed{\text{B}}$ では $\boxed{\text{D}}$ となる。放射線生物学においては放射線照射後の細胞生存率を定量する場合に，上に述べたような一般的な細胞死の他に $\boxed{\text{E}}$ の喪失を"細胞死"として取り扱う。この様式の"細胞死"としては，代謝を保ちながら細胞の分裂が不可逆的に停止し $\boxed{\text{F}}$ を形成する $\boxed{\text{G}}$ が挙げられる。

<A～Gの解答群>
1　老化（セネッセンス）　　2　アポトーシス　　　　3　壊死（ネクローシス）
4　斑点状　　　　　　　　　5　梯子状（ラダー状）　6　スメア状
7　分化能　　　　　　　　　8　脱分化能　　　　　　9　細胞増殖能
10　細胞周期停止能　　　　　11　ランゲルハンス細胞
12　微小細胞　　　　　　　　13　巨細胞　　　　　　14　樹状細胞

Ⅱ　Ⅰで述べた放射線生物学における細胞死の概念を踏まえ，放射線照射後の細胞生存率を定量する手法として $\boxed{\text{H}}$ が一般に用いられる。$\boxed{\text{H}}$ では，細胞を単一細胞に分離して細胞培養皿に播種し，一定期間培養した後に生じる

I　を計数する。通常，細胞を播種した後7〜21日程度してから　J　個以上の細胞からなる　I　を計数する。計数した　I　を播種した細胞数で除した値を　K　という。放射線照射後の細胞生存率は，放射線を照射した細胞の　L　を，照射していない細胞の　M　で除した割合で表す。
　　　H　により得られた細胞生存率から細胞生存率曲線を描くが，通常，細胞生存率曲線は縦軸に生存率を　N　で示し，横軸に吸収線量を　O　で示す。

＜H〜Oの解答群＞

1　フォーカス数　　　　2　クローン数　　　　　3　コロニー数
4　フォーカス形成法　　5　クローン形成法　　　6　コロニー形成法
7　フォーカス形成率　　8　クローン形成率　　　9　コロニー形成率
10　線形目盛　　　　　11　対数目盛　　　　　12　2
13　5　　　　　　　　14　50　　　　　　　　15　500

Ⅲ　放射線照射後の細胞生存率は，照射条件あるいは培養条件によって変化する。培養細胞に　P　を照射した場合，総吸収線量が同一であるならば1回で照射したときと比較して，2回に分けて時間間隔をおいて照射したときに細胞生存率は　Q　くなる。この現象は　R　によると考えられている。
　　　P　では，特別な場合を除けば吸収線量が同じであれば線量率が　S　くなると生物効果は小さくなる。また，培養細胞に　P　を照射した後の培養条件によって細胞の生存率の上昇が見られることがある。これは　T　によると考えられている。

＜P〜Tの解答群＞

1　高LET放射線　　　2　低LET放射線　　　3　潜在的致死損傷回復
4　塩基除去修復　　　 5　ヌクレオチド除去修復　6　亜致死損傷回復
7　光回復　　　　　　8　高　　　　　　　　　9　低

物理学

次の各問について，1から5までの5つの選択肢のうち，適切な答えを1つだけ選びなさい。

問1 1.3MeV γ 線の運動量 $[kg \cdot m \cdot s^{-1}]$ はいくらか。次のうちから最も近いものを選べ。

1　3.1×10^{-23}　　2　6.9×10^{-22}　　3　3.9×10^{-21}　　4　5.1×10^{-21}
5　3.0×10^{-20}

問2 次の記述のうち，相対論的立場から正しいものの組合せはどれか。
A　光子のエネルギーは，波長に逆比例する。
B　光子の運動量は，エネルギーに比例する。
C　粒子のド・ブロイ波長は，運動量に逆比例する。
D　粒子の運動量は，速度に比例する。
1　ABC のみ　　2　ABD のみ　　3　ACD のみ　　4　BCD のみ
5　ABCD すべて

問3 水素原子のスペクトル系列

$$\frac{1}{\lambda} = R \left(\frac{1}{n^2} - \frac{1}{m^2} \right) \qquad (n \text{ 及び } m \text{ は整数で } m > n)$$

で，$n = 1$, $m = 2, 3, 4\cdots$ に対応する系列は次のうちどれか。ただし，λ は波長 $[m]$ を，R はリュードベリ定数を表す。

1　バルマー系列
2　パッシェン系列
3　プント系列
4　ライマン系列
5　ブラケット系列

問4 1MeV の電子がタングステンターゲットに当たった場合，制動放射線の最短波長はいくらか。次のうちから最も近い値を選べ。
1　0.6pm　　2　1.2pm　　3　18pm　　4　0.6nm　　5　3.3nm

問5 次の記述のうち，正しいものの組合せはどれか。
A　核子とは中性子，陽子及び中間子をいう。

B 原子核の体積は質量数にほぼ比例する。
C 核子間の結合は強い相互作用によるものである。
D 核子当たりの結合エネルギーは質量数が大きいほど高くなる。
1　ACD のみ　　2　AB のみ　　3　BC のみ　　4　D のみ
5　ABCD すべて

問 6 陽電子に関する次の記述のうち，正しいものの組合せはどれか。
A 固体中において，α 線により電子と対の形で生成される。
B 電子と結合して消滅し，その際光子が放出される。
C 金属内において 100ms 程度の平均寿命を持つ。
D 電子対生成で放出される場合は，連続スペクトルを示す。
E 電子に比べて，静止質量が大きい。
1　A と C　　2　B と D　　3　B と E　　4　C と D　　5　A と E

問 7 内部転換電子に関する次の記述のうち，正しいものの組合せはどれか。
A 運動エネルギーは競合する γ 線のエネルギーと等しい。
B K 殻転換より L 殻転換において運動エネルギーは高い。
C 運動エネルギーの分布は線スペクトルを示す。
D 特性 X 線の放出と競合して起きる。
1　ACD のみ　　2　AB のみ　　3　BC のみ　　4　D のみ
5　ABCD すべて

問 8 次の記述のうち，正しいものはどれか。
1　^{22}Na の半減期は，^{24}Na の半減期より短い。
2　^{57}Co の半減期は，^{60}Co の半減期より短い。
3　^{125}I の半減期は，^{131}I の半減期より短い。
4　^{134}Cs の半減期は，^{137}Cs の半減期より長い。
5　^{235}U の半減期は，^{238}U の半減期より長い。

問 9 次のうち，純 β 線放出核種でないものはどれか。
1　^{14}C　　2　^{35}S　　3　^{47}Ca　　4　^{90}Sr　　5　^{90}Y

問 10 陽子（p）と ^{4}He^{2+} を 2 MV の電位差で加速したとき，2 つの粒子の速度の比（v_p/v_{He}）は次のうちどれか。

1 $\frac{1}{2}$ 2 1   3 $\sqrt{2}$ 4 2   5 4

問 11 加速器に関する次の関連のうち，適切なものの組合せはどれか．
A シンクロトロン   － 静磁場
B サイクロトロン   － ディー電極
C ファン・デ・グラーフ型加速器   － 高周波電圧
D コッククロフト・ワルトン型加速器 － 絶縁ベルト
1 ABC のみ   2 ABD のみ   3 BCD のみ
4 ABCD すべて   5 1 から 4 の選択肢以外

問 12 質量数200の原子核が 4 MeV の α 線を放出して壊変するとき，生成核の反跳エネルギー［MeV］として最も近い値はどれか．
1 0.04   2 0.08   3 0.1   4 0.2   5 0.4

問 13 次の記述のうち，正しいものの組合せはどれか．
A ^{24}Na から放出される γ 線を重水に照射すると，中性子が放出される．
B ^{226}Ra から放出される α 線をベリリウムに照射すると，中性子が放出される．
C 150keV の ^{2}H ビームを ^{3}H に照射すると，中性子が放出される．
D ^{241}Am から放出される α 線を天然ホウ素に照射すると，中性子が放出される．
1 ABC のみ   2 ABD のみ   3 BCD のみ   4 ACD のみ
5 ABCD すべて

問 14 重荷電粒子に対する物質の阻止能［keV·m^{-1}］に関する次の記述のうち，誤っているものはどれか．
1 粒子の電荷の 2 乗に比例する．
2 粒子の速度に依存する．
3 同じ速度の粒子に対して，粒子の質量に反比例する．
4 物質の単位体積当たりの原子の個数に比例する．
5 物質の原子番号に比例する．

問 15 1.0MeV の陽子の空気中における飛程［cm］に最も近い値は，次のうちどれか．ただし，エネルギー E［MeV］の α 線の空気中における飛

程 R [cm] は $R = 0.32E^{3/2}$ で与えられるとする。
1　0.16　　2　0.64　　3　2.6　　4　4.0　　5　10

問 16 チェレンコフ光に関する次の記述のうち，正しいものの組合せはどれか。
A　荷電粒子が結晶の格子面に沿って入射したときに放出される光である。
B　荷電粒子が物質中での光速より速く進むときに放射される光である。
C　荷電粒子が物質中で曲げられるときに放出される光である。
D　荷電粒子が物質を通過する際に生じる分極に伴って生じる光である。
1　AとB　　2　AとC　　3　AとD　　4　BとC　　5　BとD

問 17 2 MeV の光子がコンプトン散乱を起こした場合，散乱角90°の光子のエネルギー E_1 と散乱角180°の光子のエネルギー E_2 の比（E_1/E_2）として最も近い値は，次のうちどれか。
1　1.2　　2　1.4　　3　1.6　　4　1.8　　5　2.0

問 18 電子対生成に関する次の記述のうち，誤っているものの組合せはどれか。
A　生成された電子と陽電子の運動エネルギーの和は1.022MeVである。
B　断面積は原子番号に比例する。
C　電子対生成が起こった位置で消滅放射線が発生する。
D　4 MeV γ 線と鉄の主たる相互作用は電子対生成である。
1　ABC のみ　　2　ABD のみ　　3　ACD のみ　　4　BCD のみ
5　ABCD すべて

問 19 光子と物質との相互作用に関する次の記述のうち，正しいものの組合せはどれか。
A　コンプトン効果によって放出される二次電子の最大エネルギーは，入射光子のエネルギーに等しい。
B　コンプトン効果は光子の波動性を示す現象である。
C　光電効果は光子の粒子性を示す現象である。
D　2 MeV の制動放射線は電子対生成が可能である。
1　AとB　　2　AとC　　3　BとC　　4　BとD　　5　CとD

問 20 次の量の名称と単位に関する組合せのうち，正しいものはどれか。

A	照射線量	—	$C\cdot kg^{-1}$
B	粒子フルエンス	—	$m^{-2}\cdot s^{-1}$
C	質量阻止能	—	$J\cdot m\cdot kg^{-1}$
D	吸収線量率	—	$J\cdot kg^{-1}\cdot s^{-1}$
E	線減弱係数	—	m

1　AとC　　2　AとD　　3　BとC　　4　BとE　　5　DとE

問 21 次の記述のうち，正しいものの組合せはどれか。
A　W 値は電子線に対して用いることができる。
B　カーマは光子線に対して用いることができる。
C　照射線量は中性子線に対して用いることができる。
D　吸収線量は陽子線に対して用いることができる。

1　ABC のみ　　2　ABD のみ　　3　BCD のみ
4　ABCD すべて　　5　1から4の選択肢以外

問 22 Ge 検出器の Ge 結晶中で1.33MeV γ 線のエネルギーがすべて吸収された場合，発生する電荷を電気容量10pF のコンデンサーに送り込んで得られる電圧［mV］として最も近いものは，次のうちどれか。ただし ε 値を3.0eV とする。

1　4.4　　2　5.1　　3　6.5　　4　7.1　　5　8.9

問 23 分解時間0.20ms の GM 計数管を用いて計数するとき，数え落としによる誤差が5.0%を超えない最大の真の計数率［cps］に最も近い値は次のうちどれか。

1　250　　2　400　　3　550　　4　700　　5　850

問 24 次の検出器のうち，熱中性子の測定に用いられるものの組合せはどれか。
A　水素充填比例計数管
B　BF_3 比例計数管
C　金箔と放射能測定器
D　^3He 比例計数管
E　ポリエチレンラジエータ付き Si 半導体検出器

1　ABC のみ　　2　ABE のみ　　3　ADE のみ　　4　BCD のみ
5　CDE のみ

問25 十分に長い半減期を持つ放射線源からのβ線を1秒間ずつ1000回計数したところ，平均値として200カウントを得た。この場合，計数値が228を超えた回数として期待される数は，次のうちどれか。

1　15　　　2　20　　　3　25　　　4　30　　　5　50

問26 光子に対する個人被ばく線量測定に用いられる測定器として，正しいものの組合せはどれか。

A　OSL線量計　　　　　　B　蛍光ガラス線量計
C　TLD　　　　　　　　　D　放射化箔検出器
E　固体飛跡検出器

1　ABCのみ　　2　ABEのみ　　3　ADEのみ　　4　BCDのみ
5　CDEのみ

問27 β線に引き続き直ちにγ線を放出するβ壊変核種の線源をβ-γ同時計数法により測定した結果，β線測定器の計数率が$800 s^{-1}$，γ線測定器の計数率が$250 s^{-1}$であり，同時計数率は$10 s^{-1}$であった。この線源の放射能［MBq］に最も近い値は次のうちどれか。ただし，これらの測定器のバックグラウンド計数率は差し引いてあるものとする。

1　0.02　　2　0.05　　3　0.20　　4　0.50　　5　2.0

問28 無機シンチレータに関する次の記述のうち，正しいものの組合せはどれか。

A　NaI（Tl）はBGOに比べ単位エネルギー当たりの発光量が大きい。
B　CsI（Tl）の密度はBGOよりも大きい。
C　ZnS（Ag）は潮解性がある。
D　CsI（Tl）のピーク発光波長はNaI（Tl）よりも長い。

1　AとB　　2　AとD　　3　BとC　　4　BとD　　5　CとD

問29 次のうち，シンチレーション検出器に関係のあるものの組合せはどれか。

A　POPOP
B　光電陰極
C　スチルベン
D　アクチベータ（活性体）

1　ABCのみ　　2　ABDのみ　　3　ACDのみ　　4　BCDのみ

5　ABCD すべて

問 **30** ビーム電流が $100\mu A$ の $1.0 MeV$ 電子線が $1.0 kg$ の水に全エネルギーを吸収されるとき，この水での平均の吸収線量率 $[Gy \cdot s^{-1}]$ に最も近いのはどれか。

1　1.0×10^2　　2　1.6×10^2　　3　1.0×10^3　　4　1.6×10^3　　5　1.0×10^4

化学

次の各問について，1から5までの5つの選択肢のうち，適切な答えを1つだけ選びなさい。

問1 ある放射性同位元素3.7GBqは5年後に37MBqに減衰した。この37MBqが3.7kBqに減衰するのは，おおよそ何年後か。最も近い値は，次のうちどれか。

1　5　　　　2　10　　　　3　20　　　　4　40　　　　5　50

問2 炭素120g中に ^{14}C が3.9Bq含まれている。この場合の ^{14}C と ^{12}C の原子数比 $^{14}C/^{12}C$ として最も近い値は，次のうちどれか。なお，^{14}C の半減期は5730年（1.8×10^{11} 秒），^{12}C の同位体存在度は99%，アボガドロ定数は $6.0 \times 10^{23} mol^{-1}$ とする。

1　1.7×10^{-14}　　　2　1.7×10^{-13}　　　3　2.0×10^{-12}
4　1.7×10^{-11}　　　5　2.0×10^{-10}

問3 次のうち，放射性核種を含まない組合せはどれか。

A　^{11}C, ^{12}C, ^{13}C
B　^{13}N, ^{14}N, ^{15}N
C　^{16}O, ^{17}O, ^{18}O
D　^{19}F, ^{27}Al, ^{31}P

1　AとB　　2　AとD　　3　BとC　　4　BとD　　5　CとD

問4 1gのトリチウムの放射壊変による発熱量［W］として最も近い値はいくらか。ただし，トリチウムの半減期は 3.9×10^8 秒，β線の平均エネルギーは5.7keV，1eVは 1.6×10^{-19} とする。

1　0.0003　　2　0.003　　3　0.03　　4　0.3　　5　3

問5 次の放射性核種を，比放射能［Bq·g^{-1}］の大きい順に並べたものはどれか。ただしそれぞれの核種の半減期を ^{14}C は5,700年，^{60}Co は5.3年，^{32}P は0.04年とする。

A　^{14}C　　　　　B　^{32}P　　　　　C　^{60}Co

1　A＞B＞C　　　2　B＞A＞C　　　3　B＞C＞A
4　C＞B＞A　　　5　C＞A＞B

問6 1 GBqの無担体 ^{32}P の質量(g)として最も近い値は，次のうちどれか。ただし，^{32}P の半減期は14日（1.2×10^6 秒），アボガドロ定数は $6.0 \times 10^{23} \mathrm{mol}^{-1}$ とする。

1　4.5×10^{-9}　　2　9.2×10^{-8}　　3　4.5×10^{-8}
4　9.2×10^{-7}　　5　4.5×10^{-6}

問7 次の逐次壊変において，放射平衡が成立することがないのはどれか。なお，（ ）内は壊変様式と半減期を示す。

1　^{28}Mg（β^-, 20.9h）　→　^{28}Al（β^-, 2.24m）　→
2　^{68}Ge（EC, 271d）　→　^{68}Ga（EC+β^+, 67.6m）　→
3　^{87}Y（EC, 79.8h）　→　^{87m}Sr（IT, 2.80h）　→
4　^{132}Te（β^-, 3.20d）　→　^{132}I（β^-, 2.30h）　→
5　^{143}Ce（β^-, 33.1h）　→　^{143}Pr（β^-, 13.6d）　→

問8 熱中性子による ^{235}U の核分裂で生成する収率が大きい核種の組合せはどれか。

A　^{60}Co　　B　^{90}Sr　　C　^{99}Mo　　D　^{111}Ag　　E　^{133}Xe
1　ABDのみ　　2　ABEのみ　　3　ACDのみ　　4　BCEのみ
5　CDEのみ

問9 アクチノイド元素とランタノイド元素に関する次の記述のうち，正しいものの組合せはどれか。

A　すべてのアクチノイド元素は放射性である。
B　すべてのランタノイド元素は安定同位体をもつ。
C　すべてのアクチノイド元素は3価の状態が最も安定である。
D　すべてのランタノイド元素は遷移元素である。

1　AとB　　2　AとD　　3　BとC　　4　BとD　　5　CとD

問10 放射性核種の経時変化に関する次の記述のうち，正しいものはどれか。

1　^{60m}Co（半減期10.5分）から生成する ^{60}Co（半減期5.27年）の放射能は，十分に時間が経過すると，半減期10.5分で減衰する。
2　^{99}Mo（半減期65.9時間）から生成する ^{99m}Tc（半減期6.01時間）の放射能は，十分に時間が経過すると，半減期6.01時間で減衰する。
3　^{226}Ra（半減期1600年）から生成する ^{222}Rn（半減期3.82日）の放射能は，

十分に時間が経過すると，^{226}Ra の放射能の 2 倍となる。
4　^{68}Ge（半減期271日）から生成する無担体の ^{68}Ga（半減期67.6分）の比放射能は，常に一定である。
5　^{64}Cu（半減期12.7時間）から生成する ^{64}Ni（安定）及び ^{64}Zn（安定）の生成速度は，常に等しい。

問11 次の操作により，^{110m}Ag 標識の AgNO$_3$ 水溶液（0.1mol·L^{-1}）から ^{110m}Ag が沈殿するのはどれか。ただし，加える溶液の濃度はいずれも 0.1mol·L^{-1} とする。

A　希硫酸を加える。
B　硝酸ナトリウム水溶液を加える。
C　水酸化ナトリウム水溶液を加える。
D　塩化アンモニウム水溶液を加える。

1　ABC のみ　　2　ABD のみ　　3　ACD のみ　　4　BCD のみ
5　ABCD すべて

問12 次の核種のうち，水酸化鉄共沈法で共沈しないものはどれか。

1　^{22}Na　　2　^{60}Co　　3　^{65}Zn　　4　^{90}Y　　5　^{140}La

問13 次の操作のうち，放射性気体が発生するのはどれか。

A　^{3}H で標識された NH$_4$Cl に Ca(OH)$_2$ を混合して加熱する。
B　^{14}C で標識された CaCO$_3$ を塩酸に加える。
C　^{32}P で標識された Ca$_3$(PO$_4$)$_2$ を硫酸に加える。
D　^{35}S で標識された FeS を硫酸に加える。

1　ABC のみ　　2　ABD のみ　　3　ACD のみ　　4　BCD のみ
5　ABCD すべて

問14 次の金属が，室温で，トリチウムを含む水または水溶液と反応して，トリチウムを含む水素ガスを発生するものの組合せはどれか。

A　金属ナトリウム　　　＋　トリチウム水
B　金属アルミニウム　　＋　トリチウム水
C　金属アルミニウム　　＋　トリチウムを含む 2mol·L^{-1} 塩酸
D　金属アルミニウム　　＋　トリチウムを含む 2mol·L^{-1} 水酸化ナトリウム水溶液

1　AB のみ　　2　AC のみ　　3　BD のみ　　4　ACD のみ

5　BCD のみ

問 15　次の核種のうち，娘核種が放射性でないものはどれか。
1　^{90}Sr　　2　^{68}Ge　　3　^{99}Mo　　4　^{210}Po　　5　^{226}Ra

問 16　図は質量数51の壊変図を示している。次の記述のうち，正しいものの組合せはどれか。
A　^{51}Ti と ^{51}Cr は，320keV の γ 線を放出する。
B　^{51}Cr の壊変により V の特性 X 線が放出される。
C　^{51}Ti の壊変は511keV の光子の放出を伴う。
D　^{51}Cr の壊変は609keV の γ 線の放出を伴う。

1　A と B　　2　A と C　　3　B と C　　4　B と D　　5　C と D

問 17　^{14}C で標識されたエタノールの70％が酸化されて酢酸となった。エタノールの比放射能が $10MBq \cdot g^{-1}$ であったとき，生成した酢酸の比放射能 [$MBq \cdot g^{-1}$] として最も近い値は次のうちどれか。ただし，エタノールと酢酸の分子量はそれぞれ，46及び60とする。

1　2.5　　2　3.8　　3　5.4　　4　7.7　　5　9.5

問 18　水相からある有機相への I_2 の抽出の分配比が100であった。50MBq の ^{125}I を I_2 として含む水相100mL から，この I_2 を有機相50mL に抽出した場合，水相に残る ^{125}I の放射能 [MBq] に最も近い値は，次のうちどれか。

1　0.5　　2　1.0　　3　1.5　　4　2.0　　5　2.5

問 19　次の炭化水素の $^{14}C/^{12}C$ 比がすべて等しいとき，各化合物1グラム中の ^{14}C 放射能が最も大きいものと，各化合物1モル中の ^{14}C 放射能が最も大きいものとの正しい組合せはどれか。
A　メタン（CH_4）　　B　エタン（C_2H_6）
C　エチレン（C_2H_4）　　D　アセチレン（C_2H_2）
E　プロパン（C_3H_8）

1 AとC 2 AとD 3 BとC 4 BとE 5 DとE

問20 元素の周期表で4族のZrとHfの熱中性子吸収断面積は，それぞれ0.2barnと100barnである。それぞれ$100mg \cdot cm^{-2}$のZr板又はHf板を熱中性子が透過したとき，Zr板での熱中性子束の吸収率A（Zr）とHf板での熱中性子束の吸収率A（Hf）の比，すなわちA（Zr）／A（Hf）に最も近い値は次のうちどれか。ただし，ZrとHfの原子量は，それぞれ91と178とする。

1 4×10^{-3} 2 2.0×10^{-2} 3 4×10^{-1} 4 2.5×10^{2}
5 3×10^{3}

問21 同位体希釈法（逆希釈法）で混合物試料中の化合物Aを定量した。Aの比放射能は$700dpm \cdot mg^{-1}$である。この試料に非放射性の化合物Aを25mg加えて完全に混合した後，一部を純粋に分離したところ，その比放射能は$70dpm \cdot mg^{-1}$となった。混合物試料中の化合物Aの量[mg]として最も近い値は，次のうちどれか。

1 0.1以下 2 0.6 3 1.7 4 2.8 5 3.0以上

問22 精製した^{140}Baから生成した^{140}Laの放射能が，精製時より25.6日後に5.0kBqであった。精製時における^{140}Baの放射能［kBq］として最も近いものはどれか。ただし，^{140}Baの半減期を12.8日，^{140}Laの半減期を1.7日とする。

1 2 2 7 3 12 4 17 5 22

問23 水溶液中にイオンとして存在する放射性核種の有機相への溶媒抽出法に関する次の記述のうち，正しいものはどれか。
1 有機溶媒によってイオンの酸化数が変化することを利用する分離方法である。
2 イオンの抽出速度が遅いので，通常は1時間以上激しく撹拌する必要がある。
3 イオンとキレート剤から生成する中性の錯体が抽出される。
4 アセトンやエタノールも抽出溶媒として利用できる。
5 比重が1より大きい有機溶媒は利用できない。

問24 ラジオアイソトープ（RI）のトレーサー利用に関する次の記述のう

ち，正しいものの組合せはどれか。
A ^{3}H を水素のトレーサーとして用いると同位体効果はない。
B 用いる RI の同位体交換反応速度が大きいことが必要である。
C 用いる RI の原子価を，対象とするイオンの原子価にそろえる。
D 比放射能の高い標識化合物を用いる時は，自己放射線分解に注意する。
1 A と B　　2 A と C　　3 B と C　　4 B と D　　5 C と D

問 25 放射性同位体の利用法に関する次の記述のうち，正しいものの組合せはどれか。
A ^{147}Pm を用いた厚さ計では，β 線の試料による吸収や散乱を利用する。
B ^{192}Ir を用いた非破壊検査装置では，γ 線の透過作用を利用する。
C ^{210}Po を用いた静電除去装置では，α 線の試料表面からの散乱を利用する。
D ^{252}Cf を用いた水分計では，中性子の水素原子核による吸収を利用する。
1 A と B　　2 A と C　　3 B と C　　4 B と D　　5 C と D

問 26 ^{14}C と ^{3}H で標識された少量の有機物質を完全燃焼させて発生した気体を，まず①十分に長い塩化カルシウム管に通し，次いで②ソーダ石灰管（NaOH＋Ca(OH)$_2$）に通した。①と②に捕集されるラジオアイソトープ（RI）の組合せは，次のうちどれか。

	＜①で捕集される RI＞	＜②で捕集される RI＞
1	^{14}C と ^{3}H	なし
2	^{14}C	^{3}H
3	^{3}H	^{14}C
4	なし	^{14}C と ^{3}H
5	なし	なし

問 27 水和電子に関する次の記述のうち，正しいものの組合せはどれか。
A 水溶液を γ 線で照射すると水和電子が生成する。
B 水和電子はスパー（スプール）内に生成する。
C 水和電子には酸化能力がある。
D 水和電子は水素ラジカルを生成する。
1 ABC のみ　　2 ABD のみ　　3 ACD のみ　　4 BCD のみ
5 ABCD すべて

問 28 次の放射性同位体とその性質を利用した分析・計測装置の関係のう

ち，正しいものの組合せはどれか。

A　^{57}Co　　—　　メスバウアー分光装置
B　^{63}Ni　　—　　ECD ガスクロマトグラフ
C　^{241}Am　—　　蛍光 X 線分析装置
D　^{252}Cf　　—　　中性子水分計

1　ABC のみ　　2　ABD のみ　　3　ACD のみ　　4　BCD のみ
5　ABCD すべて

問 29 ^{125}I と ^{131}I に関する次の記述のうち，正しいものの組合せはどれか。

A　同一放射能の ^{125}I と ^{131}I を比較すると，原子数は ^{131}I の方が多い。
B　^{131}I は ^{235}U の熱中性子核分裂により生成する。
C　ラジオイムノアッセイに最も多く用いられるのは ^{125}I である。
D　^{125}I は EC 壊変して γ 線を放出する。

1　ABC のみ　　2　AB のみ　　3　AD のみ　　4　CD のみ
5　BCD のみ

問 30 ホットアトムに関する次の記述のうち，正しいものはどれか。

A　ヨウ化エチルを熱中性子照射した後，水で抽出すると，^{128}I が水相に検出される。
B　As（Ⅴ）のヒ酸塩を熱中性子照射すると，^{76}As（Ⅲ）が生成する。
C　安息香酸と炭酸リチウムを混合し，熱中性子照射すると，安息香酸がトリチウムで標識される。
D　ブタノールと ^{3}He を混合し，熱中性子照射すると，ブタノールがトリチウムで標識される。

1　ACD のみ　　2　AB のみ　　3　BC のみ　　4　D のみ
5　ABCD すべて

管理測定技術

問 1 β^- 壊変核種の放射能測定に関する次のⅠ，Ⅱの文章の ☐ に入る最も適当な語句又は数式を，それぞれの解答群から1つだけ選べ。

Ⅰ 放射能は単位時間当たりの ☐ A ☐ の数として与えられ，100% β^- 壊変する核種では単位時間当たりに放出される β^- 線を測定し，その全数を求めることにより決定できる。この放射能の測定において，☐ B ☐ を用いることなく直接測定する方法は ☐ C ☐ 測定法と呼ばれ，これに属する方法には，幾何学的効率を一定にして測定する ☐ D ☐ 法，連続してほぼ同時に放出される複数の放射線に着目して測定する同時計数法などの方法がある。

一方，測定する試料と性状の等しい ☐ B ☐ からの β^- 線を測定してその計数効率を求め，間接的に放射能を測定する方法は ☐ E ☐ 測定法と呼ばれる。β^- 壊変に続いて γ 線の放出を伴う核種に適用できる Ge 検出器を用いた γ 線スペクトロメトリに基づく放射能測定もこの一つであり，着目する γ 線の ☐ F ☐ の計数率と放射能の関係をあらかじめ ☐ B ☐ を用いて求めておき放射能を決定する。

<A～Fの解答群>

1 定立体角   2 機器効率   3 カロリーメータ
4 標準線源   5 チェッキング線源 6 基準電流源
7 パルス発信器   8 放射線   9 壊変
10 励起   11 相対   12 絶対
13 全吸収ピーク   14 サムピーク

Ⅱ 端窓型 GM 計数管を用いた ☐ G ☐ 法では，線源から計数管へ入射する β^- 線の割合を絞りにより一定に保ち，放射能 A を求める。このとき，測定で得られる β^- 線の計数率 n と点状線源の放射能 A との関係は，以下の式で与えられる。

$$n = A\varepsilon_1(1+\varepsilon_2)(1-\varepsilon_3)(1-\varepsilon_4)$$

ここで，ε_1 は幾何学的効率であり，絞りの半径を R，絞りと線源との距離を d とすると，$\varepsilon_1 = $ ☐ ア ☐ となる。ε_2 は線源支持板の ☐ H ☐ の割合，ε_3 は線源-検出器間の空気層や検出器窓による吸収損失の割合，ε_4 は線源の ☐ I ☐ による損失の割合を表す。

また，この測定法を拡張し，幾何学的効率が 0.5 で，さらに線源と検出領域との間の β^- 線の吸収損失をなくした測定器が ☐ J ☐ である。

$\beta-\gamma$ 同時計数法では，β 線検出器と γ 線検出器を対向させ，その間に点状線源を置いて測定する。β^- 線とこれに連続して放出される γ 線について，バックグラウンドを補正したそれぞれの計数率を n_β，n_γ，また，それらの同時計数の計数率を n_c で表すと，β 線検出器及び γ 線検出器の計数効率 ε_β，ε_γ は，$\varepsilon_\beta =$ イ ，$\varepsilon_\gamma =$ ウ となる。このとき，放射能 A は $A =$ エ で与えられる。この測定法において計数率が高い場合は，β^- 線と同時事象の関係にない γ 線による K 計数率の影響を補正することが必要となり，この補正量は，同時計数回路の信号パルスの分解時間を τ とすると，オ で与えられる。また，β 線検出器として L を用いれば，β 線の計数への γ 線の影響や角相関などの影響がほとんどなく，種々の補正が軽減される。

＜G〜Lの解答群＞

1	後方散乱	2	自己吸収	3	$2\pi\beta$ 計数管
4	$4\pi\beta$ 計数管	5	井戸型 NaI（Tl）検出器	6	グリッド付電離箱
7	定立体角	8	偶発同時	9	逆同時
10	減衰時間	11	エネルギー吸収	12	放出率
13	数え落とし	14	強度差		

＜アの解答群＞

1. $\dfrac{1}{2}\left(1-\dfrac{d^2}{R^2}\right)$
2. $\dfrac{1}{2}\left(1-\dfrac{d}{\sqrt{d^2+R^2}}\right)$
3. $\dfrac{1}{2}\left(1+\dfrac{R}{\sqrt{d^2+R^2}}\right)$
4. $\dfrac{1}{2}\left(1-\dfrac{R}{\sqrt{d^2+R^2}}\right)$
5. $\dfrac{1}{2}\left(1-\dfrac{\sqrt{d^2+R^2}}{d}\right)$

＜イ〜オの解答群＞

1. $\dfrac{n_\beta}{n_c}$
2. $\dfrac{n_\beta}{n_\gamma}$
3. $\dfrac{n_\gamma}{n_c}$
4. $\dfrac{n_c}{n_\gamma}$
5. $\dfrac{n_c}{n_\beta}$
6. $\dfrac{n_\beta \cdot n_\gamma}{n_c}$
7. $\dfrac{n_\beta \cdot n_c}{n_\gamma}$
8. $\dfrac{n_\beta}{n_\gamma \cdot n_c}$
9. $\dfrac{n_\gamma \cdot n_c}{n_\beta}$
10. $\dfrac{n_\gamma}{n_\beta \cdot n_c}$
11. $\dfrac{2\tau \cdot n_\beta}{n_\gamma}$
12. $\tau \cdot (n_\beta - n_\gamma)$
13. $2\tau \cdot n_\beta \cdot n_\gamma$
14. $\tau \cdot (n_\beta + n_\gamma)$

問2 次の I，II の文章の ☐ の部分に入る最も適切な語句又は数値を，それぞれの解答群の中から1つだけ選べ。なお，解答群の選択肢は必要に応じて2回以上使ってもよい。

管理測定技術

I 吸収線量とは，[A]電離放射線が[B]物質に当たったとき，その物質の単位質量当たりに吸収されたエネルギーとして定義されている。本来のSI単位は$J \cdot kg^{-1}$であるが，この単位に対してグレイ[Gy]という特別単位名称と記号とが与えられている。

吸収線量の測定法として最も定義に忠実な方法は[C]法であるが，例えば断熱状態の水に1.0 Gyの吸収線量が与えられたときでも，温度上昇は約[ア]$\times 10^{-3}$℃にとどまり，これを正確に測定することは容易ではない。そのため，実用的な吸収線量測定は，ブラッグ・グレイの原理に準拠した空洞電離箱法によることが多い。空洞電離箱とは固体壁（グラファイトなど）の中に空洞を設け，その空洞中に空気などの気体を充填したものである。空洞の中心には細い導電性の棒状電極を配置し，これと固体壁の間に電圧を印加して電離電流を測定する。固体壁が絶縁体である場合には，内壁面に炭素などを薄く塗布し，導電性を確保する。印加電圧が低いと，電離によって生じた[D]が[E]するので，充分な電圧をかけて[F]電流が得られるようにする。

＜A〜Fの解答群＞
1 直接　　　2 間接　　　3 任意の　　4 組織等価　　5 イオン対
6 電子速度　7 荷電　　　8 非荷電　　9 飽和　　　　10 エスケープ
11 減速　　12 熱量計　　13 自由空気電離箱　　　　14 増倍
15 再結合

＜アの解答群＞
1　0.20　　2　0.24　　3　0.38　　4　0.56　　5　0.81
6　1.0　　 7　1.5　　 8　3.5　　 9　9.8

II 例えば，空洞体積V [m^3]，空洞気体密度ρ [$kg \cdot m^{-3}$]の空洞電離箱にX線（又はγ線）を照射して，電離電流I [A]を得た場合，[G]中の吸収線量率$\dot{D}_m$ [$Gy \cdot s^{-1}$]は次式により求めることができる。

$$\dot{D}_m = 1.6 \times 10^{-19} \frac{WI}{V\rho e} S_m$$

ここで，Wは空洞気体中で1イオン対を作るのに要する平均のエネルギー[eV]，すなわちW値であって，空気の場合34 eVである。このeV単位をJ単位に換算する係数が$1.6 \times 10^{-19} J \cdot eV^{-1}$であるが，次元は異なるとはいうものの，数値的には[H]e [C]と一致する。S_mは壁物質の空洞気体に対する[I]比と呼ばれるもので，式で表すと，

$$S_m = \frac{[\ J\ ]の二次電子に対する[\ I\ ]}{[\ K\ ]の二次電子に対する[\ I\ ]}$$

となる。ここで二次電子とは，コンプトン効果や光電効果によって生じた電子をいう。空洞気体が空気であり，壁物質がグラファイトのような原子番号の低い材料を使う場合，S_m はほとんど1に近い。

こうした空洞電離箱法の適用にあたっては，二次電子の L に比較して空洞が小さく，空洞の存在が二次電子の M に大きく影響しないことが前提となっているが，空洞を小さくすると，電離電流が少なくなってしまう。また，壁厚は壁物質中で二次電子の N が成立するように留意する。

壁物質として O を用いれば生体組織における吸収線量（率）が決定できるが，測定対象物質と壁物質とが異なる場合には，測定対象物質（例えば，水ファントムなど）に小さな空洞電離箱を挿入して測定を行い，得られた結果に測定対象物質と壁物質の P 比を用いて，測定対象物質の吸収線量（率）を間接的に求める。

体積 $10 \times 10^{-6} \mathrm{m}^3$ の空洞に空気（密度 $1.3 \mathrm{kg \cdot m^{-3}}$）を充填（てん）したグラファイト空洞電離箱に γ 線を照射して，$1.0 \mathrm{mGy \cdot s^{-1}}$ の吸収線量率を与えた場合，流れる電流は イ nA である。このような微少な電流を高い精度で測定するためには MOSFET を用いた高感度電位計や振動容量電位計などが用いられる。

＜G〜Pの解答群＞
1　空洞気体　　　　2　壁物質　　　　　3　組織等価物質
4　粒子束　　　　　5　飛程　　　　　　6　質量エネルギー吸収係数
7　電子平衡　　　　8　平均質量阻止能　9　平均自由行程
10　電気素量　　　11　原子番号　　　12　定常状態
13　イオン密度比　14　質量エネルギー転移係数

＜イの解答群＞
1　0.20　　2　0.24　　3　0.38　　4　0.56　　5　0.81
6　1.0　　7　1.5　　8　3.5　　9　9.8

問3 非密封の $^3\mathrm{H}$，$^{32}\mathrm{P}$，$^{125}\mathrm{I}$，$^{237}\mathrm{Np}$ を使用する実験施設がある。各使用核種の安全取扱いに関する次のⅠ〜Ⅳの文章の □ の部分に入る最も適切な語句，記号又は数値を，それぞれの解答群から1つだけ選べ。アボガドロ定数は $6.0 \times 10^{23} \mathrm{mol}^{-1}$ とする。

Ⅰ　$^3\mathrm{H}$ は最大エネルギー A の β 線を放出する。スミア法による汚染検査では，検査ろ紙を B で測定することがしばしば行われる。高感度であり，エネルギースペクトルの測定による核種同定も可能なためである。液体の $^3\mathrm{H}$ 標識化合物は，その C に依存して一部が気体となるため，吸入によ

る内部被ばくにも注意する必要がある。また，化学反応によって ^3H を含む放射性気体が発生する場合もある。^3H で標識されたエタノール（CH_3CH_2OH）は，それ自体も揮発性であるが，金属ナトリウムと反応すると　D　が発生する。もとのエタノール中で ^3H が　E　の部分に存在している場合，発生気体は放射性となる。

<A～C の解答群>
1　1.0keV　　2　18.6keV　　3　156keV　　4　1.7MeV
5　液体シンチレーション計数装置　　　　6　GM 管式検出器
7　Ge 検出器　　8　トリチウムモニタ　　9　蒸気圧
10　二重結合の数　　11　比放射能　　12　放射化学的純度

<D の解答群>
1　メタノール　2　水素ガス　3　水酸化ナトリウム　4　水

<E の解答群>
1　CH_3　　2　CH_2　　3　OH

II　^{32}P は最大エネルギー　F　の β 線を放出する。取扱いの際に　G　製のついたてを用いることで，β 線を遮蔽し，制動放射線の発生を抑えることができる。しかし，手指などの局所被ばくが全身被ばくに対して著しく高くなることがあるので，　H　による局所被ばく線量のモニタリングは重要とされる。スミア法による汚染検査におけるろ紙の放射能測定では，　I　の検出も利用できる。しかし，この検出法は ^3H では利用できない。^{32}P で標識されたリン酸は　J　などの金属イオンと反応して沈殿を生成する。このようなリンの化学的性質は実験操作時の ^{32}P の挙動の予測に有用である。

<F～H の解答群>
1　18.6keV　　2　156keV　　3　257keV　　4　1.71MeV
5　3mm 厚のアクリル板　　　6　10mm 厚のアクリル板
7　0.5mm 厚の鉛板　　8　1mm 厚の鉛板　　9　リングバッジ
10　ガスモニタ　11　化学線量計

<I, J の解答群>
1　熱蛍光（TL）　2　チェレンコフ光　3　蛍光 X 線　　4　δ 線
5　ナトリウム　6　カリウム　7　カルシウム

III　^{125}I は　K　に利用される。この測定には井戸型シンチレーション検出器が利用される。^{125}I を含む水溶液は　L　で飛散率が著しく増大するので，取扱いには注意を要する。^{131}I も　K　に利用できるが，^{125}I に比べて　M　た

め，使用例は少ない。ヨウ素の放射性同位体で標識された有機化合物の中には揮発性のものが多く知られているので，吸入に対する防護も必要となる。放射性ヨウ化メチルの取扱いの際には，グローブボックス等を使用し，さらに，　N　を吸着材として含むマスクの着用が有効である。

＜K～Mの解答群＞
1　放射化分析　　　2　ラジオイムノアッセイ　　3　メスバウアー分光法
4　アクチバブルトレーサ　　5　酸性　　6　高濃度　　7　低温
8　アルカリ性　　9　γ線のエネルギーが低い
10　γ線のエネルギーが高い　　11　半減期が短い　　12　半減期が長い

＜Nの解答群＞
1　イオン交換体　　2　無添着活性炭　　3　有機アミン添着活性炭
4　塩化カルシウム

IV ^{237}Np の半減期は 2.1×10^6 年（6.6×10^{13} 秒）なので，1.0×10^{-3} mol·L^{-1} の水溶液の放射能濃度は　O　である。α線を放出するので試料水溶液に　P　を加えて液体シンチレーション測定で放射能濃度を求めることもできる。また，このような長半減期核種については　Q　を測定して濃度を求めることも可能である。Np や Am などのアクチノイドは加水分解しやすいので，これを防ぐために，水溶液系ではできる限り　R　などの実験操作上の工夫も求められる。また，これらのα放射体の高濃度溶液では，α粒子は溶液中で停止するので，　S　を十分に考慮しての実験設計が求められる。

＜O～Qの解答群＞
1　10 MBq·L^{-1} 以下　　2　60 MBq·L^{-1}　　3　100 MBq·L^{-1}
4　500 MBq·L^{-1} 以上　　5　トルエン　　　　6　キシレン
7　乳化シンチレータ　　　　8　プラスチックシンチレータ
9　α線の飛程　　　　　　　10　α線のエネルギー
11　紫外・可視光の吸収

＜R，Sの解答群＞
1　pHを低く保つ　　2　pHを中性域に保つ　　3　pHを高く保つ
4　pHを一定にしない　　5　放射性気体の発生
6　ホットアトム効果　　7　自己放射線分解　　8　ラジオコロイドの生成

問4 次のⅠ～Ⅳの文章の　　　　の部分に入る最も適切な語句，記号又は数値を，それぞれの解答群から1つだけ選べ。

Ⅰ 非密封放射性同位元素の使用施設で，ある作業グループが ^{14}C，^{32}P，^{35}S を使用することとなった。これらの核種の半減期は ^{14}C が5,700年，^{32}P が14.3日，^{35}S が ┌─A─┐ 日である。また，β線の最大エネルギーは ┌─B─┐ が最も大きく1.711MeVである。これらの核種の取扱いで担体存在下での沈殿生成による分離がしばしば利用される。オキソ酸イオン $^{14}CO_3^{2-}$，$^{32}PO_4^{3-}$，$^{35}SO_4^{2-}$ を含む水溶液に ┌─C─┐ イオンを加えると，いずれも難溶性塩を生成する。この他，^{35}S については，還元形の陰イオン ┌─D─┐ が Cu^{2+} などの金属イオンと難溶性塩を生成する。

<A～D の解答群>
1 8.0   2 25.3   3 87.5   4 ^{14}C   5 ^{32}P
6 ^{35}S   7 ナトリウム   8 カリウム   9 カルシウム
10 S^{2-} 11 SO_3^{2-} 12 $S_2O_3^{2-}$

Ⅱ この作業グループは小実験室を専有して使用することとなった。
　^{32}P を使用する場合，遮蔽材に ┌─E─┐ を用いて ┌─F─┐ の発生を避ける。被ばくする手指のモニタリングにはリングバッジが適している。
　^{32}P の取扱いで汚染が発生した場合，その位置の特定には ┌─G─┐ サーベイメータが用いられる。さらに，スミア法で ┌─H─┐ 汚染の広がりを調べ，除染の方法を検討する。スミアろ紙を水に浸して液体シンチレーションカウンタで ┌─I─┐ を計測することで ^{32}P のみを測定することも可能である。
　^{14}C，^{32}P，^{35}S の内2核種を同時に利用した際のスミア試料の測定に液体シンチレーションカウンタを使用した場合，┌─J─┐ を区別して定量することは困難である。これは，両者の ┌─K─┐ が近いためである。

<E～I の解答群>
1 アクリル樹脂   2 銅   3 鉛   4 消滅放射線
5 制動放射線   6 コンプトン電子 7 GM 管式
8 NaI（Tl）シンチレーション式   9 電離箱式   10 固着性
11 非固着性   12 揮発性   13 熱量   14 酸素量
15 チェレンコフ光

<J，Kの解答群>
1 ^{14}C と ^{32}P   2 ^{14}C と ^{35}S   3 ^{32}P と ^{35}S
4 原子番号   5 β線の最大エネルギー   6 蛍光収率

Ⅲ ^{14}C 及び ^{32}P それぞれ1MBq を含む可能性がある洗浄液を排水することとなった。放射性同位元素の排液中又は排水中の濃度限度は，告示で ^{14}C は

2×10^0 Bq/cm³，³²P は 3×10^{-1} Bq/cm³ と定められている。この施設には排水設備として 10m³ の貯留槽 2 基と 10m³ の希釈槽 1 基が設けられている。1 つの貯留槽から排水する場合，排液の量が少なくとも ［ L ］m³ 以上ならば，希釈しないで排水が可能である。同様に，排液の量が少なくとも ［ M ］m³ 以上ならば，2 週間経過すれば，希釈しないで排水が可能である。また，希釈槽を使用しての希釈操作が必ず必要となるのは，貯留槽中の ¹⁴C が ［ N ］MBq を超える場合に限られる。

<L～N の解答群>

| 1 | 1.4 | 2 | 2.2 | 3 | 3.1 | 4 | 3.9 | 5 | 5.1 |
| 6 | 6.0 | 7 | 10.0 | 8 | 15.0 | 9 | 20.0 | | |

Ⅳ　使用核種の変更や追加が作業内容の進展により必要となることがある。それに対応した測定技術や管理技術の適用が求められる。例えば，使用核種を ³²P から ³³P に変更した場合，放射線の ［ O ］ が異なるため，［ P ］ が可能となる。この場合にはこれまでと同じサーベイメータを使用して汚染箇所の特定や除染に対応することができる。

　しかし，［ Q ］ に有用で主に X 線・低エネルギー γ 線を放出する ［ R ］ を追加した場合には，低エネルギー γ 線用 NaI（Tl）シンチレーション式サーベイメータを追加して，汚染箇所の特定や除染に対応することが望まれる。

<O，P の解答群>

1　最大エネルギー　　2　種類　　　　　3　内部転換係数
4　無担体での RI の使用
5　イメージングプレート像の高解像度化
6　オートウェルによる測定の自動化

<Q，R の解答群>

1　シンチグラフィ　　2　ラジオイムノアッセイ　　3　ポジトロン CT
4　¹²⁵I　　　　　5　¹²⁹I　　　　6　¹³¹I

問 5　次の Ⅰ～Ⅲ の文章の ［　　　］ の部分に入る最も適切な語句又は記号を，それぞれの解答群から 1 つだけ選べ。

Ⅰ　空気中の放射能測定のための試料採取では，放射性物質の化学形，性状，濃度に応じて，様々な捕集方法が適用されている。例えば，［ A ］ のような放射性希ガスの直接捕集では ［ B ］ がしばしば用いられる。水蒸気として存在する ³H の捕集では，直接捕集の他に，［ C ］ による固体捕集，［ D ］ に

よる液体捕集，　E　による冷却凝縮捕集も利用される。また，同様に気体として存在する ^{131}I の固体捕集では　F　がより有効である。これに対して，　G　などのラジオアイソトープ（RI）が浮遊粒子として存在する場合にはダストサンプラを用いて試料を採取することができる。ただし，浮遊粉じんへの吸着により，気体として存在していたRIがろ紙に捕集される場合もある。

このように捕集されたRIを定量した上で，一般に捕集装置への吸引平均流量，　H　効率，及び　I　の値からRIの空気中濃度を算出する。

<A～Fの解答群>
1　^4He　　2　^{40}Ar　　3　^{133}Xe　　4　ガス捕集用電離箱
5　シンチレーションカクテル　　6　活性炭カートリッジ
7　シリカゲル　　8　ろ紙　　9　水バブラー
10　ベンゼン　　11　リービッヒ冷却管　　12　コールドトラップ

<Gの解答群>
1　^{60}Co　　2　^{85}Kr　　3　^{133}Xe

<H，Iの解答群>
1　吸入　　2　作業　　3　捕集　　4　捕集時間
5　捕集装置の容積

Ⅱ　空気中に放射性物質が存在する場合には，吸入による内部被ばくが問題となる。内部被ばくの影響を考える場合には，壊変様式や線質などの物理的性質を知っておく必要がある。^{133}Xe，^{131}I，^3H，^{60}Co はすべて　J　するが，　K　以外は γ 線も放出する。また，化学的性質も重要である。特に ^{131}I は実験環境中で多様な化学形をとりえるので，取扱いに注意を要する。　L　は特に揮発しやすい化学形である。飛散を防ぐために，水溶液系では　M　となることを避けるなどの工夫が行われる。なお，壊変によって約1％の ^{131}I は放射性の　N　となるので，これの挙動にも注意を要する場合がある。

<J，Kの解答群>
1　α 壊変　　2　β^- 壊変　　3　β^+ 壊変　　4　電子捕獲（EC壊変）
5　^{133}Xe　　6　^{131}I　　7　^3H　　8　^{60}Co

<L～Nの解答群>
1　I^-　　2　I_2　　3　I_3^-　　4　IO_4^-　　5　酸性
6　中性　　7　アルカリ性　　　　　　8　^{129}Sb　　9　^{131m}Xe
10　^{131}Se

Ⅲ　空気中に存在する放射性物質を吸入してそれらによる被ばくが問題となる場合には，吸入した放射性物質を除去するための処置を速やかに行うことを考慮する。^{133}Xe の体内からの除去には清浄な　O　での　P　が有効である。^{131}I を吸入した場合の体内汚染の除去には吸入後速やかに　Q　を投与することが有効である。水蒸気として存在する ^{3}H を吸入した場合の体内汚染の除去には　R　を行い，　S　を投与することが有効である。粒子として浮遊している ^{60}Co を吸入した場合の体内汚染の除去には　T　を投与することが有効である。

<O～Tの解答群>
1　呼吸　　　　2　飲水　　　　3　脱毛　　　4　運動　　　　5　胃洗浄
6　腸内洗浄　　7　ヨウ化カリウム　　　　　8　利尿剤　　　9　血管拡張剤
10　D-ペニシラミン　　　　11　空気　　　12　窒素

問6　次のⅠ～Ⅱの文章の　　　　　の部分に入る最も適切な語句又は数値を，それぞれの解答群から1つだけ選べ。なお，解答群の選択肢は必要に応じて2回以上使ってもよい。

Ⅰ　放射線による影響は，しきい線量がある　A　と，しきい線量がないと仮定されている　B　に区分される。被ばく線量の増加により，　A　はその　C　が増大し，　B　ではその　D　が増大する。放射線防護の目的は，しきい線量を超えなければ発生しない　A　を防止するとともに，　B　を容認できるレベルまで制限することにある。

　　　A　には急性障害と晩発障害があり，急性障害の例として　E　が，晩発障害の例として　F　がある。骨髄のように常に分裂する前駆細胞（幹細胞）が存在し細胞交代率が高い臓器・組織では障害が　G　現れ，肝臓のような細胞交代率が低い臓器・組織では障害が　H　現れる。生殖腺における　A　としては不妊がある。また，妊娠中の被ばくにより胎児に　I　が生じることがあるが，これも　A　である。

　　障害のしきい線量は臓器・組織により異なる値となり，γ 線の急性被ばくでのしきい線量は末梢血中のリンパ球数減少では約　ア　Gy，男性の一時的不妊では約　イ　Gy で，頭髪の脱毛では約　ウ　Gy とされている。

　　放射線業務従事者の各組織の一定期間における等価線量限度は，4月1日を始期とする1年間につき　J　については500mSv，　K　については150mSv と定められている。

管理測定技術

<A〜Kの解答群>
1 遺伝的影響　2 確率的影響　3 確定的影響
4 遅く　　　　5 早く　　　　6 消化管　　　7 皮膚炎
8 白内障　　　9 重篤度　　 10 発生頻度　 11 潜伏期間
12 がん　　　13 奇形　　　 14 眼の水晶体　15 皮膚

<ア〜ウの解答群>
1 0.01　　2 0.15　　3 0.25　　4 1　　5 3

Ⅱ　内部被ばくによる身体的影響は，摂取核種の臓器親和性，物理化学的性状や摂取経路により特徴付けられる。プルトニウム-239に関しては，可溶性プルトニウム塩により創傷部が汚染されるとプルトニウムが骨や肝臓に移行して，これらの臓器に長期間にわたり蓄積し， L が M である N 線を放出し続け骨肉腫等を誘発する。これに対し，酸化プルトニウムを吸入被ばくした場合では，容易に血液中に移行せず，長期間肺にとどまることにより肺がんを誘発する。

　内部被ばくによる身体的影響の程度は被ばく線量に関係するが，体内に長期にわたり残留する核種ほど被ばく線量は一般に大きくなる。体内に摂取された放射性核種は，その壊変や体外排泄速度で決定される O に基づき減少するが， O は，摂取核種の P に加えて，生体内の代謝や排泄に基づく Q を基に計算される。

<Lの解答群>
1 組織加重（荷重）係数　2 放射線加重（荷重）係数　3 線質係数

<Mの解答群>
1 5　　2 10　　3 20

<Nの解答群>
1 α　　2 β　　3 γ

<O〜Qの解答群>
1 物理的半減期　2 生物学的半減期　3 有効半減期

生物学

次の各問について，1から5までの5つの選択肢のうち，適切な答えを1つだけ選びなさい。

問1 標識化合物の利用法に関する次の記述のうち，正しいものの組合せはどれか。

A ［^{3}H］ウリジンを用いて RNA の合成量を調べた。
B ［^{14}C］チミジンを用いて糖の合成量を調べた。
C ［^{35}S］メチオニンを用いてタンパク質の合成量を調べた。
D ［^{125}I］ヨードデオキシウリジンを用いて脂質の合成量を調べた。

1　AとB　　2　AとC　　3　BとC　　4　BとD　　5　CとD

問2 放射線による DNA 2本鎖切断とその修復に関する次の記述のうち，正しいものの組合せはどれか。

A 修復は細胞照射後2時間以内に終了する。
B DNA 2本鎖切断は細胞周期停止の原因となる。
C 非相同末端結合による修復は全細胞周期で行われる。
D 相同組換え修復は細胞周期の M 期で行われる。

1　AとB　　2　AとC　　3　AとD　　4　BとC　　5　BとD

問3 放射線による染色体異常のうち，安定型異常の組合せは，次のうちどれか。

A 転座　　　　　　　B 逆位　　　　　　　C 小さな欠失
D 二動原体染色体　　E 環状染色体

1　ABC のみ　　2　ABE のみ　　3　ADE のみ　　4　BCD のみ
5　CDE のみ

問4 遺伝子突然変異に関する次の記述のうち，正しいものの組合せはどれか。

A α線はγ線に比べて単位吸収線量当たりの突然変異頻度が高い。
B β線は中性子線に比べて単位吸収線量当たりの突然変異頻度が高い。
C 点突然変異は発がんの原因となる。
D 塩基損傷は点突然変異の原因となる。

1　ABC のみ　　2　ABD のみ　　3　ACD のみ　　4　BCD のみ

5　ABCD すべて

問5　次の心機能・血流量を調べるのに用いられる放射性核種のうち，正しいものの組合せはどれか。
A　^{59}Fe　　B　^{99m}Tc　　C　^{198}Au　　D　^{201}Tl
1　AとB　　2　AとC　　3　BとC　　4　BとD　　5　CとD

問6　水への放射線照射により生成するスーパーオキシド（$O_2\cdot^-$）に関する次の記述のうち，正しいものの組合せはどれか。
A　生体に存在するカタラーゼにより分解される。
B　ヒドロキシルラジカルに比べて生体成分への反応性が高い。
C　酵素反応により過酸化水素を生じる。
D　水和電子と酸素との反応で生じる。
1　AとB　　2　AとC　　3　BとC　　4　BとD　　5　CとD

問7　γ線による間接作用に関する次の記述のうち，正しいものの組合せはどれか。
A　主として水の電離又は励起によって生じるフリーラジカルの作用である。
B　凍結状態で照射すると大きくなる。
C　グルタチオンなどSH基を持つ物質を添加することにより，低減することができる。
D　酸素分圧を低下させることで，低減することができる。
1　ACDのみ　　2　ABのみ　　3　BCのみ　　4　Dのみ
5　ABCD すべて

問8　酸素効果に関する次の記述のうち，正しいものの組合せはどれか。
A　γ線は速中性子線よりも酸素効果が小さい。
B　照射後に酸素分圧を高めても酸素効果はみられない。
C　腫瘍細胞にみられ，正常細胞ではみられない。
D　培養細胞だけでなく，細菌でも酸素効果がみられる。
1　AとB　　2　AとC　　3　BとC　　4　BとD　　5　CとD

問9　X線による細胞致死作用に関する次の記述のうち，正しいものの組合せはどれか。
A　細胞周期のS期後半にある細胞より，M期にある細胞で効果が大きい。

B 同一吸収線量では，線量率を低くすると効果が小さくなる．
C ラジカルスカベンジャーが存在すると効果が大きくなる．
D 同一吸収線量では，分割照射により効果が大きくなる．
1　AとB　　2　AとC　　3　BとC　　4　BとD　　5　CとD

問10 細胞周期に関する次の記述のうち，正しいものの組合せはどれか．
A　p53は放射線照射後の細胞周期停止に関与する．
B　最も放射線感受性が低いのはM期後半である．
C　G_0期にはG_2期から移行する．
D　毛細血管拡張性運動失調症患者由来の細胞では細胞周期チェックポイントに異常がある．
1　AとB　　2　AとD　　3　BとC　　4　BとD　　5　CとD

問11 低LET放射線被ばくにおける致死感受性に関する次の記述のうち，正しいものの組合せはどれか．
A　細胞周期の中でG_1期前半が最も致死感受性が高い．
B　一般に，同一線量を低線量率で照射すると致死感受性が低下する．
C　水晶体上皮細胞は心筋細胞に比べて致死感受性が高い．
D　ラジカルスカベンジャーは致死感受性を高める．
1　AとB　　2　AとC　　3　BとC　　4　BとD　　5　CとD

問12 急性被ばく後の骨髄死に関する次の記述のうち，正しいものの組合せはどれか．
A　被ばく後2～3日以内に起こる．
B　マウスでは週齢にかかわらず同程度の線量で起こる．
C　一般に，マウスよりヒトの方が高い線量で起こる．
D　半数致死線量程度の被ばくの場合には，骨髄死が起こる．
1　ABCのみ　　2　ABDのみ　　3　ACDのみ　　4　BCDのみ
5　1から4の組合せ以外

問13 放射性核種と体内での集積部位の関係として，正しいものの組合せは，次のうちどれか．
A　^{32}P　　－　　肝臓
B　^{60}Co　　－　　肺
C　^{90}Sr　　－　　骨

D ^{137}Cs － 全身
E ^{226}Ra － 骨
1 ABD のみ　　　2 ABE のみ　　　3 ACD のみ　　　4 BCE のみ
5 CDE のみ

問 14 皮膚の外部被ばくに関する次の記述のうち，正しいものの組合せはどれか。
A 急性障害の発生にはしきい線量が存在する。
B 最も早く現れる変化は紅斑である。
C γ線10Gy 急性被ばくの直後に痛みを生じる。
D γ線30Gy の急性被ばくで難治性潰瘍が生じる。
1 ABC のみ　　　2 ABD のみ　　　3 ACD のみ　　　4 BCD のみ
5 ABCD すべて

問 15 5 Gy のγ線急性全身被ばくによる放射線影響に関する次の記述のうち，正しいものはどれか。
1 顆粒球は被ばく直後に一過性に増加することがある。
2 B 細胞は T 細胞よりも致死感受性が低い。
3 血小板の減少は顆粒球の減少よりも早期に起こる。
4 顆粒球の減少は主にリンパ節が被ばくすることによって起こる。
5 赤血球の減少は観察されない。

問 16 γ線の被ばくによる臓器の晩期障害として，正しいものの組合せはどれか。
A 肝臓　　－　脂肪肝
B 甲状腺　－　機能亢進症
C 食道　　－　穿孔
D 肺　　　－　肺線維症
E 脊髄　　－　放射線脊髄症
1 ABC のみ　　　2 ABE のみ　　　3 ADE のみ　　　4 BCD のみ
5 CDE のみ

問 17 器官形成期における胎内被ばくに関する次の記述のうち，正しいものの組合せはどれか。
A 胎児に奇形が発生する可能性が妊娠期間中で最も高い。

B 出生前死亡の頻度が高くなる。
C 発がんリスクは増加しない。
D 精神遅滞は起こらない。
1　AとB　　2　AとC　　3　BとC　　4　BとD　　5　CとD

問18 放射線による発がんに関する次の記述のうち，正しいものの組合せはどれか。
A 外部被ばくでも内部被ばくでも起こり得る。
B 遺伝的影響に分類される。
C 晩発影響に分類される。
D 確定的影響に分類される。
1　AとB　　2　AとC　　3　BとC　　4　BとD　　5　CとD

問19 生殖腺の放射線障害に関する次の記述のうち，正しいものの組合せはどれか。
A 成人女性では年齢を増すと少ない線量で永久不妊になる。
B 男性ホルモン産生に関係する間質細胞は，精原細胞よりも放射線致死感受性が高い。
C 精子は精原細胞よりも放射線致死感受性が高い。
D 一時的不妊のしきい線量は女性より男性で低い。
1　AとC　　2　AとD　　3　BとC　　4　BとD　　5　CとD

問20 原爆被爆者の疫学調査で，統計的に有意な発がんリスクの上昇のみられる臓器の組合せはどれか。
A 胃　　　B 肺　　　C 子宮　　　D 前立腺
1　AとB　　2　AとC　　3　AとD　　4　BとC　　5　BとD

問21 内部被ばくに関する次の記述のうち，正しいものの組合せはどれか。
A 放射性核種の摂取経路は主として，経皮（創傷を含む），経気道（吸入）および経口である。
B 主として遺伝性（的）影響をもたらす。
C 生物学的半減期が影響する。
D 飛程の短い放射線の影響は小さい。
1　AとB　　2　AとC　　3　BとC　　4　BとD　　5　CとD

生物学

問 22 確定的影響に関する次の記述のうち，正しいものの組合せはどれか。
A すべて身体的影響である。
B 線量が増加しても障害の重篤度は変わらない。
C 線量率が低下しても障害の重篤度は変わらない。
D 胎内被ばくによる精神遅滞は確定的影響に分類される。
1 AとB　　2 AとC　　3 AとD　　4 BとD　　5 CとD

問 23 RBE に関する次の記述のうち，正しいものの組合せはどれか。
A 放射線の種類による生物効果の量的違いを表す値である。
B 低線量域における確定的影響の RBE を参考に放射線加重（荷重）係数が定められている。
C 基準放射線としては，一般に200～250kV の X 線が用いられる。
D 生物効果の指標によって RBE の値は異なる。
1 ACD のみ　　2 AB のみ　　3 BC のみ　　4 D のみ
5 ABCD すべて

問 24 放射線被ばくによる白内障に関する次の記述のうち，正しいものの組合せはどれか。
A 潜伏期間は線量が大きくなると短くなる。
B 3 Gy の X 線被ばくでは，被ばく後 1 ヶ月以内に生じる。
C 線量率が低下するとしきい線量は低下する。
D 進行した放射線白内障では，他の原因による白内障と区別できない。
1 AとC　　2 AとD　　3 BとC　　4 BとD　　5 CとD

問 25 放射性ヨウ素の急性摂取による甲状腺の内部被ばくに関する次の記述のうち，正しいものの組合せはどれか。
A 10Gy の被ばくで甲状腺機能低下症になる。
B 1 mGy の被ばくで甲状腺機能亢進症になる。
C 吸入により体内に摂取された放射性ヨウ素は主に尿により体外に排泄される。
D 放射性ヨウ素吸入摂取の24時間後に安定ヨウ素剤を服用すれば，放射性ヨウ素の甲状腺への集積はほぼ完全に抑制される。
1 ABD のみ　　2 AB のみ　　3 AC のみ　　4 CD のみ
5 BCD のみ

問 26 LETと細胞致死作用に関する次の記述のうち，正しいものの組合せはどれか。

A 高LET放射線は低LET放射線よりも細胞致死作用が小さい。
B 高LET放射線は低LET放射線よりも間接作用の寄与が小さい。
C RBEはLETが100～200keV·μm⁻¹の範囲で最低となる。
D 高LET放射線は低LET放射線よりも細胞周期依存性が小さい。

1　ACDのみ　　2　ABのみ　　3　ACのみ　　4　BDのみ
5　BCDのみ

問 27 放射線加重係数に関する次の記述のうち，正しいものの組合せはどれか。

A 電子線の場合はエネルギーによって値が異なる。
B 確定的影響を評価するための係数である。
C 線量率に関わらず同一の値が与えられている。
D X線とγ線については同一の値が与えられている。

1　AとB　　2　AとC　　3　BとC　　4　BとD　　5　CとD

問 28 預託実効線量に関する次の記述のうち，正しいものの組合せはどれか。

A 成人の場合，組織・臓器が受ける吸収線量率を50年にわたって積算した線量である。
B 単位はシーベルトである。
C 預託等価線量とその組織・臓器の組織加重係数との積の総和として求められる。
D 長期にわたる外部被ばくを評価するために用いられる。

1　AとB　　2　AとC　　3　AとD　　4　BとC　　5　BとD

問 29 γ線で唾液腺が8Gy急性被ばくして48時間以内に認められるものとして，正しいものの組合せは，次のうちどれか。

A 血液中へのアミラーゼの逸脱
B 唾液腺の腫脹
C 唾液腺の痛み
D 唾液腺からの出血

1　ABCのみ　　2　ABのみ　　3　ADのみ　　4　CDのみ
5　BCDのみ

問 30　γ線急性全身被ばくで見られる障害のうち，しきい線量が 1 Gy より大きいものはどれか。

A　リンパ球数減少
B　脱毛
C　女性の永久不妊
D　男性の永久不妊

1　ABC のみ　　2　ABD のみ　　3　ACD のみ　　4　BCD のみ
5　ABCD すべて

法令

放射性同位元素等による放射線障害の防止に関する法律（以下「放射線障害防止法」という。）及び関係法令について解答せよ。

次の各問について，1から5までの5つの選択肢のうち，適切な答えを1つだけ選びなさい。

なお，問題文中の波線部は，現行法令に適合するように直した箇所である。

問1 放射線障害防止法の目的に関する次の文章の ― A ―～― D ―に該当する語句について，放射線障害防止法上定められているものの組合せは，下記の選択肢のうちどれか。

「この法律は，原子力基本法の精神にのっとり，放射性同位元素の使用，― A ―，廃棄その他の取扱い，放射線発生装置の使用及び放射性同位元素又は放射線発生装置から発生した放射線によって汚染された物（以下「― B ―」という。）の― C ―その他の取扱いを― D ―することにより，これらによる放射線障害を防止し，公共の安全を確保することを目的とする。」

	A	B	C	D
1	販売，賃貸	放射性廃棄物	処理	制限
2	保管，運搬	放射化物	廃棄	制限
3	販売，賃貸	放射性汚染物	廃棄	規制
4	保管，運搬	放射性汚染物	廃棄	規制
5	販売，賃貸	放射化物	処理	規制

問2 用語の定義に関する次の記述のうち，放射線障害防止法上定められているものの組合せはどれか。

A　汚染検査室とは，「人体又は作業衣，履物，保護具等人体に着用している物の表面の放射性同位元素による汚染の検査を行う室」をいう。

B　排気設備とは，「排気浄化装置，排風機，排気管，排気口等気体状の放射性同位元素等を浄化し，又は排気する設備」をいう。

C　廃棄作業室とは，「放射性汚染物で密封されていないものの詰替えをする室」をいう。

D　放射線施設とは，「使用施設，廃棄物詰替施設，貯蔵施設，廃棄物貯蔵施設又は廃棄施設」をいう。

1　ABCのみ　　2　ABDのみ　　3　ACDのみ　　4　BCDのみ

5　ABCDすべて

法令

問3 使用の許可に関する次の記述のうち，放射線障害防止法上正しいものの組合せはどれか。なお，セシウム137の下限数量は10キロベクレル，コバルト60の下限数量は100キロベクレルであり，かつ，それぞれの濃度は，原子力規制委員会の定める濃度を超えるものとする。

A　1個当たりの数量が，10メガベクレルの密封されたセシウム137を装備したレベル計を3台及び1個当たりの数量が，100メガベクレルの密封されたコバルト60を装備した密度計を1台使用しようとする者は，原子力規制委員会の許可を受けなければならない。

B　1個当たりの数量が，10メガベクレルの密封されたセシウム137を装備した校正用線源及び放射線発生装置を使用しようとする者は，原子力規制委員会の許可を受けなければならない。

C　1個当たりの数量が，100メガベクレルの密封されたセシウム137を装備した校正用線源を1個のみ使用しようとする者は，原子力規制委員会の許可を受けなければならない。

D　1個当たりの数量が，100メガベクレルの密封されたコバルト60を3個で1組として装備し，その1組をもって照射する機構を有するレベル計1台のみを使用しようとする者は，原子力規制委員会の許可を受けなければならない。

1　ABCのみ　　2　ABのみ　　3　ADのみ　　4　CDのみ
5　BCDのみ

問4 許可又は届出の手続きに関する次の記述のうち，放射線障害防止法上正しいものの組合せはどれか。

A　下限数量を超える密封されていない放射性同位元素を使用しようとする者は，工場又は事業所ごとに，原子力規制委員会の許可を受けなければならない。

B　放射線発生装置のみを業として販売しようとする者は，販売所ごとに，あらかじめ，原子力規制委員会に届け出なければならない。

C　表示付認証機器のみを認証条件に従って使用しようとする者は，工場又は事業所ごとに，かつ，認証番号が同じ表示付認証機器ごとに，あらかじめ，原子力規制委員会に届け出なければならない。

D　放射性同位元素又は放射性同位元素によって汚染された物を業として廃棄しようとする者は，廃棄事業所ごとに，原子力規制委員会の許可を受けなければならない。

1　ABCのみ　　2　ABのみ　　3　ADのみ　　4　CDのみ

5　BCDのみ

問5　次の標識のうち，放射線障害防止法上定められているものの組合せはどれか。ただし，この場合，放射能標識は工業標準化法の日本工業規格によるものとし，その大きさは放射線障害防止法上で定めるものとする。

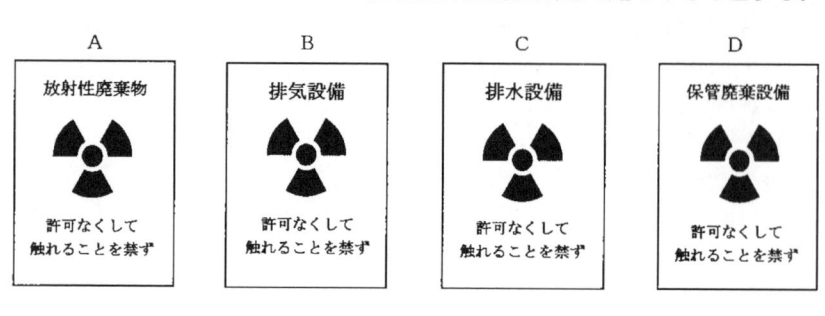

A	B	C	D
放射性廃棄物　許可なくして触れることを禁ず	排気設備　許可なくして触れることを禁ず	排水設備　許可なくして触れることを禁ず	保管廃棄設備　許可なくして触れることを禁ず

1　AとB　　2　AとC　　3　AとD　　4　BとC　　5　CとD

問6　使用施設の技術上の基準に関して，密封された放射性同位元素を使用する場合に，その旨を自動的に表示する装置及びその室に人がみだりに入ることを防止するインターロックを設けなければならない放射性同位元素の数量として，放射線障害防止法上定められている数量の組合せは，次のうちどれか。

	＜自動表示装置＞	＜インターロック＞
1	100ギガベクレル	100テラベクレル
2	100ギガベクレル	10テラベクレル
3	400ギガベクレル	100テラベクレル
4	400ギガベクレル	10テラベクレル
5	1テラベクレル	100テラベクレル

問7　貯蔵施設の技術上の基準に関する次の記述のうち，放射線障害防止法上定められているものの組合せはどれか。

A　貯蔵施設は，地崩れ及び浸水のおそれの少ない場所に設けること。
B　貯蔵室には，出入りする者を常時監視するため，入退管理設備を設けること。
C　貯蔵箱は，耐火性の構造とし，かつ，温度及び内圧の変化，振動等により，き裂，破損等の生ずるおそれのない構造とすること。
D　液体状の放射性同位元素を入れる容器は，液体がこぼれにくい構造とし，

かつ，液体が浸透しにくい材料を用いること。
1 AとB　　2 AとC　　3 AとD　　4 BとC　　5 BとD

問8　次の記述のうち，その旨を原子力規制委員会に届け出ることにより，許可使用者が一時的に使用の場所を変更して使用できる場合として，放射線障害防止法上正しいものの組合せはどれか。ただし，政令で定める数量以下の放射性同位元素又は政令で定める放射線発生装置とする。
A　コッククロフト・ワルトン型加速装置を，地下検層に使用する場合
B　エックス線を発生させることのできる直線加速装置を，橋梁又は橋脚の非破壊検査に使用する場合
C　密封されたセシウム137を装備したガンマ線密度計を，物質の密度の調査に使用する場合
D　密封されたカリホルニウム252を装備した中性子水分計を，土壌中の水分の質量の調査に使用する場合
1 ABCのみ　　2 ABDのみ　　3 ACDのみ　　4 BCDのみ
5 ABCDすべて

問9　許可の条件に関する次の文章の　A　～　C　に該当する語句について，放射線障害防止法上定められているものの組合せは，下記の選択肢のうちどれか。
「第8条　第3条第1項本文又は第4条の2第1項の許可には，条件を付することができる。
2　前項の条件は，　A　するため　B　に限り，かつ，許可を受ける者に　C　こととならないものでなければならない。」

	A	B	C
1	公共の安全を確保	必要な最小限度のもの	不利な規制をする
2	公共の安全を確保	必要な最小限度のもの	不当な義務を課する
3	放射線障害を防止	放射線防護に必要なもの	不利な規制をする
4	公共の安全を確保	放射線防護に必要なもの	不当な義務を課する
5	放射線障害を防止	必要な最小限度のもの	不当な義務を課する

問10　貯蔵施設に備えるべき，放射性同位元素を入れる容器に関する次の記述のうち，放射線障害防止法上定められているものの組合せはどれか。
A　容器の外における空気を汚染するおそれのある放射性同位元素を入れる容

器は，気密な構造とすること。
B 液体状の放射性同位元素を入れる容器は，液体がこぼれにくい構造とし，かつ，液体が浸透しにくい材料を用いること。
C 容器のふた等には，かぎその他の閉鎖のための器具を設けること。
D 容器の表面における1センチメートル線量当量率は，2ミリシーベルト毎時以下とすること。

1 ABCのみ　　2 ABのみ　　3 ADのみ　　4 CDのみ
5 BCDのみ

問11 1個当たりの数量が7.4ギガベクレルの密封されたプロメチウム147を装備したベータ線厚さ計のみ3台を使用している者が，装置の経年劣化により，同じ使用の目的で1個当たりの数量が3.7ギガベクレルの密封されたストロンチウム90を装備したベータ線厚さ計3台に同時更新し，使用することになった。この場合に，あらかじめ，原子力規制委員会に対してとるべき手続きに関する次の記述のうち，放射線障害防止法上正しいものはどれか。なお，プロメチウム147の下限数量は10メガベクレル，ストロンチウム90の下限数量は10キロベクレルであり，かつ，その濃度は，原子力規制委員会の定める濃度を超えるものとする。

1 届出使用に係る変更の届出をしなければならない。
2 許可使用に係る申請をしなければならない。
3 許可使用に係る変更許可申請をしなければならない。
4 許可使用に係る軽微な変更の届出をしなければならない。
5 許可使用に係る使用の場所の一時的変更の届出をしなければならない。

問12 次のうち，表示付認証機器を販売しようとする者が，当該表示付認証機器ごとに添付しなければならない文書に記載する事項として，放射線障害防止法上定められているものの組合せはどれか。

A 認証番号
B 当該設計認証に係る使用，保管及び運搬に関する条件
C 当該機器について法の適用がある旨
D 設計認証に関係する事項を掲載した登録認証機関のホームページアドレス

1 ABCのみ　　2 ABのみ　　3 ADのみ　　4 CDのみ
5 BCDのみ

法令

問13 次の記述のうち，設置時施設検査に合格した日から次の定期確認を受ける期間について，放射線障害防止法上正しいものの組合せはどれか。

A 密封された放射性同位元素のみを取り扱う許可廃棄業者は，5年以内に定期確認を受けなければならない。
B 放射線発生装置のみを使用する特定許可使用者は，5年以内に定期確認を受けなければならない。
C 下限数量に10万を乗じて得た数量の密封されていない放射性同位元素及び放射線発生装置を使用する特定許可使用者は，3年以内に定期確認を受けなければならない。
D 密封されていない放射性同位元素のみを使用する特定許可使用者は，5年以内に定期確認を受けなければならない。

1　AとB　　2　AとC　　3　BとC　　4　BとD　　5　CとD

問14 使用の基準に関する次の文章の　A　～　C　に該当する語句について，放射線障害防止法上定められているものの組合せは，下記の選択肢のうちどれか。

「法第10条第6項の規定により，使用の場所の変更について原子力規制委員会に届け出て，　A　以上の放射性同位元素を装備する放射性同位元素装備機器の　B　をする場合には，当該機器に放射性同位元素の　C　するための装置が備えられていること。」

	A	B	C
1	100ギガベクレル	使用	位置を検知
2	400ギガベクレル	保管	位置を検知
3	400ギガベクレル	使用	脱落を防止
4	1テラベクレル	保管	脱落を防止
5	1テラベクレル	使用	脱落を防止

問15 保管の基準に関する次の記述のうち，放射線障害防止法上正しいものの組合せはどれか。

A 固体状の放射性同位元素を，き裂，破損等の事故の生ずるおそれのある容器に入れて保管する場合には，受皿，吸収材その他の施設又は器具を用いることにより，放射性同位元素による汚染の広がりを防止しなければならない。
B 密封されていない放射性同位元素は，容器に入れ，かつ，貯蔵室又は貯蔵

箱で保管しなければならない。
C 密封された放射性同位元素を貯蔵箱に入れて保管する場合には，放射性同位元素の保管中，これをみだりに持ち運ぶことができないような措置を講じなければならない。
D 空気を汚染するおそれのある放射性同位元素を保管する場合には，貯蔵施設内の人が呼吸する空気中の放射性同位元素の濃度は，空気中濃度限度を超えないようにしなければならない。

1 ABCのみ　　2 ABDのみ　　3 ACDのみ　　4 BCDのみ
5 ABCDすべて

問16 使用施設等の基準適合義務及び基準適合命令に関する次の記述のうち，放射線障害防止法上定められているものの組合せはどれか。

A 届出使用者は，その貯蔵施設の位置，構造及び設備を原子力規制委員会規則で定める技術上の基準に適合するように維持しなければならない。
B 許可廃棄業者は，その貯蔵施設の位置，構造及び設備について原子力規制委員会規則で定める技術上の基準を確保するように努めなければならない。
C 原子力規制委員会は，使用施設，貯蔵施設又は廃棄施設の位置，構造又は設備が第6条第1号から第3号までの技術上の基準に適合していないと認めるときは，その技術上の基準に適合させるため，許可使用者に対し，使用施設，貯蔵施設又は廃棄施設の移転，修理又は改造を命ずることができる。
D 原子力規制委員会は，使用施設の位置，構造又は設備が前条第2項の技術上の基準に適合していないと認めるときは，その技術上の基準に適合させるため，届出使用者に対し，使用施設の移転，修理又は改造を命ずることができる。

1 AとB　　2 AとC　　3 AとD　　4 BとC　　5 BとD

問17 外部被ばくによる線量の測定に関する次の記述のうち，放射線障害防止法上正しいものの組合せはどれか。ただし，中性子線による被ばくはないものとする。

A 線量が最大となるおそれのある部分が，手部である場合，当該部位について，70マイクロメートル線量当量を測定する。
B 線量が最大となるおそれのある部分が，頭部及びけい部から成る部分である場合，当該部位のみについて，1センチメートル線量当量及び70マイクロメートル線量当量を測定する。
C 線量が最大となるおそれのある部分が，胸部である場合，胸部について測

定することとされる男子にあっては，胸部のみについて，1センチメートル線量当量及び70マイクロメートル線量当量を測定する。
D　線量が最大となるおそれのある部分が，胸部及び上腕部から成る部分である場合，腹部について測定することとされる女子にあっては，腹部のみについて，1センチメートル線量当量及び70マイクロメートル線量当量を測定する。

1　AとB　　2　AとC　　3　BとC　　4　BとD　　5　CとD

問 18 L型輸送物に係る技術上の基準に関する次の記述のうち，放射線障害防止法上定められているものの組合せはどれか。
A　表面に不要な突起物がなく，かつ，表面の汚染の除去が容易であること。
B　外接する直方体の各辺が10センチメートル以上であること。
C　表面における1センチメートル線量当量率の最大値が5マイクロシーベルト毎時を超えないこと。
D　周囲の圧力を60キロパスカルとした場合に，放射性同位元素の漏えいがないこと。

1　ACDのみ　　2　ABのみ　　3　ACのみ　　4　BDのみ
5　BCDのみ

問 19 放射線障害予防規程に関する次の記述のうち，放射線障害防止法上正しいものの組合せはどれか。
A　放射性同位元素の使用を開始する前に，放射線障害予防規程を作成し，原子力規制委員会に届け出なければならない。
B　放射線障害を受けた者又は受けたおそれのある者に対する保健上必要な措置に関する事項について定めなければならない。
C　使用施設等の変更の手続きに関する事項について定めなければならない。
D　放射線障害予防規程を変更したときは，変更の日から30日以内に，変更後の放射線障害予防規程を添えて，原子力規制委員会に届け出なければならない。

1　ABCのみ　　2　ABDのみ　　3　ACDのみ　　4　BCDのみ
5　ABCDすべて

問 20 教育訓練に関する次の記述のうち，放射線障害防止法上正しいものの組合せはどれか。ただし，対象者には，教育及び訓練の項目又は事項について十分な知識及び技能を有していると認められる者は，含まれ

ていないものとする。
A 見学のため管理区域に一時的に立ち入る者に対しては，教育及び訓練を行うことを要しない。
B 放射線業務従事者に対しては，初めて管理区域に立ち入る前に教育及び訓練を行わなければならない。
C 放射線業務従事者が初めて管理区域に立ち入る前に行う教育及び訓練の時間数は，定められていない。
D 放射線業務従事者に対する教育及び訓練の項目は，「放射線の人体に与える影響」，「放射性同位元素及び放射線発生装置による放射線障害の防止に関する法令」，「放射性同位元素等又は放射線発生装置の安全取扱い」及び「放射線障害予防規程」の4項目である。

1 AとB　　2 AとC　　3 BとC　　4 BとD　　5 CとD

問 21 放射線業務従事者に対し，遅滞なく，健康診断を行わなければならない場合として，放射線障害防止法上正しいものの組合せはどれか。

A アルファ線を放出する放射性同位元素によって汚染された皮膚の表面の放射性同位元素の密度が10Bq/cm² であり，その汚染を容易に除去することができないとき。
B アルファ線を放出しない放射性同位元素によって汚染された皮膚の表面の放射性同位元素の密度が4Bq/cm² であり，その汚染を容易に除去することができないとき。
C 皮膚の等価線量について，4月1日を始期とする1年間につき150ミリシーベルト被ばくし，又は被ばくしたおそれのあるとき。
D 眼の水晶体の等価線量について，4月1日を始期とする1年間につき500ミリシーベルト被ばくし，又は被ばくしたおそれのあるとき。

1 ABCのみ　　2 ABのみ　　3 ADのみ　　4 CDのみ
5 BCDのみ

問 22 合併等に関する次の文章の A ～ C に該当する語句について，放射線障害防止法上定められているものの組合せは，下記の選択肢のうちどれか。

「許可使用者である法人の合併の場合（許可使用者である法人と許可使用者でない法人とが合併する場合において，許可使用者である A 。）又は分割の場合（当該許可に係るすべての放射性同位元素又は放射線発生装置及び B 並びに C を一体として承継させる場合に限る。）において，当該

合併又は分割について原子力規制委員会の認可を受けたときは，合併後存続する法人若しくは合併により設立された法人又は分割により当該放射性同位元素若しくは放射線発生装置及び　B　並びに　C　を一体として承継した法人は，許可使用者の地位を承継する。」

	A	B	C
1	法人が存続する場合に限る	放射性汚染物	廃棄施設
2	法人が存続する場合に限る	表示付認証機器	使用施設等
3	法人が存続するときを除く	放射性汚染物	廃棄施設
4	法人が存続するときを除く	表示付認証機器	使用施設等
5	法人が存続するときを除く	放射性汚染物	使用施設等

問23 放射線業務従事者が放射線障害を受け，又は受けたおそれのある場合の措置に関する次の記述のうち，放射線障害防止法上正しいものの組合せはどれか。

A　管理区域への立入時間の短縮
B　管理区域への立入りの禁止
C　放射線に被ばくするおそれの少ない業務への配置転換
D　必要な保健指導

1　ABC のみ　　2　ABD のみ　　3　ACD のみ　　4　BCD のみ
5　ABCD すべて

問24 危険時の措置に関する次の記述のうち，放射線障害防止法上正しいものの組合せはどれか。

A　緊急作業を行う場合は，緊急作業に従事する者の線量をできる限り少なくするため，遮蔽具，かん子又は保護具を用いさせること。
B　放射線業務従事者が実効線量限度を超えて被ばくした場合は，健康診断を行い，放射線障害が確認され次第，原子力規制委員会へ報告すること。
C　放射線施設に火災が起こり，又は放射線施設に延焼するおそれのある場合は，消火又は延焼の防止に努めるとともに直ちにその旨を消防署に通報すること。
D　放射線障害を防止するため必要な場合は，放射線施設の内部にいる者又は放射線施設の付近にいる者に避難するよう警告すること。

1　ACD のみ　　2　AB のみ　　3　BC のみ　　4　D のみ
5　ABCD すべて

問25 使用の廃止等の届出に関する次の記述のうち，放射線障害防止法上正しいものの組合せはどれか。
A 特定放射性同位元素のみを使用する許可使用者が，その許可に係る放射性同位元素のすべての使用を廃止するときは，使用の廃止の日の30日前までに，その旨を原子力規制委員会に届け出なければならない。
B 放射線発生装置のみを使用する特定許可使用者が，その許可に係る放射線発生装置のすべての使用を廃止するときは，あらかじめ，その旨を原子力規制委員会に届け出なければならない。
C 届出使用者が，その届出に係る放射性同位元素のすべての使用を廃止したときは，遅滞なく，その旨を原子力規制委員会に届け出なければならない。
D 表示付認証機器届出使用者が，その届出に係る表示付認証機器のすべての使用を廃止したときは，遅滞なく，その旨を原子力規制委員会に届け出なければならない。
1 ABCのみ　　2 ABのみ　　3 ADのみ　　4 CDのみ
5 BCDのみ

問26 所持の制限に関する次の記述のうち，放射線障害防止法上正しいものの組合せはどれか。
A 届出販売業者から放射性同位元素の運搬を委託された者の従事者は，その職務上放射性同位元素を所持することができる。
B 許可使用者は，その許可証に記載された種類の放射性同位元素をその許可証に記載された貯蔵施設の貯蔵能力の範囲内で所持することができる。
C 許可廃棄業者は，その許可証に記載された廃棄物貯蔵施設の貯蔵能力の範囲内で所持することができる。
D 届出賃貸業者は，その届け出た種類の放射性同位元素を運搬のために所持することができる。
1 ABCのみ　　2 ABDのみ　　3 ACDのみ　　4 BCDのみ
5 ABCDすべて

問27 放射線取扱主任者の選任に関する次の記述のうち，放射線障害防止法上正しいものの組合せはどれか。
A 表示付認証機器のみを業として販売するときは，放射線取扱主任者の選任を要しない。
B 下限数量の1,000倍を超える密封された放射性同位元素のみを診療のために使用するときは，放射線取扱主任者として放射線取扱主任者免状を持たな

い医師を選任することができる。
C 10テラベクレルの密封された放射性同位元素のみを業として賃貸するときは，放射線取扱主任者として第3種放射線取扱主任者免状を有している者を選任することができる。
D 放射線発生装置のみを研究のために使用するときは，放射線取扱主任者として第2種放射線取扱主任者免状を有している者を選任することができる。

1　AとB　　2　AとC　　3　AとD　　4　BとC　　5　BとD

問28 放射線取扱主任者及び放射線取扱主任者の代理者選任に関する次の記述のうち，放射線障害防止法上正しいものの組合せはどれか。

A　a製造所において，放射線発生装置1台を薬事法第2条に規定する医薬品の製造のため，新たに設置の許可を受けて使用することになったので，放射線発生装置を使用施設に設置する前に，放射線取扱主任者免状を有していない薬剤師を放射線取扱主任者として選任し，選任した日から10日以内に，その旨を原子力規制委員会に届け出た。

B　b事務所では，740ギガベクレルの密封されたコバルト60を2個使用している。第1種放射線取扱主任者免状を有する者を放射線取扱主任者として選任していたが，放射線取扱主任者としての職務を行うことができない期間が40日間と見込まれたため，その期間中，第2種放射線取扱主任者免状を有する者を代理者として選任し，選任した日から30日以内に，その旨を原子力規制委員会へ届け出た。

C　c販売所では，表示付認証機器のみを販売しているが，表示付認証機器の販売を開始する前に，第3種放射線取扱主任者免状を有する者を放射線取扱主任者に選任し，選任した日から30日以内に，その旨を原子力規制委員会へ届け出た。

D　d病院では，放射線発生装置を診療のために使用することとなったので，放射線発生装置を使用施設に設置する前に，放射線取扱主任者免状を有していない診療放射線技師を放射線取扱主任者として選任し，選任した日から10日以内に，その旨を原子力規制委員会へ届け出た。

1　ABCのみ　　2　ABのみ　　3　ADのみ　　4　CDのみ
5　BCDのみ

問29 定期講習に関する次の文章の　A　～　C　に該当する語句について，放射線障害防止法上定められているものの組合せは，下記の選択肢のうちどれか。

「許可届出使用者，届出販売業者，届出賃貸業者及び許可廃棄業者のうち原子力規制委員会規則で定めるものは，　A　に，原子力規制委員会規則で定める　B　ごとに，原子力規制委員会の登録を受けた者が行う　A　の　C　の講習を受けさせなければならない。」

	A	B	C
1	放射線取扱主任者	資格	放射線取扱主任者免状を更新するため
2	放射線取扱主任者	区分	放射線取扱主任者免状を更新するため
3	放射線業務従事者	区分	資質の向上を図るため
4	放射線取扱主任者	期間	資質の向上を図るため
5	放射線業務従事者	期間	技能の向上を図るため

問30 報告の徴収に関する次の記述のうち，放射線障害防止法上正しいものの組合せはどれか。

A　表示付認証機器届出使用者は，放射性同位元素の盗取又は所在不明が生じたときは，その旨を直ちに，その状況及びそれに対する処置を30日以内に原子力規制委員会に報告しなければならない。

B　許可使用者は，放射性同位元素の使用における計画外の被ばくがあったとき，当該被ばくに係る実効線量が，放射線業務従事者にあっては5ミリシーベルトを超え，又は超えるおそれのあるときは，その旨を直ちに，その状況及びそれに対する処置を30日以内に原子力規制委員会に報告しなければならない。

C　届出使用者は，放射線業務従事者について実効線量限度若しくは等価線量限度を超え，又は超えるおそれのある被ばくがあったときは，その旨を直ちに，その状況及びそれに対する処置を10日以内に原子力規制委員会に報告しなければならない。

D　届出使用者は，放射線施設を廃止したときは，放射性同位元素による汚染の除去その他の講じた措置を，放射線施設の廃止に伴う措置の報告書により30日以内に原子力規制委員会に報告しなければならない。

1　AとB　　2　AとC　　3　BとC　　4　BとD　　5　CとD

第2回 問題

問題数と試験時間を次に示します。解答にかけられる時間は，物化生と管理測定技術が1問あたり平均17.5分，物理学，化学，生物学，法令が1問あたり平均2.5分となっています。時間配分に注意して，難しいと思われる問題にできるだけ時間を充てられるようにしましょう。

日程	課目	問題数	試験時間
1日目	物化生	6問	105分
	物理学	30問	75分
	化学	30問	75分
2日目	管理測定技術	6問	105分
	生物学	30問	75分
	法令	30問	75分

解答一覧　　P.137
解答解説　　P.223

物化生

問1 次のⅠ，Ⅱの文章の[　]の部分に入る最も適切な語句，記号，数値又は数式を，それぞれの解答群の中から1つだけ選べ。

Ⅰ　荷電粒子が磁場の中を運動するとき，軌道が曲がることはよく知られている。質量 M，電荷 ze の荷電粒子が速度 v で磁束密度 B の磁場中で磁場に直角に運動するとき，粒子には[A]と呼ばれる力 F が働き，

$$F = [ア]$$

である。このとき，この力 F と粒子に働く[B]が釣り合って円運動をすることから，その円運動の軌道半径を r とすると，

$$F = [イ]$$

が成り立つ。粒子が円軌道を一周するのに要する時間 T_r は，

$$T_r = \frac{2\pi r}{v} = [ウ]$$

となる。[C]的速度の範囲では，T_r は粒子のエネルギーによらずほぼ一定であると見なすことができる。このように，周回の周波数 $1/T_r$ が粒子のエネルギーによらないという性質を利用している加速器が[D]である。

この加速器では，磁場に直角に[E]と呼ばれる2個の半円形電極を向かい合わせにおき，これに高周波電圧を印加する。粒子は2つの電極間ギャップを通過するときに印加された電圧に対応するエネルギーを得る。加速により粒子の軌道半径は大きくなるが，周期は変わらない。粒子が半回転して，もう一方の電極に達したときに電圧が逆転するようにすると，粒子はまた加速され，加速と共にその軌道半径は大きくなる。粒子の円軌道の最大半径を R とすれば，最終的に得られる粒子エネルギー E は，

$$E = [エ]$$

となる。最大軌道半径0.5 [m]，磁束密度を2 [T] とし ^{4}He^{2+} を加速すると，この粒子に与えられるエネルギーは[オ] [MeV] となる。ただし，1 [T] =1 [V·s·m^{-2}]，1 [u] =1.66×10^{-27} [kg] とする。

＜A〜Cの解答群＞
1　クーロン力　　　2　引力　　　　3　重力
4　ローレンツ力　　5　核力　　　　6　遠心力　　　7　電子親和力
8　非相対論　　　　9　相対論　　　10　統計力学　　11　電磁気学

＜D，Eの解答群＞
1　コッククロフト・ウォルトン型加速器

2　ファン・デ・グラーフ型加速器　　3　サイクロトロン
4　ベータトロン　　5　シンクロトロン　　6　クライストロン
7　マグネトロン　　8　ディー　　9　導波管
10　偏向電極　　11　グリッド　　12　超伝導加速空洞
13　リニアック　　14　マイクロトロン

<ア，イの解答群>

1　zeB　　2　$\dfrac{ze}{B}$　　3　$zevB$　　4　zev^2B

5　$\dfrac{zev}{B}$　　6　$\dfrac{zev^2}{B}$　　7　$\dfrac{Mv}{r}$　　8　$\dfrac{Mv^2}{r}$

9　$\dfrac{Mv}{r^2}$　　10　$\dfrac{Mv^2}{r^2}$　　11　$\dfrac{Mzev}{r}$　　12　$\dfrac{Mzev}{r^2}$

<ウ，エの解答群>

1　$\dfrac{2\pi zeM}{B}$　　2　$\dfrac{2\pi B}{zeM}$　　3　$\dfrac{2\pi M}{zeB}$　　4　$\dfrac{2\pi M}{ze}$

5　$\dfrac{2(ze)^2M}{B}$　　6　$\dfrac{BzeR}{2M}$　　7　$\dfrac{(BzeR)^2}{2M}$　　8　$\dfrac{zeR}{2MB}$

9　$\dfrac{(zeR)^2}{2MB}$　　10　$\dfrac{BzeR}{4\pi M}$　　11　$\dfrac{(BzeR)^2}{4\pi M}$

<オの解答群>

1　10　　2　17　　3　24　　4　34　　5　41
6　48　　7　55　　8　62　　9　69　　10　76
11　83　　12　90

II　質量数 a，運動エネルギー E の入射粒子と質量数 A の静止した標的核が衝突を起こし，一体となって複合核を形成した後，何らかの粒子を放出してある原子核に壊変する場合を考える。衝突の前後の粒子や原子核の質量差をエネルギーに換算したものは，　F　あるいは Q 値と呼ばれる。Q 値が正の場合を　G　反応といい，負の場合を　H　反応という。

　　H　反応の場合には，入射粒子のエネルギーが Q 値の絶対値を超えないと反応は起こらない。核反応が起こるための入射粒子の最小エネルギー $E_{\min}$ を　I　という。ここで，複合核の概念を用いて最小エネルギー $E_{\min}$ を求めてみる。複合核の運動エネルギー E_c は，運動量保存則を用いて，

$$E_c = \boxed{カ} E$$

となる。$E_{\min}$ は，反応の Q 値の絶対値と複合核の運動エネルギーの和に等し

くなる入射粒子のエネルギーに相当するから，

$$E_{\min} = \boxed{キ}|Q|$$

となる。

　ここで，^{27}Al（n, α）^{24}Na の核反応を考える。標的核は静止しているとすると，反応の Q 値は $\boxed{ク}$ MeV となり $\boxed{J}$ 反応である。このとき，反応を起こすために必要な入射粒子である $\boxed{K}$ の最小エネルギーは，$\boxed{ケ}$ MeV である。ただし，^{27}Al, ^{4}He, ^{24}Na の結合エネルギーを，それぞれ224.9520 MeV，28.2957 MeV，193.5235 MeV とし，陽子及び中性子の静止エネルギーをそれぞれ938.2796 MeV 及び939.5731 MeV とする。

　放出粒子が荷電粒子の場合は，標的核が大きくなると，複合核からの粒子放出がその間のクーロン障壁によって妨げられることがある。

<F〜Iの解答群>
1　運動エネルギー　　　　2　ポテンシャルエネルギー
3　イオン化エネルギー　　4　反応エネルギー　　　　5　しきいエネルギー
6　換算エネルギー　　　　7　吸熱　　　　　　　　　8　発熱
9　化学　　　　　　　　　10　可逆　　　　　　　　11　不可逆
12　壊変　　　　　　　　　13　転移

<J, Kの解答群>
1　吸熱　　　　2　発熱　　　　3　化学　　　　4　可逆
5　不可逆　　　6　壊変　　　　7　転移　　　　8　^{27}Al
9　α 粒子　　10　^{24}Na　　11　中性子

<カ, キの解答群>
1　$\dfrac{a+A}{A}$　　　　2　$\dfrac{A}{a+A}$　　　　3　$\dfrac{a}{a+A}$

4　$\dfrac{a+A}{a}$　　　　5　$\left(\dfrac{a+A}{A}\right)^2$　　6　$\left(\dfrac{A}{a+A}\right)^2$

7　$\left(\dfrac{a}{a+A}\right)^2$　　8　$\left(\dfrac{a+A}{a}\right)^2$　　9　$\dfrac{a+A}{A^2}$

10　$\dfrac{A}{(a+A)^2}$　　11　$\dfrac{a}{(a+A)^2}$　　12　$\dfrac{a+A}{a^2}$

<ク, ケの解答群>
1　−3.37　　2　−3.31　　3　−3.25　　4　−3.19　　5　−3.13
6　−3.07　　7　−3.01　　8　0.00　　　9　3.01　　　10　3.07
11　3.13　　12　3.19　　13　3.25　　14　3.31　　15　3.37

問2 次のⅠ, Ⅱの文章の□□の部分に入る最も適切な語句, 記号又は数値を, それぞれの解答群から1つだけ選べ。なお, 解答群の選択肢は必要に応じて2回以上使ってもよい。

Ⅰ 天然のウランには, 主として天然同位体存在度が約99.3%の A と約0.7%の B の同位体がある。 B は熱中性子を吸収すると, C を起こしエネルギーを放出する。 B 原子核では, D の数が E の数より ア 個多く, 1回の C では F が2〜3個程度放出される。

<A〜Fの解答群>
1 核融合 2 核分裂 3 核破砕 4 中性子捕獲反応
5 電子 6 陽電子 7 陽子 8 中性子
9 ^{234}U 10 ^{235}U 11 ^{238}U

<アの解答群>
1 51 2 54 3 71 4 74 5 143
6 146 7 153 8 156

Ⅱ ^{137}Cs は代表的な核分裂生成物の1つである。以下に ^{137}Cs の壊変図を示す。図中の空欄は上から順に G , H である。図の0 keVのレベルは H の I 状態を示すが, ^{137}Cs は9割以上の確率で J 状態のエネルギー準位に壊変する。図中のITは K を示し, G は半減期約2.6分で I 状態へと到達する。この際に662keVのγ線を放出する場合と, γ線を放出する代わりにこのエネルギーを軌道電子に与える場合がある。後者は L と呼ばれる。

0.25GBqの ^{137}Cs 点線源から0.5m離れた点における662keVのγ線の空気に対する吸収線量率を求めよう。γ線放出に対する電子の放出比（ M 係数）が0.11であるとすると, 線源から毎秒放出されるγ線の数は イ s^{-1} である。散乱や減弱を無視すれば, 線源から0.5m離れた点におけるエネルギーフルエンス率は ウ MeV·m^{-2}·s^{-1} である。空気の線エネルギー吸収係数と密度をそれぞれ 3.8×10^{-3}m^{-1}, 1.3kg·m^{-3} であるとすると, 電子平衡が成立するならば求める値は, エ μGy·h^{-1} である。

^{137}Cs 30 y

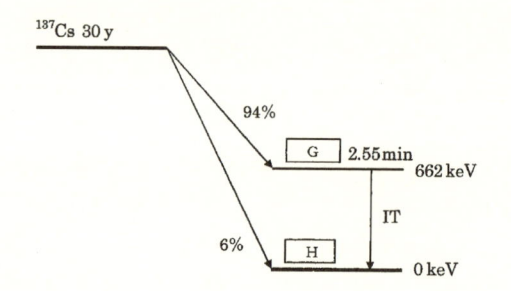

94% → G 2.55 min 662 keV
IT
6% → H 0 keV

<G, H の解答群>
1 ^{129}I　　2 ^{131}I　　3 ^{133}I　　4 ^{137}Xe　　5 ^{137m}Xe
6 ^{134}Cs　　7 ^{137m}Cs　　8 ^{137}Ba　　9 ^{137m}Ba　　10 ^{140}La

<I〜M の解答群>
1 基底　　2 励起　　3 平衡　　4 不斉
5 内部転換　　6 オージェ効果　　7 電子捕獲
8 核異性体転移　　9 同位体効果

<イ〜エ の解答群>
1 5　　2 75　　3 80　　4 93　　5 4.5×10^7
6 4.8×10^7　　7 5.5×10^7　　8 2.1×10^8　　9 2.6×10^8　　10 2.1×10^9

問3 次の放射平衡に関するⅠ，Ⅱの文章の□□□の部分に入る最も適切な語句，記号，数値又は数式を，それぞれの解答群から1つだけ選べ。なお，解答群の選択肢は必要に応じて2回以上使ってもよい。

Ⅰ　半減期 T_1（壊変定数 λ_1）の核種1が放射壊変して生成する核種2が放射性で，さらに半減期 T_2（壊変定数 λ_2）で壊変して核種3となるとき，

核種1 $\xrightarrow[T_1(\lambda_1)]{\text{放射壊変1}}$ 核種2 $\xrightarrow[T_2(\lambda_2)]{\text{放射壊変2}}$ 核種3

核種1から核種2を分離除去してからの時間 t により，核種1の原子数 N_1 と核種2の原子数 N_2 は，それぞれ以下のように変化する。

$$\frac{dN_1}{dt} = -\lambda_1 N_1 \quad \cdots\cdots ①$$

$$\frac{dN_2}{dt} = \boxed{A} - \lambda_2 N_2 \quad \cdots\cdots ②$$

分離時 $t=0$ において $N_1 = N_1^0$，$N_2 = 0$ とすると，その後の各原子数は，

$$N_1 = N_1^0 \exp(-\lambda_1 t) \quad \cdots\cdots ③$$

$$N_2 = \boxed{\text{B}} N_1^0 \{\exp(-\lambda_1 t) - \exp(-\lambda_2 t)\} \cdots\cdots\cdots\cdots\cdots\cdots\cdots\cdots\cdots\cdots ④$$

となり，それぞれの放射能 A_1 と A_2 は，$\lambda_1 N_1^0 = A_1^0$ として

$$A_1 = A_1^0 \exp\left(-\boxed{\text{C}}\right) \cdots\cdots\cdots\cdots\cdots\cdots\cdots\cdots\cdots\cdots\cdots\cdots\cdots\cdots ⑤$$

$$A_2 = \boxed{\text{D}} A_1^0 \{\exp(-\lambda_1 t) - \exp(-\lambda_2 t)\} \cdots\cdots\cdots\cdots\cdots\cdots ⑥$$

と示される。

＜A～D の解答群＞

1	$\lambda_1 N_1$	2	$-\lambda_1 N_1$	3	$\lambda_2 N_2$
4	$-\lambda_2 N_2$	5	$\lambda_1 t$	6	$\lambda_2 t$
7	$\dfrac{1}{\lambda_1 - \lambda_2}$	8	$\dfrac{1}{\lambda_2 - \lambda_1}$	9	$\dfrac{\lambda_1}{\lambda_1 - \lambda_2}$
10	$\dfrac{\lambda_1}{\lambda_2 - \lambda_1}$	11	$\dfrac{\lambda_2}{\lambda_1 - \lambda_2}$	12	$\dfrac{\lambda_2}{\lambda_2 - \lambda_1}$

Ⅱ　Ⅰにおいて，$T_1 \gg T_2$（すなわち $\lambda_1 \ll \lambda_2$）の場合を考える。核種2の放射能 A_2 は，⑥式において λ_1 が非常に小さいことから，

$$A_2 \fallingdotseq A_1^0 \{1 - \exp(-\lambda_2 t)\} = A_1^0 \left\{1 - \left(\dfrac{1}{2}\right)^{\boxed{\text{E}}}\right\} \cdots\cdots\cdots\cdots\cdots ⑦$$

と近似される。この⑦式で経時変化を示す項 $\{1 - \exp(-\lambda_2 t)\}$ は，放射化や RI 製造時における飽和係数と同じ形になっている。すなわち，核種2の分離除去後の時間 t において核種1から生成する核種2の放射能 A_2 は，分離直後は $A_2 \fallingdotseq \boxed{\text{F}} A_1^0$ のように時間とともに直線的に増加するが，次第に，$t = T_2$ で $A_2 \fallingdotseq \boxed{\text{G}} A_1^0$，$t = 2T_2$ で $A_2 \fallingdotseq \boxed{\text{H}} A_1^0$，$t = 7T_2$ で $A_2 \fallingdotseq 0.99 A_1^0$ と，飽和に近づく。$t = 10T_2$ では $A_2 \fallingdotseq 0.999 A_1^0$ となり，以降，A_2 は A_1^0 に等しいと見なせる。このような放射平衡状態を永続平衡という。

例えば，半減期が $\boxed{\text{I}}$ 年の ^{90}Sr は次のように2回の β^- 壊変を経て $\boxed{\text{J}}$ になる。

$$^{90}\text{Sr} \xrightarrow[T_{^{90}\text{Sr}} = \boxed{\text{I}} \text{年}]{\beta^- \text{壊変}} {}^{90}\text{Y} \xrightarrow[T_{^{90}\text{Y}} = 64.1 \text{時間}]{\beta^- \text{壊変}} \boxed{\text{J}} \text{（安定）}$$

環境試料中の ^{90}Sr の分析定量は，^{90}Sr の β 線エネルギーが 0.55 MeV と低く容易ではない。その測定には，娘核種 ^{90}Y の β 線エネルギーが 2.28 MeV と非常に高いことから，これを利用する。試料からストロンチウムを分離回収して精製した後，2週間以上待つ。その塩酸溶液に $\boxed{\text{K}}$ の捕集剤として Fe^{3+} を，$\boxed{\text{L}}$ の保持担体として Sr^{2+} を，それぞれ塩化物の形で加えた後，加熱しながらアンモニア水を加えて水酸化鉄（Ⅲ）の沈殿をつくり，この沈殿中に娘核種 ^{90}Y を共沈させて親核種 ^{90}Sr から分離する。沈殿中の ^{90}Y の放射能測定

により，まず半減期の測定から□M□が含まれていないことを確認し，次いで共沈させた時刻における ^{90}Y の放射能を算出し，⑦式により ^{90}Sr の放射能を求めることができる。

　一方，^{90}Y は，平均寿命が□ア□日で，水中の最大飛程が約□イ□mm の β 線を放出することから，近年，がん細胞に対する抗体に ^{90}Y を結合させて注射し，これを選択的にがん組織に集めて β 線を照射する RI 内用療法に利用されている。^{90}Y の製造法として，□N□ (n, γ) ^{90}Y 反応も利用できるが，この場合，製造される ^{90}Y は非放射性の□ウ□を含み，比放射能が低くなる。一方，^{235}U の熱中性子核分裂反応により ^{90}Sr が高収率で生成するので，核分裂生成物から□エ□を分離精製して置くと，そこに無担体の ^{90}Y が生成してくる。この ^{90}Y を取り出しても，^{90}Sr から引き続き新たな ^{90}Y が生成してくるので，繰り返して ^{90}Y を取り出し利用することができる。この操作を□オ□という。この場合，^{90}Y を取り出した後□カ□日経過すると永続平衡時の1／2量の ^{90}Y が得られる。

<E，Fの解答群>

1　$\lambda_1 t$　　　　2　$\lambda_2 t$　　　　3　$\dfrac{t}{T_1}$

4　$\dfrac{t}{T_2}$　　　　5　$\dfrac{\lambda_2}{\lambda_1}$　　　　6　$\dfrac{T_1}{T_2}$

<G，Hの解答群>

1　0.10　　2　0.13　　3　0.25　　4　0.50　　5　0.75
6　0.83　　7　0.90　　8　0.95

<Iの解答群>

1　5.3　　2　12.3　　3　28.8　　4　1,600　　5　5,700

<J～Nの解答群>

1　^{89}Rb　　2　^{89}Sr　　3　^{90}Sr　　4　^{89}Y　　5　^{90}Y
6　^{89}Zr　　7　^{90}Zr　　8　^{89}Nb　　9　^{90}Nb

<アの解答群>

1　1.9　　2　2.7　　3　3.9　　4　5.4　　5　28.7
6　44.4　　7　57.4　　8　64.1　　9　92.5　　10　128
11　256

<イの解答群>

1　2　　2　5　　3　11　　4　22　　5　33

<ウ，エの解答群>

1　イットリウム　　　2　ジルコニウム　　　3　セシウム

4　ストロンチウム　　5　ルビジウム

＜オの解答群＞
1　ミキシング　　　2　ミルキング　　　3　ストリッピング
4　トラッピング

＜カの解答群＞
1	1.9	2	2.7	3	3.9	4	5.4	5	28.7
6	44.4	7	57.4	8	64.1	9	92.5	10	128
11	256								

問4　次のⅠ～Ⅳの文章の□□□の部分に入る最も適切な語句，記号又は数値を，それぞれの解答群から1つだけ選べ。なお，解答群の選択肢は必要に応じて2回以上使ってもよい。

　図は陽子数が24～28，中性子数が26～36の核種を表している。太枠で囲まれているものは安定同位体で同位体存在度（％）が併記されている。そのほかのものは放射性同位体（RI）である。RIは安定同位体から核反応によって作られることが多い。

陽子数										
28	^{54}Ni	^{55}Ni	^{56}Ni	^{57}Ni	^{58}Ni 68.1	^{59}Ni	^{60}Ni 26.2	^{61}Ni 1.1	^{62}Ni 3.6	^{63}Ni	^{64}Ni 0.9
27	^{53}Co	^{54}Co	^{55}Co	^{56}Co	^{57}Co	^{58}Co	^{59}Co 100	^{60}Co	^{61}Co	^{62}Co	^{63}Co
26	^{52}Fe	^{53}Fe	^{54}Fe 5.8	^{55}Fe	^{56}Fe 91.8	^{57}Fe 2.1	^{58}Fe 0.3	^{59}Fe	^{60}Fe	^{61}Fe	^{62}Fe
25	^{51}Mn	^{52}Mn	^{53}Mn	^{54}Mn	^{55}Mn 100	^{56}Mn	^{57}Mn	^{58}Mn	^{59}Mn	^{60}Mn	^{61}Mn
24	^{50}Cr 4.3	^{51}Cr	^{52}Cr 83.8	^{53}Cr 9.5	^{54}Cr 2.4	^{55}Cr	^{56}Cr	^{57}Cr	^{58}Cr	^{59}Cr	^{60}Cr
	26	27	28	29	30	31	32	33	34	35	36

中性子数

図　陽子数24～28，中性子数26～36の核図表

Ⅰ　この核図表では同位体が横に並び，縦には同中性子体が並んでいる。放射壊変において，^{60}Coは□ア□壊変して□A□となり，^{57}CoはEC壊変して□B□になる。
　中性子捕獲反応によって生成するRIの種類は，照射する元素における安定同位体の分布に依存する。例えば単核種元素のMnをターゲットとする（n, γ）反応ではRIとして□C□のみが生成するが，Crをターゲットとすると複数のRIが同時に生成することがわかる。
　（n, γ）反応では原子番号が変わらないため，生成するRIには大量の担体

が含まれる。そこで比放射能の大きな RI の製造には原子番号が変わる核反応を選択する。^{57}Co は，（α, p）反応で $\boxed{\text{D}}$ から製造することもできるし，^{60}Ni $\boxed{\text{イ}}$ ^{57}Co 反応や ^{55}Mn $\boxed{\text{ウ}}$ ^{57}Co 反応を用いることもできる。これらの反応では，反応後に Co をターゲットから化学分離すると無担体の ^{57}Co を製造することができる。

＜A～D の解答群＞

1	^{53}Mn	2	^{54}Mn	3	^{55}Mn	4	^{56}Mn	5	^{54}Fe
6	^{55}Fe	7	^{57}Fe	8	^{59}Fe	9	^{60}Fe	10	^{56}Co
11	^{58}Co	12	^{59}Co	13	^{57}Ni	14	^{58}Ni	15	^{60}Ni

＜ア～ウの解答群＞

1	EC	2	β^+	3	β^-	4	IT	5	(α, p)
6	(p, α)	7	(n, α)	8	(α, 2n)	9	(α, 2p)		

Ⅱ　中性子や荷電粒子の照射によって生成する RI の放射能は $nf\sigma(1-e^{-\lambda t})$ と表される。ここで，n はターゲット核の数，f は照射粒子フルエンス率，σ は反応断面積（b），λ は生成核の壊変定数，t は照射時間である。この $(1-e^{-\lambda t})$ を飽和係数といい，例えば照射時間 t が半減期と等しいときには $\boxed{\text{E}}$ となる。

　Fe を熱中性子照射すると，（n, γ）反応により ^{55}Fe と ^{59}Fe が同時に生成する。半減期に対して照射時間が短い場合には飽和係数が $\boxed{\text{F}}$ と近似できることから，熱中性子をフルエンス率 $1.0\times10^{12}\,\mathrm{cm^{-2}\cdot s^{-1}}$ で 1 日照射した直後の Fe 中の ^{55}Fe と ^{59}Fe の放射能 (A) の比 [A(^{55}Fe)/A(^{59}Fe)] を見積もると，約 $\boxed{\text{G}}$ となる。なお（n, γ）反応断面積と生成核の半減期を表に示す。

ターゲット核	反応断面積 σ（b）	生成核	半減期（日）
^{54}Fe	2.2	^{55}Fe	1000
^{58}Fe	1.3	^{59}Fe	45

＜E～G の解答群＞

1	0.03	2	0.5	3	0.6	4	0.75	5	1.0
6	1.5	7	2.0	8	6	9	60	10	600
11	λ/t	12	λt	13	$1-\lambda t$	14	$1-\lambda/t$		

Ⅲ　速中性子照射では（n, p）反応が利用できるため高比放射能の RI トレーサーを製造することができる。例えば Co からは ^{59}Fe が得られる。速中性子照射後の Co ターゲットから ^{59}Fe を化学的に分離する方法がいくつかある。

まず照射後のCoターゲットを希硝酸に溶解するとCoは＋2価，^{59}Feは＋3価となる。

　　H　充塡カラムを使う方法では，0.2mol・L^{-1}硝酸中では，Fe^{3+}の方がCo^{2+}より樹脂に吸着しやすいことを利用して，カラムに^{59}Fe^{3+}を吸着させCoと分離する。　　I　を用いて分離する方法では，0.5mol・L^{-1}塩酸溶液中でFe^{3+}のみが　　J　を形成する性質を利用して分離を行う。また8mol・L^{-1}の塩酸溶液からの溶媒抽出では，　　K　だけを選択的に　　L　に抽出することができる。

＜H～Jの解答群＞
1　陽イオン交換樹脂　　　2　陰イオン交換樹脂
3　ポリエチレン樹脂　　　4　クロロ錯イオン
5　オキソ酸イオン　　　　6　塩化物イオン

＜K，Lの解答群＞
1　Fe　　　2　Co　　　3　ジイソプロピルエーテル
4　クロロホルム　　　5　エタノール

IV　^{59}Feの比放射能が1.0MBq/mg Feの希塩酸溶液がある。これから10kBqをFe濃度が未知の水溶液1.0Lに加えてよく撹拌して混合した。アンモニア水を加えて水酸化鉄を沈殿させ，その沈殿から酸化鉄を得た。この酸化鉄中の^{59}Feの比放射能は100Bq/mg Feであった。この実験から濃度未知の水溶液中の鉄の濃度は　　M　g・L^{-1}と見積もられる。

＜Mの解答群＞
1　0.01　　　2　0.1　　　3　1.0　　　4　100

問5　次のⅠ～Ⅱの文章の　　　　の部分に入る最も適切な語句，記号又は数値を，それぞれの解答群から1つだけ選べ。なお，解答群の選択肢は必要に応じて2回以上使ってもよい。

Ⅰ　放射線による生物作用の出発点は，水の　　A　や　　B　を経た各種ラジカルの生成である。　　A　した水は解離して　　C　と水素ラジカルが生じる。また，水が　　B　するとH$_2$O$^+$とe$^-$が生じる。H$_2$O$^+$は非常に不安定であり，分解して　　C　を生じる。一方，e$^-$はその周りに水分子が配列して　　D　となる。このような，水と放射線の相互作用で生じた反応性が高いラジカルが標的分子に作用して生物作用が生じることを　　E　と呼んでいる。X線や　　F　のような電磁波の放射線による生物作用では　　E　の割合が6

割以上を占める。

　　E　による生物効果は　G　や　H　の存在により影響を受ける。酸素は一種の　G　として働き，酸素効果を示す。酸素効果の程度は　I　で表すことができる。　I　は，「酸素が無い条件下である効果を生じるのに要する線量」を「酸素が存在する条件で同じ効果を生じるのに要する線量」で割った値で定義される。

　　H　の1つとして，　E　の原因となるラジカルを取り除くラジカルスカベンジャーがある。　J　やグリセリンなどは　C　と反応してその効果を減ずる。放射線治療では，　K　の障害を防ぐことも重要であり，そのための　H　の開発が行われている。　H　の開発においては，　H　の効果が　L　に比べ　K　では大きくなることが重要である。

<A～D の解答群>
1　相転移　　　2　凝固　　　3　励起　　　4　電離
5　一酸化窒素ラジカル（・NO）　　6　ヒドロキシルラジカル（・OH）
7　スーパーオキシドラジカル（・O$_2^-$）　　　　8　二次電子
9　水和電子　　10　反跳電子

<E～H の解答群>
1　直接作用　2　修飾作用　3　間接作用　4　α線　　5　β線
6　γ線　　7　防護剤　　8　増感剤　　9　変性剤　　10　界面活性剤

<I，J の解答群>
1　LET　　2　NMR　　3　OER　　4　PET　　5　RBE
6　TLD　　7　窒素ガス　8　アルコール　9　塩化カリウム

<K，L の解答群>
1　腫瘍組織　　2　正常組織　　3　結合組織

Ⅱ　放射線の飛跡の単位長さ当たりのエネルギー損失を　M　という。高い　M　を持つ放射線として，　N　，重イオン線などがある。これらの放射線では生物学的効果比が高い。また，低い　M　の放射線と比べて　O　の割合が高いと考えられる。

　　近年，　P　や重イオン線を用いたがん治療が盛んになってきた。これらの放射線では，現在放射線治療における外部照射で一般的に使用されている放射線と比べて，生体に照射されたときの線量分布が特徴的である。すなわち，入射部位の皮膚では線量が低く，深さが増すにつれて高くなり，飛程の終端近くで最大になるような線量分布になる。この飛程終端近くでの最大部分を　Q　という。生体の深部にある腫瘍の治療を考えた場合，腫瘍部分に

物化生

Q を合わせることにより腫瘍に線量を集中することができる。一般に固形腫瘍の内部には酸素分圧が低い領域が存在し，その部位の腫瘍細胞は R になる。これは放射線治療の効果を S させる重要な要素であると考えられる。重イオン線では酸素効果が小さいため，がん細胞で細胞致死効果が高いと期待される。

<M～Oの解答群>
1　LET　　　2　NMR　　　3　OER　　　4　PET　　　5　RBE
6　TLD　　　7　α線　　　8　β線　　　9　γ線　　　10　X線
11　直接作用　12　修飾作用　13　間接作用

<P～Sの解答群>
1　γ線　　　　　　2　X線　　　　　　3　陽子線　　　　4　相対リスク
5　弾性散乱　　　　6　ブラッグピーク　7　後方散乱
8　ビルドアップ　　9　放射線感受性　　10　放射線抵抗性
11　増強　　　　　 12　維持　　　　　 13　減弱

問6　次のⅠ～Ⅳの文章の ☐ の部分に入る最も適切な語句又は数値を，それぞれの解答群から1つだけ選べ。なお，解答群の選択肢は必要に応じて2回以上使ってもよい。

放射線の細胞致死効果は，物理的，化学的，あるいは生物学的な要因によって左右されることが知られている。

Ⅰ　放射線の飛跡に沿って物質に，単位長さ当たりどれほどのエネルギーを与えるかを表す指標に A がある。同じ吸収線量を与えても A が異なると，致死効果が大きく異なる場合がある。ある効果を起こすのに必要な標準となる放射線の吸収線量と，ある放射線でその反応を起こすのに必要な吸収線量との比を B という。一般に A が高くなるにつれ，致死効果に関する B は大きくなるが， C $keV \cdot \mu m^{-1}$ 程度で最大値となり，それ以上では A の増加とともに低下する。
同じ吸収線量を，2回あるいはそれ以上に分割して間隔をおいて照射すると，1回で照射した場合に比べて致死効果は D 。このような，線量の分割によって見られる現象を E 回復と呼ぶ。

<A～Eの解答群>
1　RBE　　　2　OER　　　3　LET　　　4　SLD　　　5　PLD
6　1～2　　　7　10～20　　8　100～200　9　1,000～2,000

10 大きい　　11 小さい

Ⅱ　照射された細胞内では，標的分子が直接電離あるいは励起される直接作用と，まず細胞内の水分子が電離あるいは励起され，その結果生じたフリーラジカルが標的分子に損傷を与える間接作用とが致死効果に関わっている。後者の場合には，フリーラジカルを除去することによって，標的分子の損傷を低減し致死効果を小さくする物質がある。このような物質は「ラジカル　F　」と呼ばれ，代表例として　G　が挙げられる。一般にγ線における間接作用の寄与は　H　%程度とされている。致死効果に関する主な標的分子であるDNAを水に溶かして凍結しX線照射した場合には，凍結せずに同一線量を照射した場合に比べDNA損傷の生成率が　I　。これは凍結状態では　J　の寄与が　K　ためである。

<F〜Kの解答群>

1　サプレッサー　　2　スカベンジャー　　3　プロモーター
4　グルタチオン　　5　グルコース　　　　6　グリシン
7　5〜10　　　　　8　20〜40　　　　　 9　50〜80
10　90〜100　　　 11　大きい　　　　　 12　小さい
13　直接作用　　　14　間接作用

Ⅲ　酸素分圧の高い状態で照射すると，無酸素状態で照射した場合に比べ，致死効果は　L　。これを酸素効果と呼ぶ。この機序としては，酸素の存在がラジカルの化学的収率を増加させるということの他に，標的分子の損傷が酸素と反応してより　M　形になることが考えられる。酸素効果の程度を表す指標に　N　がある。細胞致死効果に関する　N　は，無酸素状態で一定の細胞致死効果を得るのに必要な線量を，酸素分圧の高い状態で同様の効果を得るのに要する線量で割ったもので，X線やγ線の場合にはその値の最大値は　O　程度である。LETの高い放射線の場合には，低い放射線に比べ酸素効果は　P　。

<L〜Pの解答群>

1　小さい　　　　2　大きい　　　3　修復されやすい　　4　修復されにくい
5　RBE　　　　　6　OER　　　　　7　SLD　　　　　　　8　PLD
9　0.5〜1　　　 10　1〜2　　　 11　2〜3　　　　　　12　3〜5
13　5〜10

Ⅳ　細胞は，細胞分裂期（M期）→ G_1 期→DNA複製期（S期）→ G_2 期の周

期を繰り返しながら増殖する。この細胞周期の各時期に照射して細胞致死効果を調べると G_2 期から M 期にかけて最も感受性が　Q　。これに対し S 期の後半では感受性が　R　。培養細胞において，照射後に増殖培地の代わりに生理食塩水中で数時間培養すると，増殖培地でそのまま培養した場合に比べ生存率が　S　。この現象は，　T　回復と呼ばれる。

＜Q～Tの解答群＞
1　高い　　　2　低い　　　3　OER　　　4　PLD　　　5　SLD
6　RBE　　　7　LET

物理学

次の各問について，1から5までの5つの選択肢のうち，適切な答えを<u>1つ だけ</u>選びなさい。

問1 次の記述のうち，正しいものの組合せはどれか。
A 1 fm は 1×10^{-15} m である。
B 1 nSv は 1×10^{-10} Sv である。
C 1 GeV は 1×10^{9} eV である。
D 1 TBq は 1×10^{10} Bq である。
1 AとB   2 AとC   3 BとC   4 BとD   5 CとD

問2 水に 2 Gy の吸収線量が与えられた場合，平均の温度上昇（℃）として最も近い値はどれか。ただし，この水は断熱環境下にあり，照射による吸収エネルギーはすべて温度上昇に費やされるものとする。
1 1.0×10^{-4} 2 5.0×10^{-4} 3 1.0×10^{-3}
4 2.0×10^{-3} 5 5.0×10^{-3}

問3 次に示す基礎定数とその単位に関して，正しいものはどれか。
1 ボルツマン定数   －   J·K
2 アボガドロ定数   －   mol·kg^{-1}
3 プランク定数   －   J·s
4 ファラデー定数   －   J·mol^{-1}·K^{-1}
5 リュードベリ定数 －   m

問4 内部転換に関する次の記述のうち，正しいものの組合せはどれか。
A 同時にニュートリノが放出される。
B 原子核の励起エネルギーの放出過程である。
C 原子の軌道電子が放出される。
D 原子番号が1つ増加する。
1 AとB   2 AとC   3 AとD   4 BとC   5 BとD

問5 次の核種のうち，1壊変当たりのオージェ電子の放出確率が一番大きいものはどれか。
1 ^{51}Cr   2 ^{54}Mn   3 ^{55}Fe   4 ^{64}Cu   5 ^{65}Zn

物理学

問6 次の記述において，正しいものの組合せはどれか。
A 内部転換に伴って特性X線が放出されることがある。
B 光電効果に伴って特性X線が放出されることがある。
C 特性X線の波長は制動X線の波長より長い。
D 同じ原子において，KX線の波長はLX線の波長より長い。
1 AとB　　2 AとC　　3 AとD　　4 BとC　　5 BとD

問7 次の放射線のうち，連続したエネルギー分布を持つものの組合せはどれか。
A オージェ電子　B 内部転換電子　C 熱中性子　D 制動放射線
1 AとB　　2 AとD　　3 BとC　　4 BとD　　5 CとD

問8 放射性壊変に関する次の記述のうち，正しいものの組合せはどれか。
A α壊変ではニュートリノが放出されない。
B α壊変とβ^-壊変は同一核種では起きない。
C β^+壊変が起きる核種では競合してEC壊変が起きる。
D EC壊変ではニュートリノが放出されない。
1 AとB　　2 AとC　　3 BとC　　4 BとD　　5 CとD

問9 $^{232}_{90}\text{Th}$が$^{208}_{82}\text{Pb}$に壊変するまでに起こる壊変の回数の正しい組合せはどれか。

	<α壊変の回数>	<β^-壊変の回数>
1	5	3
2	5	4
3	6	3
4	6	4
5	6	5

問10 アルミニウム原子核($^{27}_{13}\text{Al}$)の半径は水素原子核($^{1}_{1}\text{H}$)の半径のおおよそ何倍か。次のうちから最も近い値を選べ。
1 2　　2 3　　3 4　　4 5　　5 13

問11 α粒子と原子核との衝突において，反跳エネルギーが最も大きくなる原子核は次のうちどれか。
1 ^1H　　2 ^4He　　3 ^{12}C　　4 ^{28}Si　　5 ^{56}Fe

問 12 熱中性子と ^{3}He との核反応に関する次の記述のうち，正しいものの組合せはどれか。
A 水素の原子核（陽子）が放出される。
B トリチウムの原子核が放出される。
C 重水素の原子核が放出される。
D ヘリウムの原子核が放出される。
1 AとB　　2 AとC　　3 AとD　　4 BとC　　5 BとD

問 13 ある物質中に核子当たり2.5MeVのエネルギーを持つ ^{4}He^{2+} と ^{1}H$^+$ が入射するとき，その物質の ^{4}He^{2+} に対する阻止能 S_1 と ^{1}H$^+$ に対する阻止能 S_2 の比（S_1/S_2）として最も近い値はどれか。
1 0.5　　2 1　　3 2　　4 4　　5 16

問 14 水（屈折率1.33）中を電子が通過する場合，チェレンコフ光が発生するための電子の運動エネルギー [keV] として，最小の値（しきいエネルギー）に最も近いものは次のうちどれか。
1 90　　2 150　　3 210　　4 270　　5 330

問 15 5MeVの α 線に対するアルミニウム中の飛程を R_{Al} [cm]，鉄中の飛程を R_{Fe} [cm] とすると，飛程の比（R_{Al}/R_{Fe}）に最も近い値は，次のうちどれか。ただし，アルミニウム及び鉄の密度は，それぞれ 2.7g・cm^{-3}，7.9g・cm^{-3} である。
1 0.1　　2 0.5　　3 1　　4 2　　5 3

問 16 4.8MeVの α 線が空気中で停止するまでの間に生成するイオン対数として，最も近い値は次のうちどれか。
1 1.4×10^3　　2 7.2×10^3　　3 1.4×10^4
4 7.2×10^4　　5 1.4×10^5

問 17 コンプトン散乱に関する次の記述のうち，正しいものの組合せはどれか。
A 入射光子と軌道電子との非弾性衝突である。
B 電子のコンプトン波長は散乱角90°の散乱光子の波長と入射光子の波長との差に等しい。
C コンプトン電子は光子の入射方向と逆向きには反跳されない。

D　入射光子のエネルギーが大きくなるほど後方への散乱光子の割合が大きくなる。
1　AとB　　2　AとC　　3　BとC　　4　BとD　　5　CとD

問18　1MeVのγ線がアルミニウムに当たってコンプトン効果を起こし，0.5MeVの電子が放出された。この場合，散乱γ線の散乱角はいくらか。次のうちから最も近いものを選べ。
1　15°　　2　30°　　3　45°　　4　60°　　5　135°

問19　0.1MeVの光子がタングステンと光電効果を起こし，K軌道電子が放出された。またこれに伴い，$K_\alpha - X$線が発生した。それぞれのエネルギー [keV] として正しい組合せはどれか。ただし，K軌道とL軌道における結合エネルギーはそれぞれ69.5keV及び10.9keVとする。
A　10.9　　B　30.5　　C　58.6　　D　69.5　　E　89.1
1　AとD　　2　AとE　　3　BとC　　4　BとE　　5　CとD

問20　次の記述のうち，正しいものの組合せはどれか。
A　照射線量は中性子及び光子について定義される。
B　空気カーマは照射線量より二次電子の放射損失の分だけ小さい。
C　照射線量の単位は $C \cdot kg^{-1}$ で与えらえる。
D　照射線量は空気に対して定義される。
1　AとB　　2　AとC　　3　AとD　　4　BとD　　5　CとD

問21　次のエネルギーに等価な量のうち，最も大きいものはどれか。
1　1cal　　2　1J　　3　1GeV　　4　2W·s　　5　0.5N·m

問22　気体検出器のガス増幅に関する次の記述のうち，正しいものの組合せはどれか。
A　印加電圧が高くなるとガス増幅度は大きくなる。
B　計数ガスに少量の酸素を加えるとガス増幅度は大きくなる。
C　同じ印加電圧で陽極心線を細くするとガス増幅度は大きくなる。
D　計数ガスの圧力が増加するとガス増幅度は大きくなる。
1　AとB　　2　AとC　　3　AとD　　4　BとD　　5　CとD

問23　時定数10sのサーベイメータに急激に一定の強さの放射線を照射した場

合，指示値が最終値の90%になるのに要する時間（s）として，最も近い値は次のうちどれか。ただし，計数率はバックグラウンド計数率よりも十分高いものとする。また，$\ln 10 = 2.3$ とする。

1　20　　　2　23　　　3　26　　　4　29　　　5　32

問24　次の検出器のうち，熱中性子の計測に適さないものはどれか。

1　CH_4 比例計数管　　　2　^3He 比例計数管
3　BF_3 比例計数管　　　4　$^6LiI(Eu)$ シンチレーション検出器
5　^{235}U 核分裂電離箱

問25　^{32}P 線源をGM管式計数装置で1分間測定したところ，60,000カウントであった。^{32}P の半減期に相当する14.3日後に同じ条件で測定したところ，1分間に33,000カウントを得た。
　　　この計数値の分解時間（μs）として最も近い値は次のうちどれか。ただし，バックグラウンドは無視できるものとする。

1　150　　　2　180　　　3　200　　　4　220　　　5　250

問26　次のシンチレータのうち，発光の減衰時間の一番短いものはどれか。

1　NaI（Tl）　　2　CsI（Tl）　　3　ZnS（Ag）　　4　BGO
5　プラスチックシンチレータ

問27　グリッド付電離箱における次の記述のうち，正しいものの組合せはどれか。

A　α線のエネルギースペクトルの測定に用いられる。
B　電子の波動に基づく信号のみを用いる。
C　検出器ガスとして空気も使用できる。
D　グリッドで電子を増幅して使用する。

1　AとB　　2　AとC　　3　AとD　　4　BとC　　5　BとD

問28　0.9MeVのγ線と2.8MeVのγ線をカスケード状に同時に放出するβ⁻壊変核種があるとして，この核種の線源をGe検出器に近接して置いて波高分析スペクトルをとった場合，何本のピークが観測されると考えられるか。次のうちから選べ。

1　5本　　　2　6本　　　3　7本　　　4　8本　　　5　9本

問 29 次の放射線測定器のうち α 線のエネルギー測定に最適なものはどれか。
1 表面障壁型 Si 半導体検出器
2 ZnS（Ag）シンチレーション検出器
3 Ge 検出器
4 NaI（Tl）シンチレーション検出器
5 熱ルミネセンス線量計（TLD）

問 30 イメージングプレート（IP）に関する次の記述のうち，正しいものの組合せはどれか。
A 荷電粒子に対しては使用できない。
B 4〜5 桁の X 線強度変化に対する測定範囲を有する。
C 可視光を照射することにより再度使用できる。
D フェーディングはほとんど問題とならない。
E 溶解した有機シンチレータ結晶をプラスチックフィルムに塗布したものである。
1 AとB　　2 BとC　　3 CとD　　4 DとE　　5 AとE

化学

次の各問について，1から5までの5つの選択肢のうち，適切な答えを1つだけ選びなさい。

問1 ある短寿命核種（半減期 T ［秒］）を1半減期測定したところ，C カウントであった。測定終了時におけるこの核種の放射能［Bq］はいくらか。ただしこのときの検出効率は ε とし，数え落としはないものとする。

1 $\dfrac{C}{\varepsilon T}$　　2 $2\dfrac{C}{\varepsilon T}$　　3 $\dfrac{1}{2}\cdot\dfrac{C}{\varepsilon T}$　　4 $\dfrac{1}{\sqrt{2}}\cdot\dfrac{C}{\varepsilon T}$　　5 $(\ln 2)\dfrac{C}{\varepsilon T}$

問2 放射能が等しい ^{54}Mn（半減期312日）と ^{60}Co（半減期5.27年）があるとき，5年後の放射能の比（^{54}Mn/^{60}Co）に最も近い値は，次のうちどれか。

1　0.001　　2　0.005　　3　0.03　　4　0.08　　5　0.2

問3 次の放射性核種の組合せのうち，寿命が長い核種の半減期が，寿命の短い核種の半減期の2倍以内であるものはどれか。

1　^{3}H と ^{35}S　　2　^{15}O と ^{18}F　　3　^{60}Co と ^{63}Ni
4　^{90}Sr と ^{137}Cs　　5　^{123}I と ^{125}I

問4 次のうち，放射性核種のみの組合せはどれか。

1　^{11}C, ^{12}C, ^{14}C
2　^{13}N, ^{14}N, ^{15}N
3　^{30}P, ^{32}P, ^{33}P
4　^{35}Cl, ^{36}Cl, ^{37}Cl
5　^{40}Ca, ^{42}Ca, ^{45}Ca

問5 1 TBq の ^{7}Be（半減期 4.6×10^{6} 秒）の質量［g］に最も近い値は，次のうちどれか。

1　6.6×10^{-5}　　2　7.7×10^{-5}　　3　1.1×10^{-4}
4　3.7×10^{-3}　　5　6.0×10^{-1}

問6 次の逐次壊変において放射平衡となり得るものの組合せはどれか。

A　^{42}Ar（32.9年）　→　^{42}K（12.4時間）　→

B　^{51}Mn（46.2分）　→　^{51}Cr（27.7日）　→
C　^{132}Te（3.20日）　→　^{132}I（2.30時間）　→
D　^{140}Ba（12.8日）　→　^{140}La（1.68日）　→
1　ABCのみ　　2　ABDのみ　　3　ACDのみ
4　BCDのみ　　5　ABCDすべて

問7 次のウラン系列に関する記述のうち，正しいものの組合せはどれか。
A　^{234}U が生成する。　　B　^{230}Th が壊変して ^{226}Ra となる。
C　^{210}Po が生成する。　　D　最終の安定核種は ^{208}Pb である。
1　ABCのみ　　2　ABDのみ　　3　ACDのみ
4　BCDのみ　　5　ABCDすべて

問8 次の核反応において，標的核と生成核の原子番号が2以上異なるものの組合せはどれか。
A　$(\alpha, p2n)$　　B　(n, α)　　C　$(p, 3p2n)$　　D　(d, n)
1　AとB　　2　AとC　　3　AとD　　4　BとC　　5　BとD

問9 熱中性子による ^{235}U の核分裂において，収率1％以上で生成する核種の組合せは次のうちどれか。
A　^{77}As　　B　^{99}Mo　　C　^{111}Ag　　D　^{131}I　　E　^{156}Eu
1　AとC　　2　AとE　　3　BとD　　4　BとE　　5　CとD

問10 次の実験操作のうち，放射性気体を発生するものの組合せはどれか。
A　^{64}CuCl$_2$ 水溶液に亜鉛粉末を加える。
B　Ba^{14}CO$_3$ に硝酸を加える。
C　Fe^{35}S に塩酸を加える。
D　トリチウム水を電気分解する。
1　ACDのみ　　2　ABのみ　　3　ACのみ　　4　BDのみ
5　BCDのみ

問11 水溶液中の Cl$^-$ の量を測定するのに，^{110m}Ag で標識された硝酸銀水溶液の過剰の一定量を加えて ^{110m}AgCl の沈殿を生成させる方法がある。Cl$^-$ の定量に関して述べた以下の記述のうち，正しい組合せはどれか。
A　他に Br$^-$ が共存していても影響しない。

B 他に ClO_4^- が共存していても影響しない。
C 生成した AgCl の一部分を分離して，その放射能を測定することにより Cl^- の量を求めることができる。
D 生成した AgCl を除去した溶液中に残る放射能を測定することにより Cl^- の量を求めることができる。

1　AとB　　2　AとC　　3　AとD　　4　BとC　　5　BとD

問12　$^{35}SO_4^{2-}$，$^{45}Ca^{2+}$，$^{55}Fe^{3+}$，$^{82}Br^-$ のうち1種類とその同位体担体を含む水溶液がある。各水溶液に適切な操作を加えて放射性核種を沈殿させたい。放射性核種とその化学形Ⅰ～Ⅳと，化学操作A～Dの組合せで正しいものはどれか。

<核種・化学形>　　　　<化学操作>
Ⅰ　$^{35}SO_4^{2-}$　　　　A　硝酸銀水溶液を加える。
Ⅱ　$^{45}Ca^{2+}$　　　　　B　塩化カルシウム水溶液を加える。
Ⅲ　$^{55}Fe^{3+}$　　　　　C　シュウ酸アンモニウム水溶液を加える。
Ⅳ　$^{82}Br^-$　　　　　　D　アンモニア水溶液を加えて弱アルカリ性にする。

1　Ⅰ－A, Ⅱ－B, Ⅲ－C, Ⅳ－D
2　Ⅰ－B, Ⅱ－C, Ⅲ－D, Ⅳ－A
3　Ⅰ－D, Ⅱ－B, Ⅲ－A, Ⅳ－C
4　Ⅰ－B, Ⅱ－D, Ⅲ－C, Ⅳ－A
5　Ⅰ－C, Ⅱ－A, Ⅲ－D, Ⅳ－B

問13　次のうち，アルカリ金属元素の同位体を生成する反応の組合せはどれか。

A　$^{10}B\ (n, \alpha)$　　　　B　$^{24}Mg\ (d, \alpha)$
C　$^{40}Ar\ (\alpha, p)$　　　D　$^{81}Br\ (\alpha, 2n)$

1　ABCのみ　　2　ABDのみ　　3　ACDのみ　　4　BCDのみ
5　ABCDすべて

問14　サイクロトロンによる荷電粒子放射化分析で，炭素を分析するために利用できる核反応は，次のうちどれか。

1　$^{12}C\ (p, n)$　　　2　$^{12}C\ (d, n)$　　　3　$^{12}C\ (\alpha, p)$
4　$^{13}C\ (\alpha, n)$　　　5　$^{13}C\ (p, \alpha)$

問15　環境中の放射性核種に関する次の記述のうち，正しいものはどれか。

1 トリチウム T は海水中では T_2O として存在する。
2 化石燃料の使用は大気中の二酸化炭素の ^{14}C 濃度を上昇させる。
3 ^{40}K は太陽宇宙線照射で生成したものである。
4 ^{99}Tc は大部分が ^{235}U の核分裂に由来する。
5 ネプツニウム系列のラドン同位体は ^{221}Rn である。

問 16 ^{64}Cu の壊変に関する次の記述のうち，正しいものの組合せはどれか。

A γ 線スペクトルに511keV のピークがみられる。
B ^{64}Zn を生成する部分半減期は，^{64}Ni を生成する部分半減期より長い。
C EC 壊変に伴い，Cu の特性 X 線が放出される。
D $β^-$ 壊変は γ 線放出を伴わない。

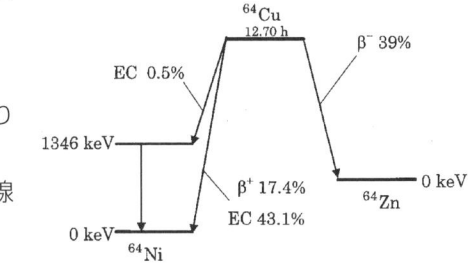

1 ABC のみ　　2 ABD のみ　　3 ACD のみ　　4 BCD のみ
5 ABCD すべて

問 17 500kBq の $^{35}SO_4^{2-}$ を含む 0.1mol·L^{-1} 硫酸ナトリウム水溶液200mL から ^{35}S を除去する目的で，塩化バリウム水溶液を加えて硫酸イオンを硫酸バリウム（$BaSO_4$）として沈殿させた。これをろ過乾燥させて得られる［^{35}S］硫酸バリウムの比放射能（kBq·g^{-1}）に最も近い値は，次のうちどれか。ただし，$BaSO_4$ の式量を233とする。

1 5.4　　2 22　　3 110　　4 220　　5 540

問 18 水溶液中の化合物 X を，ある有機溶媒で抽出すると，X の分配比（有機相中濃度／水相中濃度）は80である。50kBq の放射性同位体で標識した X の水溶液から，水相の 1／2 の体積の有機溶媒で X を抽出したとき，水相に残る X の放射能［kBq］に最も近い値は，次のうちどれか。

1 0.61　　2 0.94　　3 1.2　　4 1.8　　5 2.4

問 19 ある小型アイソトープ電池には，α 壊変する ^{238}Pu（半減期87.7年，$2.8×10^9$ 秒）が1.0mg 用いられている。放出される α 粒子のエネルギーは 1 壊変当たり $9.0×10^{-13}$J で，このすべてが利用されるとする

と，この電池の出力 [mW] として最も近い値はどれか。
1 0.07   2 0.14   3 0.28   4 0.56   5 1.12

問20 ある物質を原子炉で40分間中性子照射すると，半減期20分の放射性核種が 3.0×10^5 Bq 生成する。その物質を同じ照射条件の下で10分間照射したときに生成する放射能 [Bq] は次のうちどれか。
1 7.5×10^4 2 1.2×10^5 3 1.5×10^5 4 2.0×10^5
5 2.8×10^5

問21 混合物試料に含まれるある成分 X を，同位体希釈法（直接法）で定量した。試料に放射性同位体で標識した X（比放射能は $500 \mathrm{dpm \cdot mg^{-1}}$）を10mg加えて完全に混合したのち，一部を純粋に化学分離したところ，その比放射能が $100 \mathrm{dpm \cdot mg^{-1}}$ となった。試料中に含まれた成分 X の量 [mg] として正しい値は，次のうちどれか。
1 10   2 40   3 50   4 100   5 150

問22 100kBq の ^{140}Ba を含む硫酸バリウム（$BaSO_4$）100mg を 1 L の水とよく撹拌して混合したとき，水に溶解する ^{140}Ba の放射能 [kBq] に最も近い値はどれか。ただし，$BaSO_4$ の式量は233とし，$BaSO_4$ の溶解度積 $K_{sp} = [Ba^{2+}][SO_4^{2-}] = 1.0 \times 10^{-10} (\mathrm{mol \cdot L^{-1}})^2$ とする。
1 0.2   2 2   3 10   4 20   5 30

問23 担体を含む $^{65}Zn^{2+}$ の酸性溶液がある。この溶液に NaOH 水溶液又はアンモニア水を加えていくと，いずれもまず白い沈殿が生じる。次の記述のうち，正しいものの組合せはどれか。
A NaOH 水溶液を少量加えて沈殿するのは水酸化物である。
B NaOH 水溶液をさらに過剰に加えると，この沈殿は再溶解する。
C アンモニア水を少量加えて沈殿するのは水酸化物である。
D アンモニア水をさらに過剰に加えると，この沈殿は再溶解する。
1 ABC のみ   2 AC のみ   3 BD のみ   4 D のみ
5 ABCD すべて

問24 アクチバブルトレーサーについての次の記述のうち，正しいものの組合せはどれか。
A 安定同位体をトレーサーとして用いる。

B 測定の対象に主成分として含まれている元素を利用する。
C 放射化分析で感度の高い元素をトレーサーとして加える。
D 放射能汚染を引き起こす可能性があるので，自然環境では使用できない。
1 AとB　　2 AとC　　3 BとC　　4 BとD　　5 CとD

問 25 ヨウ素の同位体に関する次の記述のうち，誤っているのはどれか。
1 ^{123}I はシングルフォトン断層撮影法（SPECT）に用いられる。
2 ^{125}I はラジオイムノアッセイに用いられる。
3 ^{127}I はヨウ素で唯一の安定同位体である。
4 ^{129}I は陽電子放射断層撮影（PET）に用いられる。
5 ^{131}I は甲状腺疾患の内用療法に用いられる。

問 26 放射性核種を生成する次の核反応で，無担体の核種が得られるのはどれか。
1 ^{27}Al (d, p)　　2 ^{31}P (p, pn)　　3 ^{34}S (n, γ)
4 ^{48}Ti (p, n)　　5 ^{65}Cu (α, 2p3n)

問 27 放射性核種を含む試料とその測定に適した検出器に関する次の記述のうち，正しいものの組合せはどれか。
A ^{55}Fe で標識された化合物を含む溶液試料の放射能を BGO シンチレーション検出器を用いて測定する。
B 溶液試料中の未知のγ線放出核種を Ge 半導体検出器を用いて同定する。
C ^{14}C と ^{3}H を含む水溶液の核種濃度を液体シンチレーションカウンタを用いて定量する。
D 金属に電着された未知のα線放出核種を GM 検出器を用いて同定する。
E ^{210}Po の核種濃度を液体シンチレーションカウンタを用いて定量する。
1 ABCのみ　　2 ABDのみ　　3 BCEのみ　　4 ADEのみ
5 CDEのみ

問 28 炭素の同位体に関する次の記述のうち，正しいものの組合せはどれか。
A ^{11}C は陽電子放射断層撮影（PET）に用いられる。
B ^{12}C は原子量の基準となっている。
C ^{13}C は核磁気共鳴分光法で用いられる。
D ^{14}C は大気中では $^{14}CO_2$ として存在する。

1　ABCのみ　　2　ABDのみ　　3　ACDのみ　　4　BCDのみ
5　ABCDすべて

問29 次のγ線の線量計（ア）と利用されている現象（イ）の組合せが正しいものはどれか。

	（ア）	（イ）
1	フリッケ線量計	Fe^{3+}の還元
2	セリウム線量計	Ce^{3+}の酸化
3	アラニン線量計	ラジカル生成
4	蛍光ガラス線量計	発熱
5	熱ルミネセンス線量計	イオン対生成

問30 次の記述のうち，ホットアトムの生成と関係がないものはどれか。

1　中性子照射した臭素酸カリウムを水に溶かすと，放射性のBr^-イオンも得られる。
2　中性子照射したヨウ化エチルに水を加えて振り混ぜると，水中に高比放射能の^{128}Iが得られる。
3　地下水中の$^{234}U/^{238}U$（放射能比）が1より大きいことがある。
4　トリチウムを含む水を電気分解すると，水中のトリチウム濃度は高くなる。
5　ホウ素化合物をがん組織に濃縮させた後，熱中性子照射で腫瘍（しゅよう）を治療する。

管理測定技術

問 1 GM 計数管に関する次の I ～ III の文章の ▭ の部分に入る最も適切な語句，数値又は数式を解答群の中から 1 つだけ選べ。

I 気体放射線検出器の多くは，気体原子や分子の ▭A▭ に起因する電流変化を，必要に応じ増幅器などを用い電気信号の形で取り出して放射線を検出する。この形式の検出器では，計数ガス，印加電圧，電極構造などの違いにより，異なる動作モードが得られる。▭B▭ は，放射線により生成された初期の電荷量に相当する出力が得られる検出器である。また，▭C▭ では，▭A▭ で発生した ▭D▭ が検出器内の電場で加速され，新たな ▭A▭ が引き起こされる。▭C▭ は，この ▭E▭ 作用を利用して出力波高を高めるが，この際，入射放射線の ▭F▭ 情報は保持される。一方，GM 計数管はこれら 2 つの検出器と比較すると，入射放射線の ▭F▭ 情報が得られない反面，出力波高が十分に高く，放射線管理などで汎用的に用いられる。

＜A～F の解答群＞

1 霧箱	2 電離箱	3 比例計数管	4 スパークチェンバ
5 陽イオン	6 陰イオン	7 電子	8 計数率
9 フルエンス	10 エネルギー	11 ガス増幅	
12 励起	13 電離	14 飽和	

II GM 計数管の動作過程では，計数ガス中に生成された電子が陽極心線へと移動しながら運動エネルギーを増し，新たに ▭G▭ を起こすとともに，計数ガスの励起に起因した ▭H▭ の介在による ▭G▭ も加わり，▭I▭ なだれが陽極心線全体に広がる。この結果，陽極心線周辺に生じた ▭J▭ の鞘により電界が弱まり，GM 放電が停止する。

GM 放電の停止後，▭J▭ は次第に移動して陰極へ到達するが，この際に陰極から電子が放出されると再放電を招く。このため，計数ガス中に ▭K▭ ガスとして働く少量の ▭L▭ を混ぜ，このガスの ▭M▭ により電子の再放出を防止する。これと異なる方法として，電気回路により印加電圧を一時的に下げて再放電を防止することを ▭N▭ と呼ぶ。

＜G～N の解答群＞

1 紫外線	2 電子	3 陽イオン	4 陰イオン	5 再結合
6 電離	7 陽電子	8 希ガス	9 窒素ガス	10 有機ガス
11 分解	12 生成	13 内部消滅	14 外部消滅	

Ⅲ GM 計数管の出力と経過時間との関係をオシロスコープで観測すると，下図のようになる。ここで，もとのパルス波高にまで戻る時間 p は，　O　と呼ばれる。また，パルス波高が波高弁別レベルまで戻る時間 q は　P　と呼ばれ，この間，新たな放射線を計数しない。この q の値は，通常　ア　s 程度であり，これを求める方法には，　Q　，半減期法などがある。なお，r は放射線の入射があってもパルスが形成されない時間である。

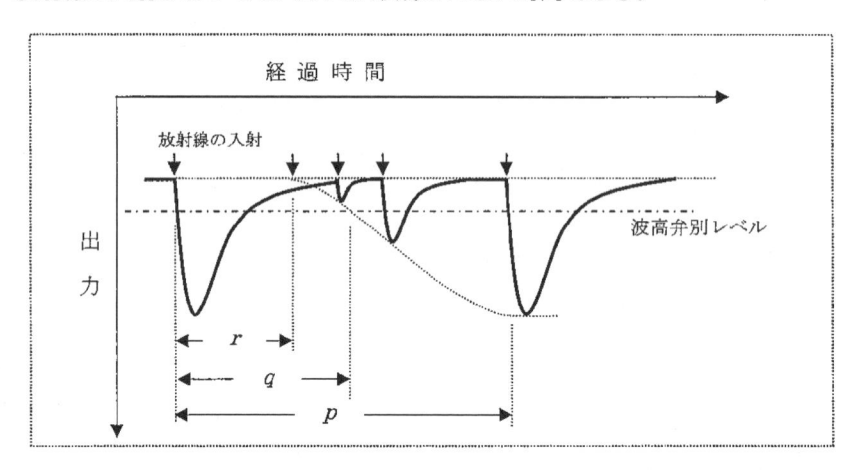

信号処理系を含めた GM 計数装置において，時間 t の間に得られた放射線の計数を N とすると，計数 N を得るために要した放射線に有感な時間は　イ　となる。この時間で N を除することにより，数え落としが補正された計数率を導くことができる。

計数率が極めて高くなりパルス波高が回復できない状態になると，補正の範囲を越えて極端に計数が低下する。これを　R　現象と呼ぶ。このため，高線量率場での放射線管理測定などにおいては十分な注意が必要である。

＜O〜Rの解答群＞

1	飽和時間	2	回復時間	3	再生時間
4	分解時間	5	二線源法	6	フェザー法
7	同時計数法	8	逐次近似法	9	点線源法
10	飽和	11	窒息	12	しきい値
13	閉塞				

＜ア，イの解答群＞

1	10^{-6}	2	10^{-5}	3	10^{-4}	4	10^{-3}
5	$t-Np$	6	$t-Nq$	7	$t-Nr$	8	Np
9	Nq	10	Nr				

11 $\dfrac{tN}{1-Np}$　　　12 $\dfrac{tN}{1-Nq}$　　　13 $\dfrac{tN}{1-Nr}$

問2 次のⅠ～Ⅲの文章の[　　]の部分に入る最も適切な語句，記号又は数値を，それぞれの解答群から1つだけ選べ。

Ⅰ　α線の空気中の飛程は5 MeVのエネルギーでも[A]cm程度であるため，α線放出核種については主として内部被ばくの管理が重要となる。内部被ばくを防ぐための管理測定では，空気中における[B]と，物品などの[C]の2つの量が主な対象となる。[B]の測定において，粒子状汚染は[D]フィルタに吸引捕集し，α線や光子などを測定して評価することが一般的である。また，気体状のものは，サンプリング容器に捕集し測定するが，検出器自身がサンプリング容器の機能を持つ[E]を用いて測定する場合もある。
　一方，[C]については，管理対象物の表面をα線測定用サーベイメータで測定する直接測定法と，ろ紙などを用いてふき取ることにより[F]汚染の放射能を測定する間接測定法がある。

＜A～Cの解答群＞
1　吸収線量　　　　2　表面放出率　　　3　放射能濃度
4　表面汚染密度　　5　空間線量率　　　6　0.5
7　1.5　　　　　　8　2.0　　　　　　 9　3.5
10　7.5

＜D～Fの解答群＞
1　通気型電離箱　　　　　2　液体シンチレーション検出器
3　端窓型GM計数管　　　 4　マリネリ容器　　　　5　遊離性
6　浸透性　　　　　　　　7　固着性　　　　　　　8　シリカゲル
9　活性炭　　　　　　　 10　ろ紙

Ⅱ　α線測定用サーベイメータには，[G]，シンチレーション検出器，半導体検出器などの検出器が用いられる。気体計数管である[G]はβ線測定と兼用でき入射窓面積が大きいものが多く，計数ガスとしては[H]が用いられる。α線測定用シンチレーション検出器は，一般的に，粉末状の[I]シンチレータを光透過性のある膜上に塗布して，光電子増倍管と組み合わせて構成される。半導体検出器は，シリコン半導体を用いた電子デバイスの1つである[J]と同様の接合構造を持ち，これに[K]の電圧を印加することに

より生じる L を有感領域として利用する。

　これらのα線用の検出器は，光子やβ線にも感度を持つことがあるが M によりα線の計数への影響を抑えることが可能である。

<G～Iの解答群>
1　電離箱　　　　　2　端窓型GM計数管　　3　比例計数管
4　NaI（Tl）　　　　5　プラスチック　　　　6　ZnS（Ag）
7　乾燥空気　　　　8　ハロゲンガス　　　　9　PRガス
10　窒素ガス

<J～Mの解答群>
1　逆方向　　　　　2　順方向　　　　　　　3　双方向
4　トランジスタ　　5　コンデンサ　　　　　6　ダイオード
7　絶縁層　　　　　8　不感層　　　　　　　9　空乏層
10　エネルギーピーク　11　同時計数　　　　12　波高弁別

Ⅲ　サーベイメータを用いた直接測定法において，α線の正味の計数率 $N\alpha$ [s^{-1}] と表面汚染 R [Bq・cm^{-2}] との関係は，次式で与えられる。

$$R = \frac{N\alpha}{W \cdot \varepsilon_a \cdot \varepsilon_b}$$

ここで，ε_a は N 効率と呼ばれ，線源との距離，検出器の入射窓厚などに依存して変化する。ε_b は O 効率と呼ばれ，汚染部の状態に依存し，α線の P などにより小さくなる。また，W [cm^2] は検出器の窓の面積を表す。

　α線測定用サーベイメータ（W：60cm^2）を校正するため，α線表面放出率300s^{-1}の面状標準線源（面積：15cm×10cm）を密着に近い状態で測定したところ，正味の計数率30s^{-1}が得られた。このサーベイメータで汚染部分を測定し，$N\alpha$として15s^{-1}の値が得られた場合には，ε_bを0.25とすると，上記の式により表面汚染Rは Q Bq・cm^{-2}となる。一方，間接測定法の場合では，表面汚染R' [Bq・cm^{-2}] は次式で与えられる。

$$R' = \frac{N\alpha}{S \cdot F \cdot \varepsilon_a \cdot \varepsilon_b}$$

ここで，S は R の面積である。F はふき取り効率と呼ばれ，一般に汚染面の状態が平滑で浸透性が低いほど S なる。

<N～Qの解答群>
1　真性　　　　　　2　線源　　　　　　　　3　機器
4　実効　　　　　　5　幾何学的　　　　　　6　自己吸収

7	後方散乱	8	飛散	9	0.8
10	1.2	11	2.0	12	4.0
13	8.0				

<R，Sの解答群>

1	小さく	2	大きく	3	汚染部分
4	ろ紙面	5	検出器の窓	6	ふき取った部分

問3 次のⅠ～Ⅲの文章の□□□の部分に入る最も適切な語句，記号又は数値を，それぞれの解答群から1つだけ選べ。

Ⅰ　非密封の ^3H（T），^{14}C，^{35}S，^{131}I を使用する施設において，それらを使用する際に以下のような反応や性質について注意する必要がある。

1 MBq の ^{14}C で標識された炭酸ナトリウム水溶液100mL（濃度：0.5mol・L^{-1}）に □A□ を滴下すると気体が発生した。この気体は □B□ である。このとき発生する気体の放射能濃度は0℃，1気圧で □ア□ Bq・cm^{-3} となる。

^3H で標識された水に，金属マグネシウムを入れ，□A□ を滴下すると放射性の気体が発生した。この気体は □C□ である。

Fe^{35}S に □D□ を加えると，放射性の □E□ が発生する。また，Na^{131}I の水溶液を取り扱う際に，□F□ にしたり酸化剤を加えたりすると，^{131}I が揮散しやすいので注意が必要である。

<A～Cの解答群>

1	NaOH	2	HCl	3	CH_3OH	4	CO	5	CO_2
6	O_2	7	CH_4	8	H_2	9	NH_3	10	H_2O

<D～Fの解答群>

1	H_2S	2	SO_2	3	SO_3	4	NaOH	5	HCl
6	CH_3OH	7	酸性	8	中性	9	アルカリ性		

<アの解答群>

1	5	2	90	3	200	4	900	5	2,000
6	5,000								

Ⅱ　放射性の気体が発生するような化合物はフード又はグローブボックス内で取り扱う。空気中の放射性物質の濃度を測定するには，いったん捕集して行う方法がとられる場合が多い。捕集には放射性物質の物理的，化学的性状によって様々な手法が用いられる。たとえば，気体のHTOを捕集するには

G　を用いた固体捕集法やドライアイスを用いた冷却凝縮法などの方法がとられる。HTの場合には，　H　を用いてHTOに変えたのち，上記の捕集法を適用する。また，放射性ヨウ素がI_2の状態で存在する場合には　I　での捕集が行われるが，CH_3Iの場合には　J　担持の　I　が利用されている。放射性の二酸化炭素を捕集するには　K　溶液に通す方法がとられる。

<Gの解答群>
1　酸化鉄（Ⅲ）　　2　酸化銅（Ⅱ）　　3　シリカゲル
4　アルミナ

<Hの解答群>
1　電気分解法　　2　イオン交換法　　3　過マンガン酸カリウム
4　パラジウム触媒

<Iの解答群>
1　シリカゲル　　2　活性炭　　　　3　ゼオライト
4　アルミナ

<Jの解答群>
1　トリエチレンジアミン　　2　シリコングリース
3　ポリビニルアルコール

<Kの解答群>
1　中性　　　　　2　アルカリ性　　3　酸性

Ⅲ　一般的に非密封放射性同位元素の排気設備は，実験室内を換気し空気中濃度限度以下にするとともに，排気中の放射性同位元素の濃度を排気中濃度限度以下にするためのものである。

　排気設備に備えられるフィルタとして，プレフィルタと高性能エアフィルタがある。前者にはガラス繊維フィルタ等が用いられている。後者はHEPAフィルタとも呼ばれ，定格風量で$0.3\mu m$径の微粒子を　L　%以上の捕集効率で捕集する性能を有するものとされている。また，放射性ヨウ素が排気中濃度限度を超える可能性のある施設では　M　フィルタが用いられている。

　フィルタの交換時にGM管式サーベイメータで測定すると，空気中のラドンの子孫核種がフィルタに残っており，その影響でバックグラウンドよりも表面線量率が高くなっている。ラドンの同位体にはウラン系列の　N　やトリウム系列の　O　がある。半減期は前者が　P　，後者が　Q　である。

<L〜Qの解答群>
1　90　　　　2　95　　　　3　99　　　　4　99.97　　　5　99.99
6　シリカゲル　7　活性炭　　8　アルミナ　　9　^{219}Rn

10　^{220}Rn　　11　^{222}Rn　　12　56秒　　13　3.1分
14　6.1時間　　15　3.8日

問4　次のⅠ，Ⅱの文章の□□□の部分に入る最も適切な語句，記号，数値又は数式を，それぞれの解答群の中から1つだけ選べ。なお，解答群の選択肢は必要に応じて2回以上使ってもよい。

Ⅰ　陽電子断層撮影用放射性同位元素（RI）として，^{11}C，^{13}N，^{15}O，^{18}Fを小型サイクロトロンを用いて製造する事業所がある。以下の表は，この事業所における各RIの製造についてまとめたものである。表中の^{11}Cと^{15}Oの半減期はそれぞれ　A　分及び　B　分である。サイクロトロンで製造したRIのホットラボへの移送を容易にするため，ターゲットには液体や気体が利用されている。以下の表の中で，^{11}C，^{13}N，^{15}Oの製造に使用されるターゲット物質はそれぞれ　C　，　D　及び　E　である。^{11}Cは，　C　にO_2を添加して陽子線を照射すると$^{11}CO_2$として生成し，^{15}Oは，　E　にH_2を添加して重陽子線を照射すると$H_2^{15}O$として生成する。また，^{13}Nは，　D　に陽子線を照射すると$^{13}NO_3^-$となる。このように，ターゲット物質中でRI製造と同時に，標識された化合物が得られる。

製造核種	半減期［分］	照射粒子	核反応	ターゲット物質
^{11}C	A	p	(p, α)	C
^{13}N	10	p	(p, α)	D
^{15}O	B	d	(d, n)	E
^{18}F	110	p	(p, n)	$H_2^{18}O$

　照射終了直後の生成放射能は，照射粒子のエネルギー，ビーム強度，照射時間などに依存している。他の照射条件を同一にして，製造核種の半減期と同じ時間照射したときに比べて，その倍の時間照射すると生成放射能は　F　倍になる。また，ビーム強度を2.0倍にすると，生成放射能は　G　倍になる。一般に，ターゲット物質は照射粒子のターゲット中での飛程よりも厚くする。例えば，10MeV陽子の水中での飛程（R）は約0.1cmであるが，同一のエネルギーのアルファ粒子，陽子及び重陽子の飛程をそれぞれ$R(α)$，$R(p)$，及び$R(d)$とすると，その大きさには　H　の関係がある。いま，$H_2^{18}O$に10MeV陽子を平均電流10μAで60分間照射した場合，$H_2^{18}O$に与えられるエネルギーは　I　J（ジュール）となる。これは，$H_2^{18}O$の温度上昇につながる

ことから，容器は冷却を十分に行い，密閉性を保つ構造にする必要がある。照射後にサイクロトロン室に入室する際は，まず，エリアモニタで室内の空間線量率を確認する。さらに，サイクロトロン室内の空気は，運転中に発生した □J□ によって放射化し，半減期1.8時間の □K□ が生成している可能性があることから，室内空気の放射能濃度が空気中濃度限度を超えていないことも確認する。

<A, Bの解答群>
1 1.0   2 2.0   3 10   4 20   5 60

<C〜Eの解答群>
1 H_2O 2 Ne   3 N_2 4 CH_4 5 HF

<F, Gの解答群>
1 1.0   2 1.25   3 1.5   4 1.75   5 2.0

<Hの解答群>
1 $R(p) > R(d) > R(\alpha)$ 2 $R(\alpha) > R(d) > R(p)$
3 $R(\alpha) \fallingdotseq R(d) > R(p)$ 4 $R(p) \fallingdotseq R(d) > R(\alpha)$

<Iの解答群>
1 1.0×10^2 2 6.0×10^3 3 1.6×10^5 4 3.6×10^5

<Jの解答群>
1 γ線   2 陽子   3 中性子   4 α線

<Kの解答群>
1 ^{14}C 2 ^{16}N 3 ^{41}Ar 4 ^{222}Rn

Ⅱ 軽元素に荷電粒子を照射して生成する核種は，その安定同位体に比べて中性子数が □L□ という特徴がある。このため，β^+壊変して安定な核種となる性質を持っている。

陽電子が電子と対消滅する際に □M□ MeVの2本の消滅放射線が同時に反対方向に放出されるため，測定には検出器を対向させて同時計数する方法が利用されている。^{13}N を10分間測定したとき，2.0×10^6 カウントであった。さらに引き続き20分間測定を継続すると計数は30分間合わせて □N□ カウントとなると予想される。また，1 TBqの ^{13}N の原子数は □O□ であり，500分後には □P□ と期待される。

これら核種は短寿命なので標識化合物は短時間で合成する必要があり，さらに精製により □Q□ 純度をあげることも重要である。例えば，^{18}F で標識したグルコース（FDG）の分離精製には □R□ が利用される。化学操作中の外部被ばくを防ぐ必要があり，自動合成装置が用いられている。

また，放射性の窒素や希ガスのような放射性気体による被ばくでは，吸入により身体組織に放射性物質が集積することによる線量よりも，体外又は肺の中の放射性気体からの放射線による線量の方がはるかに大きくなることがある。この状態を　S　と呼ぶ。

<Lの解答群>
1　多い　　　　　2　少ない

<M，Nの解答群>
1　0.12　　　　2　0.32　　　　3　0.51　　　　4　1.0
5　2.5×10^6　6　3.0×10^6　7　3.5×10^6　8　4.0×10^6

<O，Pの解答群>
1　8.7×10^{10}　2　1.4×10^{12}　3　1.4×10^{13}
4　8.7×10^{14}　5　8.7×10^3　6　1.4×10^3
7　8.1×10^2　8　1以下

<Q〜Sの解答群>
1　核種　　　　　　　　2　化学　　　　　　　　3　液体クロマトグラフ
4　薄層クロマトグラフ　5　ガスクロマトグラフ
6　内部被ばく　　　　　7　サブマージョン　　　8　局所被ばく

問5 次のⅠ〜Ⅲの文章の　　　　　の部分に入る最も適切な語句又は数値を，それぞれの解答群から1つだけ選べ。なお，解答群の選択肢は必要に応じて2回以上使ってもよい。

Ⅰ　放射線の被ばくは線量限度で管理されており，線量限度は実効線量と等価線量で規定されている。等価線量は人体の組織・臓器に対する放射線の影響を評価するためのもので，組織・臓器の平均の　A　線量に　B　加重係数を乗じたものである。実効線量は組織・臓器ごとの　C　線量に　D　加重係数を乗じた値を足し合わせたものである。全身の組織・臓器の　D　加重係数の値を足し合わせると　E　となる。

<A〜Eの解答群>
1　照射　　2　吸収　　3　等価　　4　実効　　5　実用
6　放射線　7　臓器　　8　組織　　9　器官　　10　0.1
11　1　　12　3　　13　10　　14　100

Ⅱ　実際に被ばく管理を行うためには，実効線量と等価線量を評価しなければならないが，日常的な放射線管理ですべての組織・臓器の線量を直接測定する

ことは不可能である。そこで，外部被ばく管理のための線量測定の方法として，一点のみで線量が決められ，なおかつ，同一被ばく条件では実効線量や等価線量と比較して一般に　F　値を示す実用量が　G　によって定められている。それらの実用量とは，モニタリングのための周辺線量当量，方向性線量当量，及び個人線量当量である。これらの実用量に対応した測定器を用いて測定し，実効線量や等価線量を評価する。

＜F，Gの解答群＞
1　上回らない　　2　下回らない　　3　等しい
4　国際放射線単位測定委員会　　5　国際放射線防護委員会
6　国連科学委員会　　　　　　　7　国際原子力機関

Ⅲ　周辺線量当量と方向性線量当量の基礎となる線量は，　H　球と呼ばれる線量計算用ファントムを用いて計算される。　H　球は　I　cmの組織等価物質でできた球である。一方，個人線量当量の基準となる線量の計算には，組織等価物質でできた　J　の大きさの線量計算用スラブファントムが用いられる。実効線量は，場のモニタリングによりファントム表面から深さ　K　mmの　L　線量当量に相当する線量を測定するか，あるいは個人のモニタリングにより深さ　M　mmの　N　線量当量に相当する線量を測定することによって評価する。これらの線量の法令等での名称は，ともに　O　線量当量である。皮膚や眼の水晶体に対する等価線量は，場のモニタリングにより深さ　P　mmの　Q　線量当量，あるいは個人のモニタリングにより同じ深さの　R　線量当量に相当する線量の測定により評価する。ただし，眼の水晶体に対しては，放射線によっては深さ　S　mmの線量が用いられることもある。また，実効線量については，計算により評価することもできる。X・γ線の場合，自由空気中の　T　から実効線量への換算に用いる係数が法令等に規定されている。

＜H～Kの解答群＞
1　IAEA　　　2　ICRP　　　3　ICRU　　　4　1　　　5　3
6　10　　　　7　15　　　　8　20　　　　9　25　　10　30
11　40　　　12　20cm×20cm×10cm　　13　30cm×30cm×15cm
14　30cm×30cm×30cm　　15　40cm×40cm×20cm

＜L～Tの解答群＞
1　周辺　　　　　2　方向性　　　　3　個人　　　4　実効
5　1ミリメートル　6　1センチメートル　7　0.07
8　0.3　　9　1　　10　3　　　　　11　10　　　12　照射線量

13 放射能濃度　　14 光子フルエンス　　15 空気カーマ

問6 次のⅠ～Ⅲの文章の _____ の部分に入る最も適切な語句，記号又は数値を，それぞれの解答群から1つだけ選べ。

Ⅰ　我々は放射性同位元素を取り扱わなくても自然放射線により常に被ばくしている。自然放射線による被ばくには，宇宙線によるものと　A　核種からのものの2つがある。さらに，　A　核種は，地球の誕生時から存在していた　B　核種とその子孫核種，及び宇宙線が大気に当たって生成した　C　核種からなる。
　宇宙線は外部被ばくの原因となる。また，大地の　A　核種からも外部被ばくを受ける。世界平均では，自然放射線による被ばくで最も寄与が大きいのはラドン及びその子孫核種の吸入による内部被ばくである。
　　D　は　B　核種であり，外部被ばくをもたらすとともに，食品から摂取され，体の構成要素として内部被ばくももたらす。　C　核種からの被ばくの大部分は　E　による内部被ばくであるが，被ばくに占める割合はごくわずかである。
　これらすべての自然放射線による被ばくは，世界平均では年間　F　mSv程度になる。

<A～Cの解答群>
1　人工放射性　　　　2　天然放射性　　　3　原始放射性
4　宇宙線生成
<D，Eの解答群>
1　^3H　　　2　^{14}C　　　3　^{22}Na　　　4　^{40}K　　　5　^{45}Ca
<Fの解答群>
1　0.1　　　　2　0.5　　　　3　1　　　　4　2　　　　5　5
6　10　　　　7　20　　　　8　50

Ⅱ　内部被ばくの管理においては，摂取した放射能（単位：Bq）に　G　を乗ずることにより　H　を求める。摂取した放射能を被検者の測定から求めるには，体外計測法やバイオアッセイ法などがある。体外計測法は取り込まれた核種から放出される放射線を直接測定する方法で，測定には主に　I　を用い，　J　を放出する放射性核種が対象になる。測定時における体内放射能の評価精度はバイオアッセイ法に比べて　K　。バイオアッセイ法は，被検者の尿，便などの放射能を測定して，その値をもとにして摂取量を推定する

ものである。すべての核種が測定対象になるが，特に ^{90}Sr のような L だけを放出する核種の場合は，バイオアッセイ法が適している。ただし，尿，便のバイオアッセイ法では M などのパラメータの個人差による誤差に注意が必要である。

　空気中の放射性物質の吸入による摂取量の推定には，空気中放射能濃度から算定する方法もある。この場合も， N などのパラメータが必ずしも個人の実際の値と一致しているわけではなく，また空気中放射能濃度と摂取量の関係が一様ではないので，摂取量の評価精度は高くない。

<G, Hの解答群>
1　線吸収係数　　　2　組織加重係数　　3　質量吸収係数
4　実効線量係数　　5　照射線量　　　　6　吸収線量
7　等価線量　　　　8　預託実効線量

<I～Nの解答群>
1　液体シンチレーションカウンタ　　　2　ホールボディカウンタ
3　エリアモニタ　　　4　電離箱　　5　α線　　6　β線
7　γ線　　8　高い　　9　低い　　10　呼吸率
11　突然変異率　　　　12　発がん率　　13　排泄率

Ⅲ　摂取した放射性物質は，体内にとどまっている限り被ばくの原因となるので，排泄などによってそれが体外に出るまでの体内動態を知ることが大切である。内部被ばく線量の評価には，放射性核種で決まっている物理的半減期と摂取された放射性物質が体外に排出されるまでの時間を反映する生物学的半減期から計算される有効半減期を用いる。^{131}I の場合，物理的半減期は O であり，生物学的半減期を80日とすると，有効半減期は約 P となる。^{137}Cs の場合，物理的半減期は Q であり，生物学的半減期を100日とすると，有効半減期は約 R となる。

　内部被ばくを低減するためには，放射性物質の摂取をなるべく少なくするとともに，万一摂取してしまった場合，体内からすばやく排除するための手段を講じることが重要である。放射性ヨウ素に対しては，薬剤として安定ヨウ素剤を予防的あるいは摂取後すみやかに投与すると効果が認められている。セシウムは， S と化学的性質が類似しており，経口摂取すると消化管から吸収されて全身に分布する。放射性セシウムを摂取した場合には，必要に応じて医師の処方にしたがって T を投与する。この薬剤はセシウムと結合して，コロイドとして便に排泄されることにより，消化管からの吸収を阻害する。

管理測定技術

＜O～Rの解答群＞
1 1日   2 4日   3 7日   4 8日   5 50日
6 100日   7 160日   8 1年   9 5年   10 10年
11 30年

＜S，Tの解答群＞
1 EDTA   2 DTPA   3 プルシアンブルー
4 アルギン酸ナトリウム   5 カルシウム
6 カリウム   7 アルミニウム   8 亜鉛   9 鉄

生物学

次の各問について，1から5までの5つの選択肢のうち，適切な答えを1つだけ選びなさい。

問1 次の標識化合物のうち，PET（陽電子放射断層撮影）診断に用いられる正しいものの組合せはどれか。

A ［^{14}C］メチオニン
B ［^{15}O］水
C ［^{18}F］フルオロデオキシグルコース（FDG）
D ［^{67}Ga］クエン酸ガリウム

1 AとB　　2 AとC　　3 BとC　　4 BとD　　5 CとD

問2 放射線によるDNA損傷の修復に関する次の記述のうち，正しいものの組合せはどれか。

A 2本鎖切断は，1本鎖切断に比べて修復されにくい。
B 2本鎖切断の修復に，相同組換えは関与しない。
C ヌクレオチド除去修復は，塩基損傷を修復する。
D 1本鎖切断は，非相同末端結合により修復される。

1 AとB　　2 AとC　　3 BとC　　4 BとD　　5 CとD

問3 染色体異常に関する次の記述のうち，正しいものの組合せはどれか。

A 転座は安定型異常に分類される。
B 環状染色体は不安定型異常に分類される。
C G_1期のDNA2本鎖切断によりM期で染色分体型異常が生じる。
D G_2期のDNA2本鎖切断によりM期で染色体型異常が生じる。

1 AとB　　2 AとC　　3 BとC　　4 BとD　　5 CとD

問4 X線被ばくによる遺伝子突然変異に関する次の記述のうち，正しいものの組合せはどれか。

A 点突然変異は吸収線量に対して直線的に増加する。
B 線量率を下げても単位吸収線量当たりの突然変異頻度は変化しない。
C α線被ばくに比べ単位吸収線量当たりの突然変異頻度は低い。
D 塩基置換は突然変異に含まれない。

1 AとB　　2 AとC　　3 AとD　　4 BとC　　5 BとD

問5 水への放射線照射で生じるラジカル生成物に関する次の記述のうち，正しいものの組合せはどれか。
A 水和電子は強い酸化剤である。
B 水素ラジカルは比較的安定で数秒の寿命を持つ。
C ヒドロキシルラジカルはDNAに作用して損傷を与える。
D 過酸化水素を生体内で分解する酵素が存在する。
1 AとB　　2 AとC　　3 BとC　　4 BとD　　5 CとD

問6 放射線によるアポトーシスを起こした細胞で認められる現象として，正しいものの組合せはどれか。
A クロマチンの凝縮　　　B 細胞の膨大
C オートファゴソームの形成　　D DNAの断片化
E 核濃縮
1 ABCのみ　　2 ABEのみ　　3 ADEのみ　　4 BCDのみ
5 CDEのみ

問7 放射線の間接作用に関する次の記述のうち，正しいものの組合せはどれか。
A 化学物質により修飾されることはほとんどない。
B 主に水分子から生じたフリーラジカルによる。
C 線量が一定であれば，酵素活性の不活性化率は酵素濃度に関係なく一定である。
D 酸素濃度の影響を受ける。
1 AとB　　2 AとC　　3 BとC　　4 BとD　　5 CとD

問8 培養細胞に対する放射線の致死作用における酸素効果に関する次の記述のうち，正しいものの組合せはどれか。
A 高LET放射線の場合に顕著に見られる。
B 酸素の存在により致死作用が高まることを指す。
C 酸素効果の程度を表す指標としてOERが用いられる。
D DNA修復能を酸素が抑制する結果として生じる。
1 AとB　　2 AとC　　3 BとC　　4 BとD　　5 CとD

問9 バイスタンダー効果に関する次の記述のうち，正しいものの組合せはどれか。

A　放射線を照射された細胞への影響が，照射されていない細胞に及ぶ現象をいう。
B　バイスタンダー効果は，ゲノム不安定性を引き起こすことがある。
C　バイスタンダー効果の機序の1つとして，一酸化窒素を介したものがある。
D　バイスタンダー効果の機序の1つとして，ギャップジャンクションを介したものがある。

1　ABCのみ　　2　ABDのみ　　3　ACDのみ　　4　BCDのみ
5　ABCDすべて

問10　放射線照射後の細胞生存率曲線に関する次の記述のうち，正しいものの組合せはどれか。
A　通常，グラフの縦軸は生存率で，横軸は吸収線量である。
B　放射線によるがん化の定量に用いられる。
C　中性子線では，X線に比べて細胞生存率曲線の傾きが急である。
D　線量率が異なっても，細胞生存率曲線の傾きに影響しない。

1　AとB　　2　AとC　　3　BとC　　4　BとD　　5　CとD

問11　次の免疫担当細胞のうち，X線に対する致死感受性が最も高いものはどれか。
1　B細胞　　　2　T細胞　　　3　NK細胞　　　4　形質細胞
5　マクロファージ

問12　消化管各部について，X線被ばくによる潰瘍(かいよう)・穿孔(せん)等に関する感受性の高い方から順に並べたものは，次のうちどれか。
1　胃　　＞　小腸　　＞　食道　　＞　大腸
2　胃　　＞　食道　　＞　大腸　　＞　小腸
3　小腸　＞　大腸　　＞　胃　　　＞　食道
4　大腸　＞　小腸　　＞　食道　　＞　胃
5　食道　＞　大腸　　＞　小腸　　＞　胃

問13　放射線による細胞の増殖死に関する次の記述のうち，正しいものの組合せはどれか。
A　照射された後に分裂を経ないで起こる細胞死を増殖死という。
B　増殖死はコロニー形成法で調べることができる。

C 増殖死に伴い，しばしば巨細胞が観察される。
D アポトーシスは増殖死の一つである。
1 AとB　　2 AとC　　3 BとC　　4 BとD　　5 CとD

問14 急性放射線外部被ばくによる発がんに関する次の記述のうち，正しいものの組合せはどれか。
A 白血病の潜伏期間は被ばく線量が高いほど短い。
B 被ばく線量と悪性度には相関関係が認められない。
C 乳がんの放射線による過剰発生リスクと線量との関係はLQ（直線－2次曲線）モデルがよくあてはまる。
D 組織加重（荷重）係数とは，各組織における単位線量当たりのがん発生率のことである。
1 ACDのみ　　2 ABのみ　　3 BCのみ　　4 Dのみ
5 ABCDすべて

問15 1GyのX線急性全身被ばくによって引き起こされる可能性のある影響として，正しいものの組合せは，次のうちどれか。
A 脱毛　　　　　　　　B 男性の一時的不妊
C 皮膚の紅斑（はん）　　D 放射線宿酔
1 AとB　　2 AとC　　3 AとD　　4 BとC　　5 BとD

問16 10Gyのγ線急性全身被ばくの数時間後に生じる急性障害に関する次の記述のうち，正しいものはどれか。
1 皮膚に痛みを感じる　　2 皮膚に水疱（ほう）が形成される。
3 消化管から下血が起こる。　4 毛細血管の透過性亢（こう）進が起こる。
5 肝機能障害が起こる。

問17 胎内被ばくに関する次の記述のうち，正しいものの組合せはどれか。
A 着床前期の被ばくでは四肢異常の発生率が上昇する。
B 被ばくによる奇形発生にはしきい線量が存在する。
C 妊娠10週での被ばくでは小頭症の発生率が上昇する。
D 発がんリスクは成人で被ばくした場合に比べて低い。
1 AとB　　2 AとC　　3 BとC　　4 BとD　　5 CとD

問18 放射線被ばくと最も多く認められる発がんの組合せとして，正しいも

のはどれか。

1　頭部白癬X線治療患者　　　　　　　　　　　－　脳腫瘍
2　ウラン鉱夫　　　　　　　　　　　　　　　　－　腎臓がん
3　チェルノブイリ原子力発電所事故における被ばく者　－　小児甲状腺がん
4　原爆被爆者　　　　　　　　　　　　　　　　－　胆嚢がん
5　ラジウム時計文字盤塗装工　　　　　　　　　－　胃がん

問19　放射線による遺伝的影響に関する次の記述のうち，正しいものの組合せはどれか。

A　遺伝的影響には，しきい線量があるものとないものがある。
B　胎内被ばくによる奇形は遺伝的影響である。
C　生殖年齢又は生殖年齢以前に被ばくした場合のみに生じる可能性がある。
D　生殖器官が被ばくしなければ生じることはない。

1　AとB　　2　AとD　　3　BとC　　4　BとD　　5　CとD

問20　確率的影響と確定的影響に関する次の記述のうち，正しいものの組合せはどれか。

A　遺伝的影響は確率的影響である。
B　早期反応には確率的影響はない。
C　組織加重（荷重）係数は確率的影響を考慮した係数である。
D　晩発影響には確定的影響はない。
E　内部被ばくでは確定的影響は起こらない。

1　ABCのみ　　2　ABEのみ　　3　ADEのみ　　4　BCDのみ
5　CDEのみ

問21　^{125}Iの物理的半減期を60日，生物学的半減期を140日としたとき，有効半減期［日］として最も近い値は，次のうちどれか。

1　20　　2　40　　3　80　　4　120　　5　140

問22　γ線急性全身被ばくによる身体的影響に関する次の記述のうち，正しいものの組合せはどれか。

A　高線量率で被ばくした場合に生じる生殖細胞の減少は身体的影響である。
B　低線量率で被ばくした場合に生じる体細胞のがん化は身体的影響である。
C　高線量による影響は急性障害のみで，晩発影響はない。
D　晩発影響には，しきい線量があるものとないものがある。

1　ABC のみ　　2　ABD のみ　　3　ACD のみ　　4　BCD のみ
5　ABCD すべて

問 23 粒子線の生物作用に関する次の記述のうち，正しいものの組合せはどれか．
A　陽子線の RBE は，X 線と比べて小さい．
B　ヘリウム線の生物作用は，ブラッグピーク付近で最大となる．
C　中性子線は，エネルギーが異なると生物作用の程度も異なる．
D　鉄イオン線の RBE は，炭素イオン線と比べて小さい．
1　ACD のみ　　2　AB のみ　　3　BC のみ　　4　D のみ
5　ABCD すべて

問 24 X 線による皮膚障害に関する次の記述のうち，正しいものの組合せはどれか．
A　被ばくしてすぐに痛みを感じる．
B　同程度の障害を起こすのに必要なエネルギーは熱傷の場合よりも大きい．
C　同一吸収線量を分割して被ばくした場合は，1 回で被ばくした場合に比べてしきい線量が高くなる．
D　初期紅斑(はん)のしきい線量はおおよそ 2 Gy である．
1　A と B　　2　A と C　　3　B と C　　4　B と D　　5　C と D

問 25 X 線被ばくによる放射線肺炎に関する次の記述のうち，正しいものの組合せはどれか．
A　放射線肺炎では呼吸困難が起きない．
B　全身被ばくでは骨髄障害よりも高い線量で起こる．
C　一般に，肺の一部が被ばくしても肺全体に炎症が生じる．
D　高線量では放射線肺炎が発生した後に肺線維症が生じる．
1　A と B　　2　A と C　　3　B と C　　4　B と D　　5　C と D

問 26 次の放射線のうち，高 LET 放射線に分類されるものの組合せはどれか．
A　γ 線　　　　B　β 線　　　　C　中性子線　　　D　炭素イオン線
1　A と B　　2　A と C　　3　B と C　　4　B と D　　5　C と D

問 27 原爆被爆者における放射線発がんに関する次の記述のうち，正しいも

ののの組合せはどれか。
A 被ばく線量と白血病の過剰絶対リスクの関係は，直線－2次曲線（LQ）モデルによくあてはまる。
B 被ばく線量と固形がんの過剰相対リスクの関係は，直線（L）モデルによくあてはまる。
C 最も潜伏期の短いのは，白血病である。
D 固形がんの過剰相対リスクは，被爆時年齢が若年の方が高齢の場合よりも高い。
1 ACDのみ　　2 ABのみ　　3 BCのみ　　4 Dのみ
5 ABCDすべて

問28 器官形成期の胎児が γ 線全身被ばくした場合に，奇形発生のしきい線量［Gy］として適切なものはどれか。
1 0.01　　2 0.03　　3 0.1　　4 0.5　　5 1

問29 γ 線と比べた速中性子線の生物作用の特徴として，正しいものの組合せはどれか。
A 致死作用の細胞周期依存性が大きい。
B 間接作用の割合が大きい。
C 修復されにくいDNA損傷を引き起こす。
D 細胞生存率曲線において肩が小さい。
1 AとB　　2 AとC　　3 BとC　　4 BとD　　5 CとD

問30 自然放射線レベルが通常に比べて高い地域（高バックグラウンド地域）に関する次の記述のうち，誤っているものの組合せはどれか。
A がん死亡率が高い。　　　　B 遺伝性疾患の発生率が高い。
C 女性の甲状腺がんの発生率が高い。　　D 白血病の発生率が高い。
1 ACDのみ　　2 ABのみ　　3 BCのみ　　4 Dのみ
5 ABCDすべて

法令

放射性同位元素等による放射線障害の防止に関する法律（以下「放射線障害防止法」という。）及び関係法令について解答せよ。

次の各問について，1から5までの5つの選択肢のうち，適切な答えを1つだけ選びなさい。

なお，問題文中の波線部は，現行法令に適合するように直した箇所である。

問 1 放射線障害防止法の目的に関する次の文章の A ～ C に該当する語句について，放射線障害防止法上定められているものの組合せは，下記の選択肢のうちどれか。

「この法律は，原子力基本法の精神にのっとり， A ，販売，賃貸，廃棄その他の取扱い， B 及び放射性同位元素又は放射線発生装置から発生した放射線によって汚染された物（以下「放射性汚染物」という。）の C その他の取扱いを規制することにより，これらによる放射線障害を防止し，公共の安全を確保することを目的とする。」

	A	B	C
1	放射性同位元素の使用	放射線発生装置の使用	廃棄
2	放射性同位元素の製造	放射性同位元素装置機器の製造	埋設
3	放射性同位元素の製造	放射線発生装置の製造	埋設
4	放射性同位元素の使用	放射性同位元素装置機器の使用	廃棄
5	放射性同位元素等の使用	放射線発生装置の使用	埋設

問 2 用語の定義に関する次の記述のうち，放射線障害防止法上定められているものの組合せはどれか。

A 排水設備とは，「排液処理装置（濃縮機，分離機，イオン交換装置等の機械又は装置をいう。），排水浄化槽（貯留槽，希釈槽，沈殿槽，ろ過槽等の構築物をいう。），排水管，排水口等液状の放射性同位元素等を浄化，又は排水する設備」をいう。

B 汚染検査室とは，「人体又は作業衣，履物，保護具等人体に着用している物の表面の放射性同位元素による汚染の検査を行う室」をいう。

C 固型化処理設備とは，「粉砕装置，圧縮装置，混合装置，詰込装置等放射性同位元素等をコンクリートその他の固型化材料により固型化する設備」をいう。

D 作業室とは，「密封されていない放射性同位元素の使用若しくは詰替えを

し，又は密封された放射性同位元素の詰替えをする室」をいう。
1　ABCのみ　　　2　ABのみ　　　3　ADのみ　　　4　CDのみ
5　BCDのみ

問3　使用の許可に関する次の記述のうち，放射線障害防止法上正しいものの組合せはどれか。なお，セシウム137の下限数量は10キロベクレルであり，かつ，その濃度は，原子力規制委員会の定める濃度を超えるものとする。また，密封されたセシウム137が製造されたのは，平成20年4月1日とする。

A　1個当たりの数量が，10メガベクレルの密封されたセシウム137を装備した照射装置のみを使用しようとする者は，原子力規制委員会の許可を受けなければならない。

B　1個当たりの数量が，10メガベクレルの密封されたセシウム137を装備した表示付認証機器のみ3台を認証条件に従って使用しようとする者は，原子力規制委員会の許可を受けなければならない。

C　1個当たりの数量が，3.7メガベクレルの密封されたセシウム137を装備した校正用線源のみ3個を使用しようとする者は，原子力規制委員会の許可を受けなければならない。

D　1個当たりの数量が，3.7メガベクレルの密封されたセシウム137を3個で1組として装備し，通常その1組をもって照射する機構を有するレベル計のみ1台を使用しようとする者は，原子力規制委員会の許可を受けなければならない。

1　ACDのみ　　　2　ABのみ　　　3　BCのみ　　　4　Dのみ
5　ABCDすべて

問4　許可又は届出の手続きに関する次の記述のうち，放射線障害防止法上正しいものの組合せはどれか。

A　陽電子放射断層撮影装置による画像診断に用いるための放射性同位元素を製造しようとする者は，工場又は事業所ごとに，原子力規制委員会の許可を受けなければならない。

B　直線加速装置（4メガ電子ボルトを超えるエネルギーを有する放射線を発生しないものに限る。）のみを業として賃貸しようとする者は，賃貸事業所ごとに，あらかじめ，原子力規制委員会に届け出なければならない。

C　表示付特定認証機器のみを業として販売しようとする者は，販売所ごとに，あらかじめ，原子力規制委員会に届け出なければならない。

D 放射性同位元素又は放射性汚染物を業として廃棄しようとする者は，廃棄事業所ごとに，原子力規制委員会の許可を受けなければならない。

1　ABCのみ　　2　ABのみ　　3　ADのみ　　4　CDのみ
5　BCDのみ

問 5 次の標識のうち，放射線障害防止法上定められているものの組合せはどれか。

A　排気設備　許可なくして触れることを禁ず
B　貯蔵箱　許可なくして触れることを禁ず
C　保管廃棄設備　許可なくして触れることを禁ず
D　放射性同位元素　許可なくして触れることを禁ず

1　ABCのみ　　2　ABのみ　　3　ADのみ　　4　CDのみ
5　BCDのみ

問 6 使用施設の技術上の基準に関して，密封された放射性同位元素を使用する場合に，その旨を自動的に表示する装置及びその室に人がみだりに入ることを防止するインターロックを設けなければならない放射性同位元素のそれぞれの数量として，放射線障害防止法上定められている数量の組合せは，次のうちどれか。

　　　＜自動表示装置＞　　　＜インターロック＞
1　400ギガベクレル　　　100テラベクレル
2　400ギガベクレル　　　10テラベクレル
3　100ギガベクレル　　　100テラベクレル
4　100ギガベクレル　　　10テラベクレル
5　100テラベクレル　　　3テラベクレル

問 7 使用施設の技術上の基準に関する次の記述のうち，放射線障害防止法上定められているものの組合せはどれか。

A　作業室の内部の壁，床その他放射性同位元素によって汚染されるおそれのある部分の表面は，平滑であり，気体又は液体が浸透しにくく，かつ，腐食しにくい材料で仕上げること。

B 作業室には，洗浄設備及び更衣設備を設け，汚染の検査のための放射線測定器及び汚染の除去に必要な器材を備えること。
C 作業室のとびら，窓等外部に通ずる部分には，かぎその他の閉鎖のための設備又は器具を設けること。
D 作業室の内部の壁，床その他放射性同位元素によって汚染されるおそれのある部分は，突起物，くぼみ及び仕上材の目地等のすきまの少ない構造とすること。

1 ABCのみ　　2 ABのみ　　3 ADのみ　　4 CDのみ
5 BCDのみ

問8 認証の基準に関する次の文章の A ～ D に該当する語句について，放射線障害防止法上定められているものの組合せは，下記の選択肢のうちどれか。

「原子力規制委員会又は登録認証機関は，設計認証又は特定設計認証の申請があった場合において，当該申請に係る A 並びに B に関する条件が，それぞれ原子力規制委員会規則で定める C に係る安全性の確保のための D の基準に適合していると認めるときは，設計認証又は特定設計認証をしなければならない。」

	A	B	C	D
1	設計	使用，保管及び運搬	被ばく	認証
2	設計	使用，保管及び運搬	放射線	技術上
3	設計	使用，保管及び廃棄	放射線	認証
4	構造	使用，保管及び廃棄	放射線	認証
5	構造	使用，保管及び運搬	被ばく	技術上

問9 次のうち，許可使用者の許可証に記載される事項として，放射線障害防止法上定められているものの組合せはどれか。

A 許可の条件　　　　　B 貯蔵施設の貯蔵能力
C 使用の目的　　　　　D 使用の方法

1 ABCのみ　　2 ABDのみ　　3 ACDのみ　　4 BCDのみ
5 ABCDすべて

問10 次のうち，液体状の放射性同位元素等を焼却炉で焼却する場合に設ける設備として，放射線障害防止法上定められているものの組合せはどれか。

A 汚染検査室　　B 廃棄作業室　　C 貯蔵室　　D 排気設備
1　ABCのみ　　2　ABDのみ　　3　ACDのみ　　4　BCDのみ
5　ABCDすべて

問11　新たに許可使用者となった者のうち，放射線障害防止法上，施設検査の対象となるものの組合せは，次のうちどれか。ただし，トリチウムの下限数量は1ギガベクレル，リン32の下限数量は100キロベクレルである。
A　密封されていないトリチウムのみを使用する者であって，1テラベクレルの貯蔵能力の貯蔵施設を有するもの
B　密封されていないリン32のみを使用する者であって，1テラベクレルの貯蔵能力の貯蔵施設を有するもの
C　5テラベクレルの密封されたセシウム137を装備した照射装置1台，5テラベクレルの密封されたイリジウム192を装備した照射装置1台を使用する者
D　1個当たりの数量が10テラベクレルの密封されたコバルト60を装備した照射装置1台を使用する者
1　AとB　　2　AとC　　3　BとC　　4　BとD　　5　CとD

問12　次のうち，特定設計認証を受けることができる放射性同位元素装備機器として，放射線障害防止法上定められているものの組合せはどれか。なお，これらの機器はその表面から10センチメートル離れた位置における1センチメートル線量当量率が1マイクロシーベルト毎時以下であるものとする。
A　煙感知器
B　レーダー受信部切替放電管
C　ガスクロマトグラフ用エレクトロン・キャプチャ・ディテクタ
D　集電式電位測定器
1　ABCのみ　　2　ABDのみ　　3　ACDのみ　　4　BCDのみ
5　ABCDすべて

問13　密封された放射性同位元素のみの使用をする特定許可使用者が受けなければならない定期検査の期間として，放射線障害防止法上定められているものはどれか。
1　設置時施設検査に合格した日又は前回の定期検査を受けた日から3年以内

2　設置時施設検査に合格した日又は前回の定期検査を受けた日から5年以内
3　前回の定期検査を受けた日から2年以内
4　設置時施設検査に合格した日から1年以内
5　設置時施設検査に合格した日から2年以内

問14　密封されていない放射性同位元素の使用の基準に関する次の記述のうち，放射線障害防止法上定められているものの組合せはどれか。

A　作業室での飲食及び喫煙を禁止すること。
B　作業室から退出するときは，人体及び作業衣，履物，保護具等人体に着用している物の表面の放射性同位元素による汚染を検査し，かつ，その汚染を除去すること。
C　作業室から放射性同位元素を持ち出すときは，容易に開封できない構造の容器に入れること。
D　放射性汚染物で，その表面の放射性同位元素の密度が原子力規制委員会が定める密度を超えているものは，みだりに管理区域から持ち出さないこと。

1　ABDのみ　　　2　ABのみ　　　3　ACのみ　　　4　CDのみ
5　BCDのみ

問15　使用の基準に関する次の記述のうち，放射線障害防止法上定められているものの組合せはどれか。

A　第14条の7第1項第7号に規定するインターロックを設けた室内で放射性同位元素又は放射線発生装置の使用をする場合には，搬入口，非常口等人が通常出入りしない出入口の扉を外部から開閉できないようにするための措置及び室内に閉じ込められた者が速やかに脱出できるようにするための措置を講ずること。
B　法第10条第6項の規定により，使用の場所の変更について原子力規制委員会に届け出て，400ギガベクレル以上の放射性同位元素を装備する放射性同位元素装備機器の使用をする場合には，当該機器に放射性同位元素の脱落を防止するための装置が備えられていること。
C　使用施設又は管理区域の目につきやすい場所に，放射線障害の防止に必要な注意事項を掲示すること。
D　密封された放射性同位元素を移動させて使用をする場合には，使用後直ちに，その放射性同位元素について紛失，漏えい等異常の有無を放射線測定器により点検し，異常が判明したときは，探査その他放射線障害を防止するために必要な措置を講ずること。

1　ABC のみ　　2　ABD のみ　　3　ACD のみ　　4　BCD のみ
5　ABCD すべて

問 16　保管の基準に関する次の記述のうち，放射線障害防止法上正しいものの組合せはどれか。
A　貯蔵箱（密封された放射性同位元素を耐火性の構造の容器に入れて保管する場合には，その容器）について，放射性同位元素の保管中これをみだりに持ち運ぶことができないようにするための措置を講じなければならない。
B　密封されていない放射性同位元素は，容器に入れ，かつ，貯蔵室又は貯蔵箱で保管しなければならない。
C　空気を汚染するおそれのある放射性同位元素を保管する場合には，貯蔵施設内の人が呼吸する空気中の放射性同位元素の濃度が，空気中濃度限度を超えないようにしなければならない。
D　液体状又は固体状の放射性同位元素を，き裂，破損等の事故の生ずるおそれのある容器に入れて保管する場合には，受皿，吸収材その他の施設又は器具を用いることにより，放射性同位元素による汚染の広がりを防止しなければならない。
1　ABC のみ　　2　ABD のみ　　3　ACD のみ　　4　BCD のみ
5　ABCD すべて

問 17　実効線量の算定に関する次の記述のうち，放射線障害防止法上正しいものの組合せはどれか。
A　累積実効線量の集計対象期間は，平成20年4月1日以後6年ごとに区分した各期間とすること。
B　累積実効線量を記録するような場合，外部被ばくによる実効線量と内部被ばくによる実効線量は合算しないこと。
C　内部被ばくによる実効線量を算定する場合，自然放射線による被ばくを含めること。
D　外部被ばくによる実効線量を算定する場合，1メガ電子ボルト未満のエネルギーを有する電子線及びエックス線による被ばくを含めること。
1　ACD のみ　　2　AB のみ　　3　BC のみ　　4　D のみ
5　ABCD すべて

問 18　A 型輸送物に係る技術上の基準に関する次の記述のうち，放射線障害防止法上定められているものの組合せはどれか。

A 構成部品は，摂氏零下20度から摂氏60度までの温度の範囲において，き裂，破損等の生じるおそれがないこと。ただし，運搬中に予想される温度の範囲が特定できる場合は，この限りでない。
B 外接する直方体の各辺が10センチメートル以上であること。
C 周囲の圧力を50キロパスカルとした場合に，放射性同位元素の漏えいがないこと。
D みだりに開封されないように，かつ，開封された場合に開封されたことが明らかになるように，容易に破れないシールのはり付け等の措置が講じられていること。

1 AとB　　2 AとC　　3 BとC　　4 BとD　　5 CとD

問19 密封された放射性同位元素のみを使用する許可使用者が，放射線障害予防規程に記載するべき事項として，放射線障害防止法上定められているものの組合せは，次のうちどれか。

A セキュリティに関すること。
B 放射線取扱主任者の代理者の選任に関すること。
C 使用施設等の変更の手続きに関すること。
D 放射線管理の状況の報告に関すること。

1 AとB　　2 AとC　　3 BとC　　4 BとD　　5 CとD

問20 教育訓練に関する次の記述のうち，放射線障害防止法上正しいものの組合せはどれか。ただし，対象者には，教育及び訓練の項目又は事項について十分な知識及び技能を有していると認められる者は，含まれていないものとする。

A 放射線業務従事者に対しては，初めて管理区域に立ち入る前及び管理区域に立ち入った後にあっては1年を超えない期間ごとに行わなければならない。
B 取扱等業務に従事する者であって，管理区域に立ち入らないものに対しては，取扱等業務を開始する前及び取扱等業務を開始した後にあっては1年を超えない期間ごとに行わなければならない。
C 放射線発生装置に係る管理区域に立ち入る者の特例により管理区域でないものとみなされる区域に立ち入る者に対しては，教育及び訓練を行うことを要しない。
D 見学のために管理区域に一時的に立ち入る者に対する教育及び訓練は，当該者が立ち入る放射線施設において放射線障害が発生することを防止するた

めに必要な事項について施さなければならないが，時間数は定められていない。
1 ABC のみ   2 ABD のみ   3 ACD のみ   4 BCD のみ
5 ABCD すべて

問 21 放射線業務従事者に対する健康診断に関する次の記述のうち，放射線障害防止法上正しいものの組合せはどれか。

A 初めて管理区域に立ち入る場合は，立ち入る前に行うこと。
B 放射性同位元素により表面密度限度を超えて皮膚が汚染され，その汚染を容易に除去することができないときは，遅滞なく，その者につき健康診断を行うこと。
C 実効線量限度又は等価線量限度を超えて放射線に被ばくし，又は被ばくしたおそれのあるときは，遅滞なく，その者につき健康診断を行うこと。
D 管理区域に立ち入った後の眼の検査又は検診は，医師が必要と認めた場合に限り行うこと。

1 ABC のみ   2 ABD のみ   3 ACD のみ   4 BCD のみ
5 ABCD すべて

問 22 合併等に関する次の文章の A ～ D に該当する語句について，放射線障害防止法上定められているものの組合せは，下記の選択肢のうちどれか。

「許可使用者である法人の合併の場合（許可使用者である法人と許可使用者でない法人とが合併する場合において，許可使用者である法人が A ）又は分割の場合（当該許可に係るすべての放射性同位元素又は放射線発生装置及び放射性汚染物並びに B 等を一体として承継させる場合に限る。）において，当該合併又は分割について原子力規制委員会の C を受けたときは，合併後存続する法人若しくは合併により設立された法人又は分割により当該放射性同位元素若しくは放射線発生装置及び放射性汚染物並びに B 等を D は，許可使用者の地位を承継する。」

	A	B	C	D
1	存続するときを除く。	使用施設	認可	一体として承継した法人
2	存続するときに限る。	放射線施設	認可	一体として承継した法人
3	存続するときに限る。	貯蔵施設	認可	承継した法人
4	存続するときを除く。	使用施設	許可	承継した法人
5	存続するときを除く。	放射線施設	許可	承継した法人

問 23 次のうち，密封されていない放射性同位元素のみを使用する許可使用者が備えるべき帳簿に記載しなければならない事項の細目として，放射線障害防止法上定められているものの組合せはどれか。
A 放射性同位元素等の受入れ又は払出しの年月日及びその相手方の氏名又は名称
B 貯蔵施設における放射性同位元素の保管の期間，方法及び場所
C 廃棄に係る放射性同位元素等を収納する容器の外形寸法，容積及び重量
D 工場又は事業所の外における放射性同位元素等の運搬の年月日，方法及び荷受人又は荷送人の氏名又は名称並びに運搬に従事する者の氏名又は運搬の委託先の氏名若しくは名称

1　ABDのみ　　2　ABのみ　　3　ACのみ　　4　CDのみ
5　BCDのみ

問 24 事故届に関する次の文章の　A　～　C　に該当する語句について，放射線障害防止法上定められているものの組合せは，下記の選択肢のうちどれか。

「許可届出使用者等（表示付認証機器使用者及び表示付認証機器使用者から運搬を委託された者を含む。）は，その所持する放射性同位元素について　A　その他の事故が生じたときは，遅滞なく，その旨を　B　又は　C　に届け出なければならない。」

	A	B	C
1	盗取，所在不明	原子力規制委員会	国土交通大臣
2	盗取，所在不明	国土交通大臣	都道府県公安委員会
3	破損，汚染	警察官	海上保安官
4	破損，汚染	原子力規制委員会	国土交通大臣
5	盗取，所在不明	警察官	海上保安官

問 25 使用の廃止等の届出に関する次の記述のうち，放射線障害防止法上正しいものの組合せはどれか。
A 許可使用者が，その業を廃止したときは，遅滞なく，その旨を原子力規制委員会に届け出なければならない。
B 届出使用者が，その届出に係る放射性同位元素のすべての使用を廃止したときは，遅滞なく，その旨を原子力規制委員会に届け出なければならない。
C 表示付認証機器届出使用者が，その届出に係る表示付認証機器のすべての使用を廃止したときは，遅滞なく，その旨を原子力規制委員会に届け出なけ

ればならない。
D　特定許可使用者が，その許可に係る放射性同位元素及び放射線発生装置のすべての使用を廃止するときは，あらかじめ，その旨を原子力規制委員会に届け出なければならない。
1　ABCのみ　　2　ABのみ　　3　BCのみ　　4　Dのみ
5　ABCDすべて

問26 所持の制限に関する次の記述のうち，放射線障害防止法上正しいものの組合せはどれか。
A　放射性同位元素のみを使用している特定許可使用者が，使用を廃止したときは，使用を廃止した日に所持していた放射性同位元素を使用の廃止の日から30日間，所持することができる。
B　許可を取り消された許可使用者は，その許可を取り消された日に所持していた放射性同位元素を，許可を取り消された日から30日間，所持することができる。
C　許可使用者から放射性同位元素の運搬を委託された者は，その運搬の委託を受けた放射性同位元素を，委託を受けた日から荷受人に引き渡すまでの間，所持することができる。
D　届出販売業者が，放射性同位元素の運搬を委託された場合は，その届け出た種類の放射性同位元素以外であっても，運搬のために所持することができる。
1　ABCのみ　　2　ABのみ　　3　ADのみ　　4　CDのみ
5　BCDのみ

問27 放射線取扱主任者及び放射線取扱主任者の代理者の選任等に関する次の記述のうち，放射線障害防止法上正しいものの組合せはどれか。
A　放射性同位元素を業として販売するため原子力規制委員会に届け出た届出販売業者は，放射性同位元素の販売の業を開始するまでに放射線取扱主任者の選任をしなければならない。
B　放射線取扱主任者が職務を行うことができない場合において，その職務を行うことができない期間中放射性同位元素の使用をしようとするとき，その期間が30日間に満たない場合には，放射線取扱主任者の代理者の選任を要しない。
C　許可を受けている事業所内で複数の使用施設を有する特定許可使用者は，使用施設ごとに放射線取扱主任者を選任しなければならない。

D 表示付認証機器のみを使用する表示付認証機器届出使用者は，放射線取扱主任者の選任を要しない。

1 AとB　　2 AとC　　3 AとD　　4 BとC　　5 BとD

問28 放射線取扱主任者の義務等に関する次の文章の A ～ C に該当する語句について，放射線障害防止法上定められているものの組合せは，下記の選択肢のうちどれか。

「放射線取扱主任者は，誠実にその職務を遂行しなければならない。

2　使用施設，廃棄物詰替施設，貯蔵施設，廃棄物貯蔵施設又は廃棄施設に A は，放射線取扱主任者をこの法律若しくはこの法律に基づく命令又は B を確保するためにする指示に従わなければならない。

3　前項に定めるもののほか，許可届出使用者，届出販売業者，届出賃貸業者及び許可廃棄業者は，放射線障害の防止に関し，放射線取扱主任者の意見を C しなければならない。」

	A	B	C
1	立ち入る者	放射線障害予防規程の実施	尊重
2	立ち入る者	放射線施設の安全	尊重
3	立ち入る者	放射線施設の安全	確認
4	立ち入る放射線業務従事者	放射線施設の安全	尊重
5	立ち入る放射線業務従事者	放射線障害予防規程の実施	確認

問29 定期講習に関する次の記述のうち，放射線障害防止法上正しいものの組合せはどれか。

A 特定許可使用者は，これまで定期講習を受けたことのない者を放射線取扱主任者に選任した場合には，選任した日から1年以内に定期講習を受けさせなければならない。

B 表示付認証機器のみを業として販売する届出販売業者は，放射線取扱主任者に定期講習を受けさせることを要しない。

C 放射性同位元素等の運搬を行わない届出賃貸業者は，放射線取扱主任者に対し，選任した日から3年以内に定期講習を受けさせなければならない。

D 許可使用者は，放射線取扱主任者に前回の定期講習を受けた日から5年以内に定期講習を受けさせなければならない。

1 ACDのみ　　2 ABのみ　　3 ACのみ　　4 BDのみ
5 BCDのみ

問 30 報告の徴収に関する次の記述のうち，放射線障害防止法上正しいものの組合せはどれか。

A 許可使用者は，毎年3月31日に所持している特定放射性同位元素について，特定放射性同位元素の所持に係る報告書により同日の翌日から起算して3月以内に原子力規制委員会に報告しなければならない。

B 許可使用者から運搬を委託された者は，放射性同位元素の盗取又は所在不明が生じたときは，その旨を直ちに，その状況及びそれに対する処置を10日以内に原子力規制委員会に報告しなければならない。

C 許可使用者は，使用施設内の人が常時立ち入る場所において人が被ばくするおそれのある線量が，原子力規制委員会が定める線量限度を超え，又は超えるおそれがあるとき，その旨を直ちに，その状況及びそれに対する処置を10日以内に原子力規制委員会に報告しなければならない。

D 許可使用者は，放射線業務従事者について実効線量限度若しくは等価線量限度を超え，又は超えるおそれのある被ばくがあったときは，その旨を直ちに，その状況及びそれに対する処置を10日以内に原子力規制委員会に報告しなければならない。

1 ABCのみ　　2 ABDのみ　　3 ACDのみ　　4 BCDのみ
5 ABCDすべて

第1回 解答一覧

物化生

問1 解答

Ⅰ　A − 4（光電効果）　　　B − 6（コンプトン効果）
　　C − 11（電子対生成）　　D − 8（Z^5）　　E − 6（Z^2）

Ⅱ　F − 2（線減弱係数）　　G − 12（体積）　　H − 6（平均自由行程）
　　I − 2（質量減弱係数）　J − 8（物質）
　　ア − 2（$\frac{Z}{A}$）

Ⅲ　K − 3（エネルギー転移係数）　　L − 4（エネルギー吸収係数）
　　M − 11（コンプトン効果）
　　イ − 5（$\left(1-\frac{\delta}{E_\gamma}\right)$）　ウ − 1（$\frac{\overline{E}}{E_\gamma}$）　エ − 8（$\left(1-\frac{2m_0c^2}{E_\gamma}\right)$）
　　オ − 5（$1-g$）　　カ − 6（2.4×10^{-1}）

問2 解答

Ⅰ　A − 5（ヘリウム原子核）　B − 8（Q値）
　　C − 2（質量欠損）　　　　D − 7（線スペクトル）
　　ア − 10（4.9）　　　　　　イ − 9（4.8）

Ⅱ　E − 3（電子捕獲）　　　　F − 2（中性子）
　　G − 1（陽子）　　　　　　H − 4（陽電子）
　　I − 8（1つ減少する）　　　J − 9（変わらない）
　　K − 2（異なる）　　　　　L − 9（$(X-Y-2m_0)c^2$）
　　M − 1（陽子）　　　　　　N − 8（特性X線）
　　O − 13（$E_K - 2E_L$）

Ⅲ　P − 2（核異性体転移）　　Q − 1（内部転換）
　　R − 8（線スペクトル）

問3 解答

Ⅰ　A − 3（電子）　　　　　B − 8（質量数）　　C − 1（原子）
　　D − 10（同位体）
　　ア − 3（10^{-10}）　　　イ − 1（1.7×10^{-24}）

Ⅱ　E − 6（12）　　　　　　F − 2（β^-）　　　G − 4（EC）
　　H − 6（40.0）　　　　　I − 6（Cs）　　　　J − 14（Sr）
　　ウ − 3（1価の陽イオン）　エ − 2（2価の陽イオン）

第1回 解答一覧

Ⅲ　K − 4（1価の陰イオン）　　L − 5（^{127}I）　　　M − 9（^{131}I）
　　N − 2（Te）　　　　　　　O − 8（Xe）　　　　P − 2（Te）

問 4 解答

Ⅰ　A − 2（^{235}U）　　　　　　B − 3（^{238}U）　　　C − 6（^{239}Pu）
　　D − 4（質量数）　　　　　　E − 3（原子番号）　　F − 7（超ウラン元素）
　　G − 8（ラジウム）　　　　　H − 5（アクチニウム）
Ⅱ　I − 4（同族元素）　　　　　J − 6（担体）　　　　K − 9（生成・減衰）
　　L − 4（バリウム）　　　　　M − 5（ランタン）　　N − 4（バリウム）
　　ア − 3（Cs）　　　　　　　イ − 4（La）　　　　ウ − 2（Ce）

問 5 解答

Ⅰ　A − 3（前駆）　　　　　　　B − 1（潜伏）　　　　C − 12（骨髄）
　　D − 8（腸管）
Ⅱ　E − 3（死）　　　　　　　　F − 6（しきい線量）　G − 8（高い）
　　H − 12（0.5）　　　　　　　I − 14（6）　　　　　J − 11（0.15）
　　K − 8（高い）
Ⅲ　L − 1（確率的影響）　　　　M − 5（長い）
　　N − 2（確定的影響）　　　　O − 8（水晶体）　　　P − 2（生殖細胞）
　　Q − 3（直接）　　　　　　　R − 7（低）　　　　　S − 7（低）
　　T − 10（1）

問 6 解答

Ⅰ　A − 3（壊死（ネクローシス））　　B − 2（アポトーシス）
　　C − 6（スメア状）　　　　　　　D − 5（梯子状（ラダー状））
　　E − 9（細胞増殖能）　　　　　　F − 13（巨細胞）
　　G − 1（老化（セネッセンス））
Ⅱ　H − 6（コロニー形成法）　　　　I − 3（コロニー数）
　　J − 14（50）　　　　　　　　　K − 9（コロニー形成率）
　　L − 9（コロニー形成率）　　　　M − 9（コロニー形成率）
　　N − 11（対数目盛）　　　　　　O − 10（線形目盛）
Ⅲ　P − 2（低LET放射線）　　　　　Q − 8（高）
　　R − 6（亜致死損傷回復）　　　　S − 9（低）
　　T − 3（潜在的致死損傷回復）

物理学

問1	問2	問3	問4	問5	問6	問7	問8	問9	問10
2	1	4	2	3	2	3	2	3	3
問11	問12	問13	問14	問15	問16	問17	問18	問19	問20
5	2	5	3	3	5	4	5	5	2
問21	問22	問23	問24	問25	問26	問27	問28	問29	問30
2	4	1	4	3	1	1	2	5	1

化学

問1	問2	問3	問4	問5	問6	問7	問8	問9	問10
2	2	5	4	3	2	5	4	2	4
問11	問12	問13	問14	問15	問16	問17	問18	問19	問20
3	1	2	4	4	1	4	2	5	1
問21	問22	問23	問24	問25	問26	問27	問28	問29	問30
4	4	3	5	1	3	2	5	5	5

管理測定技術

問1 解答

Ⅰ　A－9（壊変）　　　　B－4（標準線源）　　C－12（絶対）
　　D－1（定立体角）　　E－11（相対）
　　F－13（全吸収ピーク）

Ⅱ　G－7（定立体角）　　H－1（後方散乱）　　I－2（自己吸収）
　　J－3（$2\pi\beta$計数管）　　K－8（偶発同時）
　　L－4（$4\pi\beta$計数管）

　　ア－2　$\left(\dfrac{1}{2}\left(1-\dfrac{d}{\sqrt{d^2+R^2}}\right)\right)$　　イ－4　$\left(\dfrac{n_C}{n_\gamma}\right)$

　　ウ－5　$\left(\dfrac{n_C}{n_\beta}\right)$　　エ－6　$\left(\dfrac{n_\beta \cdot n_\gamma}{n_C}\right)$

第1回 解答一覧

　　オ－13 ($2\tau \cdot n_\beta \cdot n_\gamma$)

問2 解答

Ⅰ　A－3（任意の）　　B－3（任意の）　　C－12（熱量計）
　　D－5（イオン対）　E－15（再結合）　F－9（飽和）
　　ア－2（0.24）

Ⅱ　G－2（壁物質）　　H－10（電気素量）　I－8（平均質量阻止能）
　　J－2（壁物質）　　K－1（空洞気体）　L－5（飛程）
　　M－4（粒子束）　　N－7（電子平衡）　O－3（組織等価物質）
　　P－6（質量エネルギー吸収係数）
　　イ－3（0.38）

問3 解答

Ⅰ　A－2（18.6keV）　　B－5（液体シンチレーション計数装置）
　　C－9（蒸気圧）　　D－2（水素ガス）　E－3（OH）

Ⅱ　F－4（1.71MeV）　　G－6（10mm厚のアクリル板）
　　H－9（リングバッジ）　I－2（チェレンコフ光）
　　J－7（カルシウム）

Ⅲ　K－2（ラジオイムノアッセイ）　L－5（酸性）
　　M－11（半減期が短い）　　　N－3（有機アミン添着活性炭）

Ⅳ　O－1（10MBq·L^{-1}以下）　P－7（乳化シンチレータ）
　　Q－11（紫外・可視光の吸収）　R－1（pHを低く保つ）
　　S－7（自己放射線分解）

問4 解答

Ⅰ　A－3（87.5）　　B－5（^{32}P）　　C－9（カルシウム）
　　D－10（S^{2-}）

Ⅱ　E－1（アクリル樹脂）　F－5（制動放射線）　G－7（GM管式）
　　H－11（非固着性）　　I－15（チェレンコフ光）
　　J－2（^{14}Cと^{35}S）　K－5（β線の最大エネルギー）

Ⅲ　L－4（3.9）　　M－2（2.2）　　N－9（20.0）

Ⅳ　O－1（最大エネルギー）
　　P－5（イメージングプレート像の高解像度化）
　　Q－2（ラジオイムノアッセイ）　　R－4（^{125}I）

問5 解答

Ⅰ　A－3（^{133}Xe）　　B－4（ガス捕集用電離箱）
　　C－7（シリカゲル）　D－9（水バブラー）
　　E－12（コールドトラップ）　F－6（活性炭カートリッジ）

	G－1（^{60}Co）	H－3（捕集）	I－4（捕集時間）
II	J－2（β^-壊変）	K－7（^{3}H）	L－2（I_2）
	M－5（酸性）	N－9（^{131m}Xe）	
III	O－11（空気）	P－1（呼吸）	
	Q－7（ヨウ化カリウム）	R－2（飲水）	
	S－8（利尿剤）	T－10（D－ペニシラミン）	

問6 解答

	A－3（確定的影響）	B－2（確率的影響）	C－9（重篤度）
I	D－10（発生頻度）	E－7（皮膚炎）	F－8（白内障）
	G－5（早く）	H－4（遅く）	I－13（奇形）
	J－15（皮膚）	K－14（眼の水晶体）	
	ア－3（0.25）	イ－2（0.15）	
II	L－2（放射線加重（荷重）係数）		M－3（20）
	N－1（α線）	O－3（有効半減期）	
	P－1（物理的半減期）	Q－2（生物学的半減期）	

生物学

問1	問2	問3	問4	問5	問6	問7	問8	問9	問10
2	4	1	3	4	5	1	4	1	2
問11	問12	問13	問14	問15	問16	問17	問18	問19	問20
3	5	5	2	1	5	1	2	2	1
問21	問22	問23	問24	問25	問26	問27	問28	問29	問30
2	3	1	2	3	4	5	4	1	4

法令

問1	問2	問3	問4	問5	問6	問7	問8	問9	問10
3	2	5	3	4	3	3	5	5	2
問11	問12	問13	問14	問15	問16	問17	問18	問19	問20
2	1	3	3	5	2	2	3	2	4
問21	問22	問23	問24	問25	問26	問27	問28	問29	問30
3	5	5	1	4	5	4	1	4	5

第 2 回 解答一覧

物化生

問 1 解答

I　A － 4 （ローレンツ力）　　B － 6 （遠心力）　　C － 8 （非相対論）
　　D － 3 （サイクロトロン）　E － 8 （ディー）

　　ア － 3 （$zevB$）　　イ － 8 （$\dfrac{Mv^2}{r}$）　　ウ － 3 （$\dfrac{2\pi M}{zeB}$）

　　エ － 7 （$\dfrac{(BzeR)^2}{2M}$）　　オ － 6 （48）

II　F － 4 （反応エネルギー）　G － 8 （発熱）　　H － 7 （吸熱）
　　I － 5 （しきいエネルギー）　J － 1 （吸熱）　　K － 11 （中性子）

　　カ － 3 （$\dfrac{a}{a+A}$）　　キ － 1 （$\dfrac{a+A}{A}$）　　ク － 5 （－3.13）

　　ケ － 13 （3.25）

問 2 解答

I　A － 11 （^{238}U）　　B － 10 （^{235}U）　　C － 2 （核分裂）
　　D － 8 （中性子）　　　E － 7 （陽子）　　　　F － 8 （中性子）
　　ア － 1 （51）

II　G － 9 （^{137m}Ba）　　H － 8 （^{137}Ba）　　I － 1 （基底）
　　J － 2 （励起）　　　　K － 8 （核異性体転移）　L － 5 （内部転換）
　　M － 5 （内部転換）

　　イ － 8 （2.1×10^8）　ウ － 5 （4.5×10^7）　エ － 2 （75）

問 3 解答

I　A － 1 （$\lambda_1 N_1$）　　B － 10 （$\dfrac{\lambda_1}{\lambda_2 - \lambda_1}$）

　　C － 5 （$\lambda_1 t$）　　D － 12 （$\dfrac{\lambda_2}{\lambda_2 - \lambda_1}$）

II　E － 4 （$\dfrac{t}{T_2}$）　　F － 2 （$\lambda_2 t$）　　G － 4 （0.50）

　　H － 5 （0.75）　　I － 3 （28.8）　　J － 7 （^{90}Zr）
　　K － 5 （^{90}Y）　　L － 3 （^{90}Sr）　　M － 3 （^{90}Sr）
　　N － 4 （^{89}Y）

　　ア － 3 （3.9）　　イ － 3 （11）　　ウ － 1 （イットリウム）

エー4（ストロンチウム）　　　オー2（ミルキング）
カー2（2.7）

問4 解答

I　A－15（^{60}Ni）　B－7（^{57}Fe）　C－4（^{56}Mn）
　　D－5（^{54}Fe）
　　アー3（β^-）　イー6（(p, α)）　ウー8（(α, 2n)）
II　E－2（0.5）　F－12（λt）　G－6（1.5）
III　H－1（陽イオン交換樹脂）　I－2（陰イオン交換樹脂）
　　J－4（クロロ錯イオン）　K－1（Fe）
　　L－3（ジイソプロピルエーテル）
IV　M－2（0.1）

問5 解答

I　A－3（励起）　B－4（電離）
　　C－6（ヒドロキシルラジカル（・OH））　D－9（水和電子）
　　E－3（間接作用）　F－6（γ線）　G－8（増感剤）
　　H－7（防護剤）　I－3（OER）　J－8（アルコール）
　　K－2（正常組織）　L－1（腫瘍組織）
II　M－1（LET）　N－7（α線）　O－11（直接作用）
　　P－3（陽子線）　Q－6（ブラッグピーク）
　　R－10（放射線抵抗性）　S－13（減弱）

問6 解答

I　A－3（LET）　B－1（RBE）　C－8（100〜200）
　　D－11（小さい）　E－4（SLD）
II　F－2（スカベンジャー）　G－4（グルタチオン）
　　H－9（50〜80）　I－12（小さい）　J－14（間接作用）
　　K－12（小さい）
III　L－2（大きい）　M－4（修復されにくい）　N－6（OER）
　　O－11（2〜3）　P－1（小さい）
IV　Q－1（高い）　R－2（低い）　S－1（高い）
　　T－4（PLD）

物理学

問1	問2	問3	問4	問5	問6	問7	問8	問9	問10
2	2	3	4	1	1	5	2	4	2
問11	問12	問13	問14	問15	問16	問17	問18	問19	問20
2	1	4	4	4	5	3	4	3	5
問21	問22	問23	問24	問25	問26	問27	問28	問29	問30
1	2	2	1	2	5	1	5	1	2

化学

問1	問2	問3	問4	問5	問6	問7	問8	問9	問10
5	3	4	3	2	3	1	4	3	5
問11	問12	問13	問14	問15	問16	問17	問18	問19	問20
5	2	5	2	4	2	3	3	4	2
問21	問22	問23	問24	問25	問26	問27	問28	問29	問30
2	2	5	2	4	4	3	5	3	4

管理測定技術

問1 解答

Ⅰ　A－13（電離）　　　B－2（電離箱）　　　C－3（比例計数管）
　　D－7（電子）　　　　E－11（ガス増幅）
　　F－10（エネルギー）

Ⅱ　G－6（電離）　　　H－1（紫外線）　　　I－2（電子）
　　J－3（陽イオン）　　K－13（内部消滅）　L－10（有機ガス）
　　M－11（分解）　　　N－14（外部消滅）

Ⅲ　O－2（回復時間）　　P－4（分解時間）　　Q－5（二線源法）
　　R－11（窒息）
　　ア－3（10^{-4}）　　イ－6（$t-Nq$）

問2 解答

Ⅰ　A－9（3.5）　　　　　B－3（放射能濃度）
　　C－4（表面汚染密度）　D－10（ろ紙）　　　E－1（通気型電離箱）
　　F－5（遊離性）
Ⅱ　G－3（比例計数管）　　H－9（PRガス）　　　I－6（ZnS(Ag)）
　　J－6（ダイオード）　　K－1（逆方向）　　　L－9（空乏層）
　　M－12（波高弁別）
Ⅲ　N－3（機器）　　　　　O－2（線源）　　　　P－6（自己吸収）
　　Q－12（4.0）　　　　　R－6（ふき取った部分）　S－2（大きく）

問3 解答

Ⅰ　A－2（HCl）　　　　　B－5（CO_2）　　　C－8（H_2）
　　D－5（HCl）　　　　　E－1（H_2S）　　　F－7（酸性）
　　ア－4（900）
Ⅱ　G－3（シリカゲル）　　H－4（パラジウム触媒）　I－2（活性炭）
　　J－1（トリエチレンジアミン）　　　　　　　　K－2（アルカリ性）
Ⅲ　L－4（99.97）　　　　M－7（活性炭）　　　N－11（^{222}Rn）
　　O－10（^{220}Rn）　　P－15（3.8日）　　　Q－12（56秒）

問4 解答

Ⅰ　A－4（20）　　　　　　B－2（2.0）　　　　C－3（N_2）
　　D－1（H_2O）　　　　E－3（N_2）　　　F－3（1.5）
　　G－5（2.0）　　　　　H－1（$R(p) > R(d) > R(\alpha)$）
　　I－4（3.6×10^5）　J－3（中性子）　　K－3（^{41}Ar）
Ⅱ　L－2（少ない）　　　　M－3（0.51）　　　　N－7（3.5×10^6）
　　O－4（8.7×10^{14}）　P－8（1以下）　Q－2（化学）
　　R－3（液体クロマトグラフ）　　　　　　　　S－7（サブマージョン）

問5 解答

Ⅰ　A－2（吸収）　　　　　B－6（放射線）　　　C－3（等価）
　　D－8（組織）　　　　　E－11（1）
Ⅱ　F－2（下回らない）　　G－4（国際放射線単位測定委員会）
Ⅲ　H－3（ICRU）　　　　　I－10（30）
　　J－13（30cm×30cm×15cm）　　　　　　　　K－6（10）
　　L－1（周辺）　　　　　M－11（10）
　　N－3（個人）　　　　　O－6（1センチメートル）
　　P－7（0.07）　　　　　Q－2（方向性）　　　R－3（個人）
　　S－11（10）　　　　　T－15（空気カーマ）

問 6 解答

Ⅰ　A－2（天然放射性）　　　B－3（原始放射性）
　　C－4（宇宙線生成）　　　D－4（^{40}K）　　　E－2（^{14}C）
　　F－4（2）

Ⅱ　G－4（実効線量係数）　　H－8（預託実効線量）
　　I－2（ホールボディカウンタ）　　　　　J－7（γ線）
　　K－8（高い）　　　L－6（β線）　　　M－13（排泄率）
　　N－10（呼吸率）

Ⅲ　O－4（8日）　　　P－3（7日）　　　Q－11（30年）
　　R－6（100日）　　S－6（カリウム）
　　T－3（プルシアンブルー）

生物学

問1	問2	問3	問4	問5	問6	問7	問8	問9	問10
3	2	1	2	5	3	4	3	5	2
問11	問12	問13	問14	問15	問16	問17	問18	問19	問20
1	3	3	2	5	4	3	3	5	1
問21	問22	問23	問24	問25	問26	問27	問28	問29	問30
2	2	3	5	4	5	5	3	5	5

法令

問1	問2	問3	問4	問5	問6	問7	問8	問9	問10
1	1	4	3	2	1	3	2	1	2
問11	問12	問13	問14	問15	問16	問17	問18	問19	問20
4	2	2	1	5	5	4	4	4	2
問21	問22	問23	問24	問25	問26	問27	問28	問29	問30
5	1	1	5	1	1	3	1	2	5

第1回 解答解説

物化生

問1 解答

Ⅰ　A－4（光電効果）　　　B－6（コンプトン効果）
　　C－11（電子対生成）　　D－8（Z^5）　　E－6（Z^2）

Ⅱ　F－2（線減弱係数）　　G－12（体積）　　H－6（平均自由行程）
　　I－2（質量減弱係数）　　J－8（物質）

　　ア－2（$\frac{Z}{A}$）

Ⅲ　K－3（エネルギー転移係数）　　L－4（エネルギー吸収係数）
　　M－11（コンプトン効果）

　　イ－5（$\left(1-\frac{\delta}{E_\gamma}\right)$）　　ウ－1（$\frac{\overline{E}}{E_\gamma}$）　　エ－8（$\left(1-\frac{2m_0c^2}{E_\gamma}\right)$）

　　オ－5（$1-g$）　　カ－6（2.4×10^{-1}）

問1 解説

Ⅰ　物質中に入射した光は，主として光電効果，コンプトン効果，電子対生成の3つの過程により減衰します。光電効果の原子断面積 σ_a は物質の原子番号 Z と光子エネルギー E_γ に依存し，おおよそ $\sigma_a \propto Z^5 \cdot E_\gamma^{-3.5}$ です。E_γ の肩の指数がマイナスですから，光電効果は低エネルギー光子が原子番号の大きい物質に入射したときに寄与が大きくなります。また，コンプトン効果は電子との散乱過程ですので，その原子断面積 σ_b は1原子当たりの電子数に比例します。さらに，電子対生成の原子断面積 σ_c は Z^2 に比例し，しきい値以上では光子エネルギーが高くなるほど大きくなります。

Ⅱ　よくコリメートされた（つまり，放射線が一方向から平行に進行している状態になった）細い光子束が物質に入射したとき，光子フルエンス Φ の物質内の厚さ dx での減衰は，μ を定数として

$$-\frac{d\Phi}{dx} = \mu\Phi$$

で表されます。物質の厚さを x，入射光子フルエンスを Φ_0 とすると，指数的減衰関数の形で，

$$\Phi = \Phi_0 e^{-\mu x}$$

となり，この μ を線減弱係数と呼びます。ある物質の光子との相互作用に関

する線減弱係数は，その相互作用に対する原子断面積に物質の単位体積当たりの原子数 N を乗じたもので，線減弱係数の逆数を平均自由行程といいます。線減弱係数を物質の密度 ρ で割った値 μ/ρ が質量減弱係数で，物質の状態によらず物質固有の値として扱えます。また，コンプトン効果に対する質量減弱係数については，まずその原子断面積が原子番号 Z に比例しますので，線減弱係数のコンプトン効果成分 μ_b は，C を定数として CZN と表せます。原子質量単位を u とすると，原子 1 個の質量はおよそ uA と表せますので，質量減弱係数のコンプトン効果成分 μ_{mb} は，次のようになります。

$$\mu_{mb} = \mu_b/\rho = CZN/(uAN) = (C/u)/(Z/A)$$

つまり，物質の原子番号 Z と質量数 A を用いて表すとき $\dfrac{Z}{A}$ に比例する量となり，水素を除いて物質にあまり依存しないことが示されます。

平均自由行程とは，光子が物質に入射して最初に相互作用を起こすまでの通過距離のことで，それまでは「自由」であるということです。

Ⅲ 線減弱係数や質量減弱係数は，光子の物質中での減衰を扱う場合に重要ですが，光子による物質へのエネルギー付与やその結果生じる効果など，エネルギー伝達を扱う場合には，エネルギー転移係数やエネルギー吸収係数で考えます。特性 X 線として持ち去られる平均エネルギーを δ，コンプトン効果において放出される二次電子の平均エネルギーを $\overline{E}$，電子の静止質量を m_0c^2 とすると，エネルギー転移係数 μ_1 は，Ⅰで述べた 3 つの過程の断面積を用いて，次のようになります。

$$\mu_1 = \left\{\left(1 - \frac{\delta}{E_\gamma}\right)\sigma_a + \left(\frac{\overline{E}}{E_\gamma}\right)\sigma_b + \left(1 - \frac{2m_0c^2}{E_\gamma}\right)\sigma_c\right\}N$$

つまり，全入射光子エネルギーのうち，どのくらいのエネルギーが相互作用により生成された二次電子の運動エネルギーに変換されるかの割合を示すパラメータとなります。エネルギー吸収係数 μ_2 は，二次電子の運動エネルギーのうち制動放射線として失われるエネルギーの割合を g とすると，次のようになります。

$$\mu_2 = \mu_1(1-g)$$

光子エネルギーが低く，通過する物質が空気や軟組織などの低原子番号物質のときは，ほぼ $\mu_2 = \mu_1$ の関係が成立します。

これらのパラメータを用いて，0.5 MeV 光子が軟組織に入射する場合の軟組織に付与されるエネルギーについて考えます。まず 0.5 MeV 光子と軟組織の相互作用の大部分は，コンプトン効果で相互作用の結果発生する二次電子が軟組

織にエネルギーを付与します。軟組織中のある場所での光子フルエンスが $1.0 \times 10^{15} \mathrm{m}^{-2}$ であれば，$1\mathrm{eV} = 1.6 \times 10^{-19} \mathrm{J}$ ですので，エネルギーフルエンスは次のようになります。

$$0.5 \times 10^6 \mathrm{eV} \times 1.6 \times 10^{-19} \mathrm{J/eV} \times 1.0 \times 10^{15} \mathrm{m}^{-2} = 8.0 \times 10^1 \mathrm{J \cdot m^{-2}}$$

この結果と，軟組織のエネルギー吸収係数とその密度の比 $\mu_2/\rho = 0.003 \mathrm{m}^2 \cdot \mathrm{kg}^{-1}$ を用いれば，次のように求まります。

$$8.0 \times 10^1 \mathrm{J \cdot m^{-2}} \times 0.003 \mathrm{m}^2 \cdot \mathrm{kg}^{-1} = 2.4 \times 10^{-1} \mathrm{J \cdot kg^{-1}}$$

問2 解答

Ⅰ　A－5（ヘリウム原子核）　　B－8（Q 値）
　　C－2（質量欠損）　　　　　D－7（線スペクトル）
　　ア－10（4.9）　　　　　　　イ－9（4.8）

Ⅱ　E－3（電子捕獲）　　　　　F－2（中性子）
　　G－1（陽子）　　　　　　　H－4（陽電子）
　　I－8（1つ減少する）　　　J－9（変わらない）
　　K－2（異なる）　　　　　　L－9（$(X-Y-2m_0)c^2$）
　　M－1（陽子）　　　　　　　N－8（特性X線）
　　O－13（$E_K - 2E_L$）

Ⅲ　P－2（核異性体転移）　　　Q－1（内部転換）
　　R－8（線スペクトル）

問2 解説

Ⅰ　α 壊変は，原子核が α 粒子（ヘリウム原子核）を放出してより小さい原子核に壊変する現象ですね。一部の例外を除いて質量数が200以上の重い原子核で起こります。α 壊変に伴い放出されるエネルギー，すなわち壊変エネルギーは Q 値と呼ばれ，親核，生成核ならびに α 粒子の質量欠損から求められます。このエネルギーが生成核および α 粒子に運動量を保存するように分配されるために，α 粒子のエネルギーは分布を持たないことから線スペクトルを示します。

　反応（$^{226}\mathrm{Ra} \rightarrow {}^{222}\mathrm{Rn} + \alpha$）の Q 値を求めると，3種の核の結合エネルギーをそれぞれ E_Ra，E_Rn，E_α とし，反応後の結合エネルギーの和から反応前のそれを引いて，

$$Q = E_\mathrm{Rn} + E_\alpha - E_\mathrm{Ra} = 1708.2 + 28.3 - 1731.6 = 4.9 \mathrm{MeV}$$

　また，α 粒子の運動エネルギーを K_α とすると，そのエネルギーは $Q = 4.9 \mathrm{MeV}$ が，質量に反比例して2つの生成核（$^{222}\mathrm{Rn}$ と α）に配分されますので，

$$K_\alpha = 4.9 \times \frac{222}{222+4} = 4.8 \text{MeV}$$

II β 壊変には，β^- 壊変，β^+ 壊変および電子捕獲があって，いずれも弱い相互作用によって起こります。

　β^- 壊変では原子核内に相対的に中性子が多いことで，その中性子が陽子に変わり，電子と反ニュートリノが放出されます。

　β^+ 壊変では，相対的に陽子が多い原子核において，陽子が中性子に変わって陽電子とニュートリノが放出されます。その結果，生成核の原子番号は1つ減少しますが，その質量数は変わりません。陽電子のエネルギー分布も連続分布で，その分布の形状が β^- 線のエネルギー分布とは異なります。β^+ 壊変における親核の質量を X，生成核の質量を Y とすると，壊変エネルギーは，反応前後の質量差に c^2 をかけたものとなり，原子番号が変化することと陽電子が放出されることから $(X-Y-2m_0)c^2$ となります。

　電子捕獲は，原子核の陽子が軌道電子と結合して中性子になり，ニュートリノを放出する現象です。これにより，電子軌道に空孔が生じ，そこへ外側の軌道の電子が遷移した場合には，特性X線またはオージェ電子が放出されます。電子捕獲は最内殻のK殻で起こりやすく，これが起こった場合，K軌道およびL軌道における電子の結合エネルギーを E_K および E_L とすれば，特性X線のエネルギーは両軌道の結合エネルギーの差 $E_K - E_L$ になりますが，この特性X線に追い出される形のオージェ電子のエネルギーは特性X線のエネルギーからさらにL軌道の結合エネルギーの分だけ低くなって，$E_K - E_L - E_L = E_K - 2E_L$ となります。

III α 壊変や β 壊変後の生成核は励起状態にある場合が多いのですが，そのような場合に，γ 放射が起こります。励起状態の核種がより安定になるため γ 線を放出してエネルギーのより低い状態へ変化する現象のことです。γ 放射において，核子の構成に変化はありません。また，励起状態からの移行は一般に瞬時に起こりますが，その励起状態の寿命が測定できるほど長い場合を核異性体転移といいます。また，その γ 線が軌道電子にエネルギーを与えて，軌道電子を放出する過程を内部転換といい，放出される電子を内部転換電子といいます。内部転換電子はそれまでに存在していた軌道の結合エネルギーの分のエネルギーを持ちますので，そのエネルギー分布は単一分布であって線スペクトルを示します。

問3 解答
I　A－3（電子）　　B－8（質量数）　　C－1（原子）
　　D－10（同位体）
　　ア－3（10^{-10}）　　イ－1（1.7×10^{-24}）
II　E－6（12）　　F－2（β^-）　　G－4（EC）
　　H－6（40.0）　　I－6（Cs）　　J－14（Sr）
　　ウ－3（1価の陽イオン）　　エ－2（2価の陽イオン）
III　K－4（1価の陰イオン）　　L－5（^{127}I）　　M－9（^{131}I）
　　N－2（Te）　　O－8（Xe）　　P－2（Te）

問3 解説
I　原子の大きさは（電子の広がりで表されて）10^{-10} m程度で，原子の中心には，さらにその数万分の1の大きさ（$10^{-15} \sim 10^{-14}$ m程度）の原子核があります。原子核を構成する陽子と中性子の質量はほぼ等しく，それぞれ約1.7×10^{-24} グラム（1.7×10^{-27} kg）で，電子の質量（9.11×10^{-31} kg）の約1,840倍です。1モルの原子の質量は，原子核内の陽子と中性子の数の和である質量数にグラムをつけた値に近く，電子の質量はほとんど無視できます。一方，原子間の結合は電子が担い，原子の化学的な性質は電子によって支配されています。しかし電子の数は，（電荷を持たない）中性原子では陽子の数に等しく，陽子の数が元素を決め，各元素に対応する原子番号となります。同じ元素（同じ原子番号）でありながら，中性子の数が異なる（したがって質量数が異なる）核種どうしは同位体と呼ばれ，化学的な性質はほぼ同じです。

II　地殻中に大量に存在し，動植物にとって必須元素であるカリウムは，天然同位体存在度が^{39}K：93.26%，^{40}K：0.0117%，^{41}K：6.73%であり，カリウムの原子量はそれらの平均値として39.1となります。このうち，^{40}Kは半減期約12.5億年の放射性核種であり，46億年前の地球誕生時における^{40}Kの存在量は現在の約12倍であったと推定されます。^{40}Kは，その放射壊変において，89.1%がβ^-壊変して^{40}Caになり，10.7%がEC壊変して^{40}Arになり1.46MeVの光子を放出します。

　地球大気中に約1%存在する気体アルゴンの99.6%は^{40}Arであり，これは主に^{40}Kから生成したものです。他に^{39}Arが0.34%，^{38}Arが0.06%存在し，アルゴンの原子量は40.0となります。その結果，アルゴン（原子番号18，平均質量数40.0）とカリウム（原子番号19，平均質量数39.1）では原子番号順で原子量の逆転が起きています。

カリウムは，元素の周期表ではCsなどとともにアルカリ金属と呼ばれ，1価の陽イオンになりやすい元素です。カルシウムは，Srなどとともにアルカリ土類金属と呼ばれ，2価の陽イオンになりやすい元素です。一方，（周期表の一番右にある）アルゴンは希ガス（あるいは貴ガス）と呼ばれ，化学的に安定で反応しません。

Ⅲ　人にとって必須元素であるヨウ素は1価の陰イオンになりやすいハロゲンの1つです。ヨウ素は安定同位体が ^{127}I のみの単核種元素ですが，放射性同位体は数多く知られています。特に ^{131}I（半減期8.02日）は，^{235}U などの核分裂によって大量に生成し，原子炉事故時における環境汚染が問題になりますが，一方では甲状腺疾患のアイソトープ治療などにも多く利用されています。その製造には，天然組成の Te を原子炉で中性子照射し，^{130}Te (n, γ) ^{131}Te $\xrightarrow[25\,\text{min}]{\beta^-}$ ^{131}I の反応が利用されます。生成したヨウ素の揮発性を利用して，加熱により ^{131}I を分離して得ることができます。安定同位体より中性子過剰の ^{131}I は（中性子が陽子に変化し）β^- 壊変して（原子番号が増え）^{131}Xe になり，逆に中性子不足の ^{123}I や ^{125}I などでは（陽子が内殻電子を捕え）EC壊変して，（原子番号が減り）それぞれ ^{123}Te や ^{125}Te になります。

問4　解答

Ⅰ　A－2（^{235}U）　　B－3（^{238}U）　　C－6（^{239}Pu）
　　D－4（質量数）　E－3（原子番号）　F－7（超ウラン元素）
　　G－8（ラジウム）　H－5（アクチニウム）
Ⅱ　I－4（同族元素）　J－6（担体）　　K－9（生成・減衰）
　　L－4（バリウム）　M－5（ランタン）　N－4（バリウム）
　　ア－3（Cs）　　イ－4（La）　　ウ－2（Ce）

問4　解説

Ⅰ　天然ウランは，^{235}U（0.7200％），^{238}U（99.2745％）という存在比になっています。これらに熱中性子を照射すると，問題文中にあるように次のような反応が起こります。

$$^{235}_{92}\text{U} + n \rightarrow （核分裂反応）\rightarrow 約80種類の核分裂断片$$
$$^{238}_{92}\text{U} + n \rightarrow {}^{239}_{92}\text{U} \rightarrow (\beta^-) \rightarrow {}^{239}_{93}\text{Np} \rightarrow (\beta^-) \rightarrow {}^{239}_{94}\text{Pu} \rightarrow (\alpha) \rightarrow$$

超ウラン元素とは，②式に出てきますネプツニウムやプルトニウムのような，ウランよりも原子番号の大きい元素のことです。
このあたりの問題文では，β^- 壊変（陰電子壊変）が（質量数を変えずに）

原子番号を1だけ増加させ，α壊変が質量数を4だけ減少させ，原子番号を2だけ減少することを根拠に議論しています。

Ⅱ　ここで出てきている用語を整理しておきましょう。
同位体（同位元素）　陽子数（原子番号）が等しくて，中性子数が互いに異なる核種をいいます。
同素体　同じ元素でありながら，結合様式や結晶構造の違いから，互いに性質が異なる元素です。
同重体　陽子数と中性子数が異なりながら，その合計（質量数）が互いに等しい核種です。
同族元素　周期表の同じ縦の列に属する元素どうしのことです。
担体　放射性元素と化学形の等しい安定同位体，あるいは化学的性質のよく似ている同族元素などの安定元素をいいます。化学的に同じ挙動をとりますので，ごく微量の放射性元素を扱うために便利です。

　核分裂反応で生じた核種（核分裂断片）は，その多くが中性子過剰であり，さらにその中性子が陽子に転換するβ^-壊変を次々に起こして元素を変えていく傾向にあります。本問では，ウランの核分裂において生じるβ^-壊変系列で，（当初ラジウムを含むものと見ていたものがバリウムの挙動をすることから）バリウムを含むものについて問われていますので，バリウムの周囲で質量数が変わらずに原子番号だけが順次1つずつ増えるように考えればよいのです。それによって，セシウム（Cs）→バリウム（Ba）→ランタン（La）→セリウム（Ce）という系列を考えることができます。

問5　解答
Ⅰ　A－3（前駆）　　　B－1（潜伏）　　　C－12（骨髄）
　　D－8（腸管）
Ⅱ　E－3（死）　　　　F－6（しきい線量）　G－8（高い）
　　H－12（0.5）　　　I－14（6）　　　　J－11（0.15）
　　K－8（高い）
Ⅲ　L－1（確率的影響）　M－5（長い）
　　N－2（確定的影響）　O－8（水晶体）　　P－2（生殖細胞）
　　Q－3（直接）　　　　R－7（低）　　　　S－7（低）
　　T－10（1）

問5　解説
Ⅰ　高線量放射線を一度に全身被ばくしたような場合，数週間以内に現れる障

害を急性障害といいます。線量によって症状は異なりますが，典型的な経過は以下の4つの病期に分けられます。被ばく直後から数時間以内に悪心，嘔吐，下痢，発熱，頭痛，意識障害など非特異的な症状が現れる前駆期，これらの症状が一時的に消失する潜伏期，骨髄や消化管障害，脱水など多彩な症状が現れる発症期，その後の回復期あるいは死亡の4期です。前駆期における留意点として，唾液腺の腫脹，圧痛あるいは口腔粘膜の毛細血管拡張などが挙げられます。

障害の現れ方やその時期は，線量および臓器・組織によって異なります。例えば，ヒトが高線量のγ線を全身被ばくしても適切な医療処置がなされませんと，3～10Gyでは3～4週間程度で骨髄障害（骨髄死）により，10～20Gyでは1～2週間程度で腸管の障害（腸死）により死亡する危険性が高い傾向にあります。

Ⅱ　臓器や組織の急性障害は，主に臓器・組織の実質細胞の死によって起こると考えられます。臓器や組織によって実質細胞の放射線感受性が違うために，障害を認めるようになるしきい線量も臓器や組織によって異なります。一般に，現れる障害の重篤度は，被ばくした線量が大きいと高くなり，1回のγ線による被ばくでは，末梢血中のリンパ球数の減少は0.5Gy以上の被ばくによって起こります。また，女性の永久不妊は6Gy以上の生殖腺被ばくによって起こり，男性の永久不妊は6Gy以上の生殖腺被ばくによって起こります。男性の一時的不妊のしきい線量は0.15Gyで，女性の一時的不妊が起こる線量は（母体の保護のためだろうと思われますが）男性に比べて高いとされています。

Ⅲ　晩発影響としては，発がん，白内障，遺伝的影響などが挙げられます。発がんと遺伝的影響は，確率的影響と考えられています。一般に，被ばくしてから発がんまでの期間は固形がんでは白血病に比べて長くなっています。白内障は確定的影響に分類され，水晶体が混濁する症状が起こります。遺伝的影響は放射線に被ばくした生殖細胞に遺伝子の突然変異や染色体異常が起こることによります。遺伝的影響のリスクの推定には倍加線量法と，線量効果関係を動物実験によって求め，これをヒトに適用して行う直接法とがあります。倍加線量（自然発生の突然変異率を2倍にするために必要な線量）が大きいほどリスクが低いことを意味し，一般的に（線量を大きくしないと2倍にならないので）線量率が低いほどリスクが低い傾向にあります。UNSCEAR（原子放射線の影響に関する国連科学委員会）2001年報告では倍加線量を1Gyと見積もってい

ます。

問6 解答

Ⅰ　A－3（壊死（ネクローシス））　　B－2（アポトーシス）
　　C－6（スメア状）　　　　　　　　D－5（梯子状（ラダー状））
　　E－9（細胞増殖能）　　　　　　　F－13（巨細胞）
　　G－1（老化（セネッセンス））

Ⅱ　H－6（コロニー形成法）　　　　　I－3（コロニー数）
　　J－14（50）　　　　　　　　　　K－9（コロニー形成率）
　　L－9（コロニー形成率）　　　　　M－9（コロニー形成率）
　　N－11（対数目盛）　　　　　　　O－10（線形目盛）

Ⅲ　P－2（低LET放射線）　　　　　　Q－8（高）
　　R－6（亜致死損傷回復）　　　　　S－9（低）
　　T－3（潜在的致死損傷回復）

問6 解説

Ⅰ　放射線による細胞死の主なものとしては，細胞が大きくなり細胞内容が流出することが特徴的な細胞死である壊死（ネクローシス）と，細胞が小さくなり核が凝縮する形のアポトーシスが挙げられます。これらの細胞死では細胞死に伴いDNAは断片化されますが，断片化の形式は細胞死により異なっています。壊死では断片化されたDNAは電気泳動により観察するとスメア状となりますが，アポトーシスでは梯子状（ラダー状）となります。スメア状とは，英語の意味が「汚れる」などのもので，DNA解析で電気泳動によるバンドが不鮮明になりぼやけた状態になることです。DNAが分解されて長さが不揃いになり質の悪いものになっていることを意味します。

　放射線生物学においては，上記の一般的な細胞死の他に細胞増殖能の喪失を"細胞死"として取り扱っています。この様式の"細胞死"としては，代謝を保ちながら細胞の分裂が不可逆的に停止し巨細胞を形成する老化（セネッセンス）なども含めて考えられています。

Ⅱ　放射線照射後の細胞生存率を定量する手法としてコロニー形成法が一般に用いられます。このコロニー形成法では，細胞を単一細胞に分離して細胞培養皿に播種し，一定期間培養した後に生じるコロニー数を計数します。通常，細胞を播種した後7〜21日程度してから50個以上の細胞からなるコロニー数を計数します。計数したコロニー数を播種した細胞数で除した値をコロニー形成率といいます。放射線照射後の細胞生存率は，放射線を照射した細胞のコロニー

物化生

形成率を，照射していない細胞のコロニー形成率で除した割合で表します。コロニー形成法により得られた細胞生存率から細胞生存率曲線を描きますが，通常，細胞生存率曲線は縦軸に生存率を対数目盛で示し，横軸に吸収線量を線形目盛で示します。この部分では，同じ選択肢「コロニー形成率」が K ， L ， M に該当していますので，若干わかりにくいかもしれませんが，丁寧に見ていくとわかると思います。

Ⅲ 放射線照射後の細胞生存率は，照射条件あるいは培養条件によって変化する。培養細胞に低 LET 放射線を照射した場合，総吸収線量が同一であるならば1回で照射したときと比較して，2回に分けて時間間隔をおいて照射したときに細胞生存率は高くなります。この現象は亜致死損傷回復によると考えられています。

低 LET 放射線では，特別な場合を除いて吸収線量が同じであれば線量率が低くなると生物効果は小さくなります。また，培養細胞に低 LET 放射線を照射した後の培養条件によって細胞の生存率の上昇が見られることがあります。これは潜在的致死損傷回復によるものと考えられています。亜致死損傷回復と潜在的致死損傷回復の違いを確認しておきましょう。

物理学

問1 解答 2　**解説**　光子のエネルギー E と運動量 p との関係は光速を c として，次式で表されます。

$$p = \frac{E}{c}$$

また，1eV=1.9×10^{-19}J ですから，1.3MeV の光子のエネルギー E は，次のようになります。

$$E = 1.3 \times 10^6 \times 1.9 \times 10^{-19} \text{J}$$

これと $c = 3.0 \times 10^8$m/s より，運動量 p を求めると，

$$p = \frac{1.3 \times 10^6 \times 1.9 \times 10^{-19}}{3.0 \times 10^8} = 0.693 \times 10^{-21} = 6.93 \times 10^{-22}$$

問2 解答 1　**解説**　A　光子のエネルギーは，波長に逆比例（反比例）します。エネルギー E は $E = h\nu = hc/\lambda$ と表されますので，振動数 ν に比例し，波長 λ には逆比例します。

B　記述のとおりです。光子の運動量 p は，エネルギー E に比例します。光速を c として，次のような関係にあります。

$$p = E/c$$

C　記述のとおりです。ド・ブロイ波とは，粒子性と波動性をあわせ持つと考えられる波のことです。粒子のド・ブロイ波長は運動量に逆比例します。

$$p = E/c = h\nu/c = h/\lambda$$

D　粒子の速度が小さい範囲（光速より大幅に小さい範囲）では，粒子の運動量は，速度に比例しますが，本問でいう相対論的立場（粒子の速度が光速に比べて無視できない場合）では，単純には比例しません。次式で与えられることになります。

$$p = \frac{mv}{\sqrt{1-(v/c)^2}}$$

問3 解答 4　**解説**　水素原子の線スペクトルの波長 λ は問題に示された式のように与えられ，K殻に転移するときに放出されるX線がK系列と呼ばれるものです。K系列は，式中の n が1の場合に対応します。n の値によって固有名称が付けられています。それをまとめて示します。少なくともライマン系列は頭に入れておきましょう。

物理学

表　水素原子の線スペクトル系列

n の値	系列名		電磁波区分	発見年
1	K系列	ライマン系列	遠紫外部	1906年
2	L系列	バルマー系列	可視部	1885年
3	M系列	パッシェン系列	赤外部	1906年
4	N系列	ブラケット系列	遠赤外部	1922年
5	O系列	プント系列	遠赤外部	1924年

問4　解答　2　解説　エックス線の場合，管電圧を上げるのにともなって発生する連続エックス線強度が増しますが，同時に連続エックス線の最高強度が短波長側（高エネルギー側）にシフトします．一般に，管電圧 V [kV] と最短波長 $\lambda_{\min}$ [nm] の間には，次の関係（デュエン・ハントの法則またはデュエヌ・フントの法則）があります．この式が使えます．

$$\lambda_{\min} \text{[nm]} \times V \text{[kV]} = 1.24$$

1 MeV とは，電気素量 e の電荷を持つ粒子が真空中で電位差 1 V によって加速されるときのエネルギーですので，$V = 1 \times 10^3$ kV として，上の式を使えば，

$$\lambda_{\min} = 1.24/(1 \times 10^3) = 1.24 \times 10^{-3} \text{nm} = 1.24 \text{pm}$$

デュエン・ハントの法則を覚えていない場合には，次のように解きましょう．制動放射線の最大エネルギー $E_{\max}$ は，入射電子の最大エネルギー $h\nu_{\max}$ に等しいとし，$1 \text{eV} = 1.60 \times 10^{-19}$ J，$h = 6.63 \times 10^{-34}$ J·s を使って，光速を $c = 3.00 \times 10^8$ として，

$$\nu_{\max} = E_{\max}/h = 1 \times 10^6 \times 1.60 \times 10^{-19}/(6.63 \times 10^{-34}) = 2.41 \times 10^{20} \text{s}^{-1}$$

$$\lambda_{\min} = c/\nu_{\max} = 3.00 \times 10^8/(2.41 \times 10^{20}) = 1.24 \times 10^{-12} \text{m} = 1.24 \text{pm}$$

問5　解答　3　解説　A　記述は誤りです．中間子は核子には属しません．核子とは原子核を構成する粒子をいいます．

B　記述のとおりです．質量数とは，中性子と陽子の数ですので，その数に体積はほぼ比例します．

C　記述のとおりです．核子間の結合は，核力という強い相互作用によっています．この力は，距離の2乗に反比例する電気力や万有引力などと違って，到達距離は有限で極めて短くなっています．

D　記述は誤りです．核子当たりの結合エネルギーが，質量数が大きいほど高

くなるのならば，重い元素ほど安定になるはずですが，実際にはそうではありません。ウランなど特に重い元素ほど不安定になっています。質量数が約60程度の元素において核子当たりの結合エネルギーが最も高くなっています。^{56}Fe の場合で，8.8MeV となっています。

問6 解答 2 解説 A α 線によってではなく，光子によって電子と対の形で生成されます。
B 記述のとおりです。電子と結合して消滅し，その際光子が放出されます。
C 金属内において，ns 以下の短い平均寿命しかありません。
D 記述のとおりです。電子対生成で放出される場合は，連続スペクトルを示します。
E 電子と陽電子は，静止質量が等しく，電荷の大きさも等しいのですが電荷の符号が反対です。

問7 解答 3 解説 A この電子の運動エネルギーは，競合するγ線のエネルギーに等しくはありません。競合するγ線のエネルギーよりも，軌道電子の束縛エネルギーの分だけ低いものとなります。
B K殻転換よりL殻転換において，運動エネルギーは高いことは正しいです。K殻のほうが束縛エネルギーは大きいので，逆に運動エネルギーは低くなります。
C 軌道準位に対応する固定エネルギー（一定のエネルギー）がもとになっていますので，運動エネルギーの分布は線スペクトルを示します。
D 特性X線の放出と競合して起きるのではなく，γ線放出と競合して起きます。

問8 解答 2 解説 難易度の高い問題といえるでしょう。「正しいものの組合せはどれか」ときかれると，複数の「正しいもの」がありえますが，「正しいものはどれか」という問いですので，正しいものは1つです。ともかく正解を1つ見つければそれ以上悩むことはありません。有名な半減期はある程度頭に入れておくとよいですが，本問でいえば，2の ^{60}Co（5.3年），3の ^{131}I（8日），4の ^{137}Cs（約30年），5の ^{235}U（7億年），^{238}U の（45億年）といったところでしょうか。しかし，これを知っていただけでは，長さの比較ができませんね。
一般に（一部の例外を除いて），**安定各種から離れるほど半減期は短くなります**。Na の安定核種は ^{23}Na ですので，与えられた ^{22}Na と ^{24}Na の比較はそれ

だけではできませんが、次の Co は安定核種が ^{59}Co なので、これに近い ^{60}Co のほうが長くなります。これが正解となります。データとしては、次のようになっています。

^{22}Na（2.6年）＞^{24}Na（15時間）

^{57}Co（272日）＜^{60}Co（5.3年）［安定核種 ^{59}Co］

^{125}I（59日）＞^{131}I（8日）［安定核種 ^{127}I］

^{134}Cs（2.1年）＜^{137}Cs（約30年）［安定核種 ^{133}Cs］（実はこれは上の規則の例外です。質量数が大きくなると例外が増えてきます）

^{235}U（7億年）＜^{238}U（45億年）

最後のウランのような質量数の大きな元素には安定核種がありません。ただ、ウランは ^{235}U と ^{238}U が有名で重要ですので、これらの半減期は知っておくとよいでしょう。

問9 解答 3 **解説** 難易度の高い問題といえるでしょう。「純β線放出核種」は聞きなれないかもしれませんが、「β線だけを放出してその他は放出しない核種」という意味になります。

3の ^{47}Ca は、確率70％にて半減期4.5日で1.3MeVのγ線を放出します。その他の30％はβ線を放出しますので、「純β線放出核種でないもの」に当たります。これが解答となります。

しかし、これはそれほどポピュラーな知識ではありませんので、知っている人はそれほど多くないでしょう。本問は、むしろよく用いられる他の4核種（^{14}C、^{35}S、^{90}Sr、^{90}Y）が「純β線放出核種」であることを知っていて3を選ぶほうが正解に至りやすいかと思います。

問10 解答 3 **解説** ^{4}He^{2+} はヘリウム原子から電子が2つ抜けた形ですので、ヘリウム原子核になります。

質量数1の荷電粒子を1MVで加速するとその粒子の運動エネルギーは1MeVとなりますので、陽子とヘリウム原子核（陽子2個）の得た運動エネルギーは、それぞれ2MeVと4MeVとなります。

また、質量 m、速度 v の粒子の運動エネルギー E は、

$$E = \frac{1}{2}mv^2$$

となりますので、これを v について解くと、

$$v = \sqrt{\frac{2E}{m}}$$

速度と同様に，エネルギーおよび質量についても，添え字 p および He で表すとすると，

$$\frac{m_{He}}{m_p} = 4 \quad \text{および} \quad \frac{E_p}{E_{He}} = \frac{2}{4} = \frac{1}{2}$$

これらを用いて，速度比を求めると，

$$\frac{v_p}{v_{He}} = \sqrt{\frac{E_p}{E_{He}} \times \frac{m_{He}}{m_p}} = \sqrt{\frac{1}{2} \times 4} = \sqrt{2}$$

問 11 解答 5 **解説** 5の「1から4の選択肢以外」という選択肢は一見何を意味しているかわかりにくいかもしれませんが，「1から4がすべて誤りである」という意味になりますね。つまり「正解はその他にあり」ということです。

A　シンクロトロンは加速とともに磁場強度を上げる装置ですので，静磁場ではありません。

B　サイクロトロンは，D 字型の電極（D 電極あるいはディー電極）を用いるものですので，正しいものです。

C　ファン・デ・グラーフ型加速器は高い静電圧を利用して加速しますので，高周波電圧，すなわち，変動電圧は用いられません。

D　コッククロフト・ワルトン型加速器は，整流器とコンデンサーの積み重ねたものに交流電圧をかけて，高い静電圧を得て加速します。絶縁ベルトが必要なのは，C のファン・デ・グラーフ型加速器になります。

問 12 解答 2 **解説** 生成核（質量数196の原子核）の質量を M ($\fallingdotseq 200u - 4u = 196u$)，反跳速度を V，反跳エネルギーを E，α 線の質量を m ($\fallingdotseq 4u$)，反跳速度を v，反跳エネルギーを e ($= 4\text{MeV}$) とすると，運動量保存則から，

$$MV = mv$$

これより，

$$V = mv/M$$

となります。よって求める生成核の反跳エネルギー E は，

$$E = \frac{1}{2}MV^2 = \frac{1}{2}M\left(\frac{m}{M}v\right)^2 = \frac{m}{M} \times \frac{1}{2}mv^2 = \frac{m}{M} \times e = \frac{4}{196} \times 4 \fallingdotseq \frac{4}{200} \times 4$$

$$= 0.08\text{MeV}$$

この計算の中で，196 ≒ 200 と近似しているのは，この 2 つの数字の差が 2 % と小さく，問題の選択肢の誤差幅より大幅に小さいため許されると判断したことによるものです。

問13 解答 5 解説 A 記述のとおりです。重水中の重水素の結合エネルギーは2.2MeVであって、^{24}Naから放出されるγ線（2.75MeV）によって光核反応を起こし、重水素が陽子と中性子に分解されやすくなります。

B 記述のとおりです。この反応は、^{9}Be（α, n）^{12}Cで、中性子線源としてよく用いられます。

C 記述のとおりです。^{2}Hビームはイオン化されて原子核（d, 重陽子）だけが加速されます。これが^{3}Hに照射されると、^{3}H（d, n）^{4}Heという反応になります。

D 記述のとおりです。中性子線源として一般に^{241}Am–Be線源が用いられますが、その他に、ホウ素に照射する^{241}Am–B線源もあります。その場合の核反応は、^{10}B（α, n）^{13}Nや^{11}B（α, n）^{14}Nなどになります。

平均中性子エネルギーは、^{241}Am–Be線源の場合約5MeVであるのに対して、^{241}Am–B線源では約3MeVと低く、また中性子放出率も低いという性質もあります。

問14 解答 3 解説 重荷電粒子に対する物質の阻止能は、粒子の電荷の2乗に比例し、粒子の速度の2乗に反比例します。また、物質の原子密度（単位体積当たりの原子の個数）および物質の原子番号に比例します。

問15 解答 3 解説 重荷電粒子の飛程Rは、その運動エネルギーをE、質量をM、原子番号をZとして、次のように表されます。$\propto$は比例するという記号です。

$$R \propto \frac{1}{M}\left(\frac{E}{Z}\right)^2$$

また、その速度をvとすると、運動エネルギーEが次のようになりますので、

$$E = \frac{1}{2}Mv^2$$

この式を上の飛程Rの式に代入すると、次のようになります。

$$R \propto \frac{M}{Z^2}v^4$$

つまり、速度が等しい重荷電粒子どうしの飛程は、質量に比例し荷電の2乗に反比例することになります。本問ではα線の飛程式を用いて陽子の飛程を求める問題になっており、速度が等しい、すなわち核子当たりのエネルギーが等しい場合をきいているものと考えられますので、

$$R \propto \frac{M}{Z^2}$$

という関係で考えてよいものと思われます。陽子とα線（ヘリウム原子核）は，M/Z^2 が $1/1^2$ と $4/2^2$ であって，いずれも 1 となって等しいので，与えられた飛程式が使えることになります。ただ，1.0MeVの陽子と核子当たりのエネルギーが等しいα線のエネルギーは質量数が4倍のため4.0MeVとなりますので，これを飛程式に代入して求めます。

$$R = 0.32 \times (4.0)^{3/2} = 0.32 \times 8 = 2.56\text{cm}$$

問16 解答 5 **解説** 透明な絶縁体の中を荷電粒子が通過する際には，分子がその粒子の電場で振動して，新たな電磁波が生じます。真空中の光速を c として，その絶縁体の屈折率を c とすると，この絶縁体中の光速は c/n となります。光が c/n より速い速度で進む場合には，飛跡の各点から生じた電磁波の波面がそろうことになり，まとまった光として観測されます。これを**チェレンコフ光**といいます。この光を検出することによって，荷電粒子の進行方向を知ることができます。

A　記述は誤りです。チェレンコフ光は，結晶に限らず，荷電粒子が物質中を進行するときのものです。
B　記述のとおりです。荷電粒子が物質中での光速より速く進むときに放射される光です。
C　チェレンコフ光は，荷電粒子が物質中で曲げられるときではありません。
D　記述のとおりです。荷電粒子が物質を通過する際に生じる分極に伴って生じる光です。

問17 解答 4 **解説** 電磁放射線が原子や分子の近くを通過する際に，光子が電子軌道と衝突して，運動エネルギーの一部を電子に与えて弾き飛ばします。光子自身はその分だけエネルギーが減少して別の方向に散乱し，波長も長くなりますが，これを**コンプトン散乱**（次図参照）といいます。

物理学

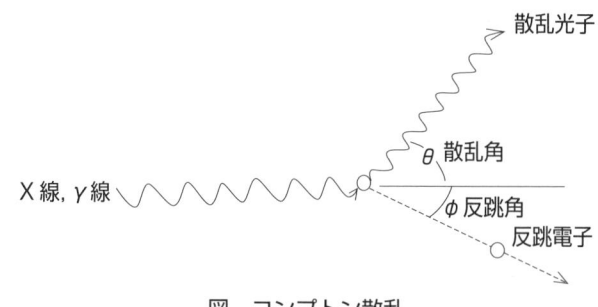

```
                                    散乱光子
                                  ╱〜〜〜
                               ╱
                             ╱  θ 散乱角
 X線, γ線  〜〜〜〜〜〜〜〜●─────────────
                             ╲ φ 反跳角
                               ╲
                                 ╲→ 反跳電子
```

図　コンプトン散乱

　静止している電子（静止質量 m_0）にエネルギー E の光子が衝突する際，電子（**反跳電子**）は反跳角 ϕ の方向にエネルギー mc^2，運動量 p で弾き飛ばされたとし，散乱角を θ，光速を c とすると，散乱光子のエネルギー E' は次のようになります。

$$E' = \frac{E}{1 + \frac{E}{m_0 c^2}(1 - \cos\theta)}$$

ここで，電子については $m_0 c^2 = 0.511\mathrm{MeV}$ ですので，90°と180°のそれぞれの散乱光子のエネルギー E_1 および E_2 は，

$$E_1 = \frac{2}{1 + \frac{2 \times (1-0)}{0.511}} = 0.41, \quad E_2 = \frac{2}{1 + \frac{2 \times (1+1)}{0.511}} = 0.23$$

これらの比をとって，

$$\frac{E_1}{E_2} = \frac{0.41}{0.23} = 1.8$$

問18　解答　5　解説　A　1.022MeV は電子と陽電子の静止質量に相当しますが，その他に電子対生成を起こしたエネルギーがあるはずで，生成された電子と陽電子の運動エネルギーの和は1.022MeV を超えるはずです。
B　原子断面積は原子番号の2乗にほぼ比例します。
C　生成した陽電子が電子と合体し対消滅を起こして消滅放射線が発生するのは，電子対生成が起こった位置からある程度は移動したところで起こります。
D　4MeV γ 線と鉄の主たる相互作用は，電子対生成よりもコンプトン散乱が優勢です。
　すべての記述が誤りです。たまにこういうケースもあります。

159

問 19 解答 5　**解説** A　コンプトン散乱によって放出される二次電子のエネルギーが最大になるのは，光子が180°方向に散乱されるときであって，その時の散乱光子のエネルギーの分だけは小さくなっています。
B　コンプトン効果は光子の波動性ではなく，粒子性を示す現象です。
C　記述のとおりです。光電効果は光子の粒子性を示す現象です。
D　記述のとおりです。2 MeV の制動放射線は電子対生成が可能です。

問 20 解答 2　**解説** A　照射線量は記述のとおりで［$C \cdot kg^{-1}$］が正しいです。照射によって空気中に生じたイオン対の電荷量により放射線場の強さを表現するものです。
B　記述は誤りです。粒子フルエンスは［m^{-2}］が正しい単位表現です。［$m^{-2} \cdot s^{-1}$］は粒子フルエンス率になります。粒子フルエンスとは，ある球体に入射してくる粒子数を球の断面積（大円の面積／球と同じ半径の円の面積）で割った値です。
C　記述は誤りです。質量阻止能は［$J \cdot m^2 \cdot kg^{-1}$］となります。線阻止能［$J \cdot m^{-1}$］を密度［$kg \cdot m^{-3}$］で割ります。
D　吸収線量率が［$J \cdot kg^{-1} \cdot s^{-1}$］で正しい単位です。
E　線減弱係数は［m^{-1}］が正しいです。物質中で，放射線は単純な指数関数で減衰するとしています。物質の入射後の厚さ x［cm］における放射線を N とすると，（$x = 0$ における N を N_0 として）次のようになります。
$$N = N_0 \exp(-\mu x) = N_0 e^{-\mu x}$$
この式中の exp（ ）という関数は，カッコの中が無次元であるべきです。つまり，線減弱係数は距離と掛け算して無次元になる量です。

問 21 解答 2　**解説**　それぞれの用語が何に対して用いることになっているのか，押さえておきましょう。
A　W 値は電子線に限らずすべての荷電粒子に対して用いることができます。
B　カーマは光子線に加え，すべての非荷電放射線に対して用いることができます。
C　照射線量は，X 線あるいは γ 線が空気と相互作用するときにのみ用いることができます。中性子線の場合には用いられません。
D　吸収線量もすべての放射線に対して用いることができます。

問 22 解答 4　**解説**　Ge 検出器は HPGe 検出器（HP は high purity）とも呼ばれる高性能検出器です。固体の電離作用を利用しています。ε（イプシロン）値とは電子

－正孔対を1個生成するために必要な平均エネルギーで，気体におけるW値に相当します。したがって，γ線のエネルギーをε値で割ることで，発生する電子－正孔対の数が求まります。

$$1.33 \times 10^6 \div 3.0 = 4.43 \times 10^5 \text{ 個}$$

一方，電子1個の電荷は，1.6×10^{-19} C（クーロン）ですので，ここで求めた電子－正孔対の数にこれを掛け，それをコンデンサーの電気容量で割って電圧を求めます。ここで，$10\text{pF} = 10 \times 10^{-12}$ F（ファラド）と [V]（ボルト）＝[C/F] という関係を確認しておきましょう。

以上より，求める電圧は，

$$\frac{1.6 \times 10^{-19} \times 4.43 \times 10^5}{10 \times 10^{-12}} = 7.1 \times 10^{-3} = 7.1 \text{mV}$$

問23 解答　1　解説 真の計数率を n_0，数え落としのある計数率を n，分解時間を τ とすると，数え落としが5.0%に当たることから次式が成り立ちます。

$$\frac{n_0 - n}{n_0} = 0.05 \quad \therefore \quad \frac{n}{n_0} = 1 - 0.05$$

一方，数え落としの補正式 $n_0 = \dfrac{n}{1 - n\tau}$ を n について解くと，

$$n = \frac{n_0}{1 + n_0\tau}$$

これから，

$$\frac{n}{n_0} = \frac{1}{1 + n_0\tau}$$

以上の2つの n/n_0 の式を等しいと置いて，

$$\frac{1}{1 + n_0\tau} = 1 - 0.05$$

これを n_0 について，τ を代入すると，

$$n_0 = \frac{0.05}{(1 - 0.05)\tau} = \frac{0.05}{0.95 \times 0.2 \times 10^{-3}} = 263 \text{cps}$$

問24 解答　4　解説 熱中性子測定には，熱中性子に対して大きな断面積を持つ核反応を利用した計数管で，充塡（てん）ガスとして，$^{10}\text{BF}_3$（3ふっ化ほう素）ガスや ^3He（三重水素）ガスなどが用いられます。このことから，BとDが該当すると判断できます。Cの「金箔と放射能測定器」はあまり知られていないかもしれませんが，もし知らなくても，BとDを含む選択肢は4しかありま

せん．

　Aの水素充填比例計数管やEのポリエチレンラジエータ付きSi半導体検出器などは，主に高速中性子の測定に用いられます．

問25　解答　3　解説　放射能の計数値Nの統計として，Nは一般に非常に大きな数ですので，正規分布に従うとみなされます．その時の標準偏差σは，計数値の平方根$\sqrt{N}$とされています．

　本問で，計数値の平均が200カウントということですから，標準偏差は$\sqrt{200} \fallingdotseq 14$と考えられます．すると，228は$(228-200) \div 14 = 2$ということで，平均値$\pm 2\sigma$に相当することになります．データが平均値$\pm 2\sigma$の中に入る確率は95.4％ですから，1,000回のうち954回は平均値$\pm 2\sigma$の中に入ります．残りの$1,000-954 = 46$回はこれを外れますが，そのうちの半分が228を超えているはずです．したがって，$46 \div 2 = 23$回が228を超えていると推定できます．最も近い選択肢は3です．

問26　解答　1　解説　A（OSL線量計），B（蛍光ガラス線量計），C（TLD）はいずれも光子に対する個人被ばく線量測定に用いられます．D（放射化箔検出器）は感度が低く，大線量の中性子の測定などに用いられます．また，E（固体飛跡検出器）は光子に対するものには用いられず，中性子の個人被ばく線量測定に使用されます．

問27　解答　1　解説　^{60}Coなどの多くの核種はβ壊変の直後にγ線を放出します．測定器の時間分解能を考慮すると，β線とγ線は同時に放出したとみなされるレベルです．これを用いた測定法が**$\beta-\gamma$同時計数法**と呼ばれるものです．この方法では，β線測定器およびγ線測定器でそれぞれ放射線を測定するとともに，両方同時に検出する事象を同時計数回路によって数えます．いま，線源の放射能をs [Bq]，β線計数率をc_β [s^{-1}]，γ線計数率をc_γ [s^{-1}]とし，それぞれの検出効率をε_β，ε_γとすると，それぞれの計数率は次式となります．

$$c_\beta = \varepsilon_\beta s \quad \text{および} \quad c_\gamma = \varepsilon_\gamma s$$

　また，同時計数率をc [s^{-1}]とすれば，その検出効率はβ線測定器とγ線測定器の検出効率の積となりますので，

$$c = \varepsilon_\beta \varepsilon_\gamma s$$

　これらの3式を整理すると，次式が導かれます．

$$s = c_\beta c_\gamma / c$$

この結果を本問に適用すると，求める放射能は次のようになります。

$$\frac{800 \times 250}{10} = 2.0 \times 10^4 \mathrm{Bq} = 0.02 \mathrm{MBq}$$

問 28 解答 2 解説 A 記述のとおりです。NaI（Tl）は BGO（化学式は $\mathrm{Bi_4Ge_3O_{12}}$）に比べ単位エネルギー当たりの発光量が大きくなっています。

B 記述は誤りです。CsI（Tl）の密度は BGO よりも小さいです。

C 記述は誤りです。ZnS（Ag）には潮解性はありません。潮解性とは，空気中の水分を吸収してその水分に溶ける現象で，NaI（Tl）にはあります。

D 記述のとおりです。CsI（Tl）のピーク発光波長は NaI（Tl）よりも長くなっています。

問 29 解答 5 解説 これらはいずれもシンチレーション検出器に関係のあるものとなっています。

A POPOP は PPO，ブチル PBD，DMPOPOP などと並んで，液体有機シンチレータで用いられる溶質です。溶媒としては，キシレンやトルエンなどが用いられます。

B 光電陰極は，光電子増倍管の光を受けるための電極になります。

C スチルベンは，アントラセンなどと並んで，固体有機シンチレータ（有機結晶シンチレータ）で用いられるものです。

D アクチベータ（活性体）は，微量添加によって精度を向上するもので，NaI（Tl），CsI（Tl），ZnS（Ag）などのように（　）内に示されている物質がそれに当たります。

問 30 解答 1 解説 電流の単位において，$[\mathrm{A}] = [\mathrm{C \cdot s^{-1}}]$ という関係がありますので，素電荷の値を q [C] とすると，毎秒入射する電子数は次のようになります。

$$100 \times 10^{-6}/q = 1.0 \times 10^{-4}/q \ [\text{個} \cdot \mathrm{s^{-1}}]$$

一方，1 eV は q [J]，1 MeV = $1 \times 10^6 q$ [J] ですから，この水における吸収線量率は，次のように計算できます。

$$1 \times 10^6 q \ [\mathrm{J}] \times 1.0 \times 10^{-4}/q \ [\text{個} \cdot \mathrm{s^{-1}}] / 1.0 \mathrm{kg} = 1.0 \times 10^2 \ [\mathrm{Gy \cdot s^{-1}}]$$

化学

問1 解答 2 **解説** 本問には放射能に3つの段階があります。
① $3.7\text{GBq} = 3.7 \times 10^9 \text{Bq}$
② $37\text{MBq} = 3.7 \times 10^7 \text{Bq}$
③ $3.7\text{kBq} = 3.7 \times 10^3 \text{Bq}$

①→②の減衰に5年ということが与えられていて，②→③は何年か，ということが問われていますね。

①→②が1／100への減衰，②→③は1／10,000の減衰です。単純に考えると，①→②で1／100になるのに5年なので，②→③は1／100の1／100になるのに5年が2回で10年ということです。このように簡便に考えて次の問題に移るのが賢明でしょうが，数式で計算したいという方もいるかと思いますので，以下，数式を用いて求めます。

半減期をTとし，放射性核種の数Nの減衰は初期値をN_0として，次の2種類の表現があります。

$$N = N_0 \exp(-\log 2 \cdot t/T), \quad N = N_0 (1/2)^{t/T}$$

どちらを使ってもよいのですが，ここでは，後者の式で求めましょう。求める年数をxとして，まず，①→②の減衰で，

$$3.7\text{GBq} = 3.7 \times 10^9 \times (1/2)^{5/T} \quad \therefore \quad (1/2)^{5/T} = 10^{-2}$$

次に②→③の減衰で，

$$3.7\text{GBq} = 3.7 \times 10^9 \times (1/2)^{x/T}$$

$$\therefore \quad (1/2)^{x/T} = 10^{-4} = (10^{-2})^2 = \{(1/2)^{5/T}\}^2 = (1/2)^{10/T}$$

これより，$x = 10$

問2 解答 2 **解説** ^{14}Cについて，その放射能をA_{14}，原子数をN_{14}，半減期をT_{14}で表すことにすると，壊変定数λが$\ln 2/T_{14}$という関係にあるので，

$$A_{14} = -\frac{dN_{14}}{dt} = \lambda N_{14} = \frac{\ln 2}{T_{14}} \times N_{14} \quad \therefore \quad N_{14} = \frac{A_{14} \times T_{14}}{\ln 2}$$

ここで^{14}Cの放射能は3.9Bq，$T_{14} = 1.8 \times 10^{11}$なので，$\ln 2 = 0.693$を用いて，

$$N_{14} = \frac{3.9 \times 1.8 \times 10^{11}}{0.693} = 1.0 \times 10^{12}$$

また，^{12}Cの原子数をN_{12}，その質量数をM，質量をWとすれば，

$$N_{12} = \frac{W}{M} \times 6.0 \times 10^{23} = \frac{120}{12} \times 6.0 \times 10^{23} = 6.0 \times 10^{24}$$

以上によって，求める原子数比は，

$$\frac{N_{14}}{N_{12}} = \frac{1.0 \times 10^{12}}{6.0 \times 10^{24}} = 1.66 \times 10^{-13} \fallingdotseq 1.7 \times 10^{-13}$$

問3 解答 5 **解説** 安定核種に○をつけて示すと，次のようになります。
A　　^{11}C，○^{12}C，○^{13}C
B　　^{13}N，○^{14}N，○^{15}N
C　○^{16}O，○^{17}O，○^{18}O
D　○^{19}F，○^{27}Al，○^{31}P

すなわちCとDが該当します。よく見られる元素の中での安定元素をある程度は頭に入れておくとよいでしょう。炭素では，^{12}Cと^{13}C，窒素では^{14}Nと^{15}N，酸素では，^{16}Oと^{17}Oと^{18}O，ふっ素では^{19}Fのみ，アルミニウムでは^{27}Alのみ，りんでは^{31}Pのみ，塩素では，^{35}Clと^{37}Cl，カルシウムでは，^{40}Ca，^{42}Ca，^{43}Ca，^{44}Ca，^{46}Caだけ…，などがあります。

参考までに，次表に示す例外の20種を除いて，通常の元素は2つ以上の安定な同位体からなっています。例外の20種を**単核種元素**（安定核種が1種類しかない元素）といっていますが，表から見ても，多少の傾向があるようですが，はっきりした一定の規則があるようにはあまり見えませんね。

表　単核種元素とその周辺の元素

族＼周期	1	2	3	5	7	9	11	13	15	17
2		3 Be ベリリウム						5 B ホウ素	7 N 窒素	9 F フッ素
	3 Li リチウム									
3	11 Na ナトリウム	12 Mg マグネシウム						13 Al アルミニウム	15 P リン	17 Cl 塩素
4	19 K カリウム	20 Ca カルシウム	21 Sc スカンジウム	23 V バナジウム	25 Mn マンガン	27 Co コバルト	29 Cu 銅	31 Ga ガリウム	33 As ヒ素	35 Br 臭素
5	37 Rb ルビジウム	38 Sr ストロンチウム	39 Y イットリウム	41 Nb ニオブ	43 Tc テクネチウム	45 Rh ロジウム	47 Ag 銀	49 In インジウム	51 Sb アンチモン	53 I ヨウ素
6	55 Cs セシウム	56 Ba バリウム	57–71 ランタノイド（下記別表）	73 Ta タンタル	75 Re レニウム	77 Ir イリジウム	79 Au 金	81 Tl タリウム	83 Bi ビスマス	85 At アスタチン
ランタノイド系列	59 Pr プラセオジム	65 Tb テルビウム	67 Ho ホルミウム	69 Tm ツリウム						

アミカケ部の元素が単核種元素（安定な核種が1種類のみ），元素記号の上の数字は原子番号です。

問4 解答 4 **解説** 本問の選択肢は有効数字が1桁です。つまり数字を正確に計算する必要がありませんね。桁数を正しく求めることで計算を急ぐことができます。ここで与えられているβ線の平均エネルギーE_βは壊変1つ当たりのエネルギーですので，求める発熱量は次のような計算によって求めます。

（時間当たり壊変数）×（β線の平均エネルギー）

この時間当たり壊変数は，原子数をN，壊変定数をλとすれば，壊変の基本方程式である$-\dfrac{dN}{dt} = \lambda N$という式から，$\lambda N$を求めればよいことがわかります。したがって，求める発熱量Qは次式で求まります。

$Q = \lambda N E_\beta$

はじめに，トリチウムの質量数は3ですので，その1gの原子数Nはアボガドロ数6.0×10^{23}を用いて次のように求められます。

$N = \dfrac{1}{3} \times 6.0 \times 10^{23}$

また，5.7keV = 5.7×10^3eVであり，半減期をTとすれば，$\lambda = \ln 2/T = 0.693/T$ですので，熱量を求める式において$\lambda$，$N$および$E_\beta$をそれぞれ代入すると，

$Q = \dfrac{0.693}{3.9 \times 10^8} \times \dfrac{1}{3} \times 6.0 \times 10^{23} \times 5.7 \times 10^3 = 2.0 \times 10^{18}\,\text{eV}\cdot\text{s}^{-1}$

ここで，eVをJに変換し，J·s^{-1} = Wより，

$Q = 2.0 \times 10^{18} \times 1.6 \times 10^{-19} = 3.2 \times 10^{-1}\,\text{J}\cdot\text{s}^{-1} \fallingdotseq 0.3\,\text{W}$

問5 解答 3 **解説** 原子数をN，壊変定数をλとすると，壊変の基本方程式である$-\dfrac{dN}{dt} = \lambda N$が放射能を表すので，放射能$A$は$\lambda N$です。また，半減期を$T$で表すと，$\lambda = \ln 2/T$ですから，放射能$A$は次のようにも表せます。

$A = 0.693 N/T$

一方，質量をW，質量数をMとすると，アボガドロ数を6.0×10^{23}として，原子数Nは次のようになります。

$N = W \times 6.0 \times 10^{23}/M$

これを変形してWについて表すと，

$W = MN/(6.0 \times 10^{23})$

これより，質量当たりの放射能である比放射能は，次のようになります。

$A/W = 0.693 \times 6.0 \times 10^{23}/TM$

この式に基づき，問題のA，B，Cについて，TMを求めます。

A：$5,700 \times 14 = 79,800$
B：$0.04 \times 32 = 1.28$
C：$5.3 \times 60 = 318$

　比放射能が TM に反比例していますので，比放射能については，B＞C＞A となります。

問6 解答 2　**解説**　放射能 1 GBq は，原子数を N，壊変定数を λ として，壊変の基本式である $-\dfrac{dN}{dt} = \lambda N$ という式から，壊変定数と原子数の積になります。すなわち，半減期を T，質量を W，質量数を M とすれば，$\lambda = \ln 2/T$ より，放射能 A は，

$$A = 1 \times 10^9 = (0.693/T) \times (W/M) \times 6.0 \times 10^{23}$$

この式に $T = 1.2 \times 10^6$ および $M = 32$ を代入して，W について解くと，
$$W = 9.23 \times 10^{-8} \fallingdotseq 9.2 \times 10^{-8} \text{g}$$

問7 解答 5　**解説**　放射性核種の壊変系列において，ある核種の生成と壊変とが釣り合っていて，その原子数に変化のない状態であることを **放射平衡** といいます。A→B→C という系列がある場合に，B の生成量と B の壊変量とが等しくなる場合です。

　そのような状態が成立するための条件は，親核種の壊変半減期（A→B の半減期）が娘核種のそれ（B→C の半減期）より長いことです。

　本問では，親核種の壊変半減期のほうが短いものは 5 だけになっているので，これだけが「放射平衡が成立することがない」場合となります。

問8 解答 4　**解説**　熱中性子を ^{235}U に当てることにより，核次の反応が起こります。

$$^{235}\text{U} + \text{n} \rightarrow \text{X} + \text{Y} + 2 \sim 3\text{n}$$

　この反応では，平均エネルギーが 2 MeV の中性子が 2〜3 個（平均2.2〜2.5個）発生します。この分裂の際に，X と Y の核分裂生成物の組（わかれ方は一定でなく，X と Y の組合せに複数の種類があります）ができます。2 つに分かれた場合の生成核の質量数には図のような二山分布（ダブルピーク）があり，収率のピークが質量数96付近および134付近に認められます。その極小値が質量数118付近に見られます。

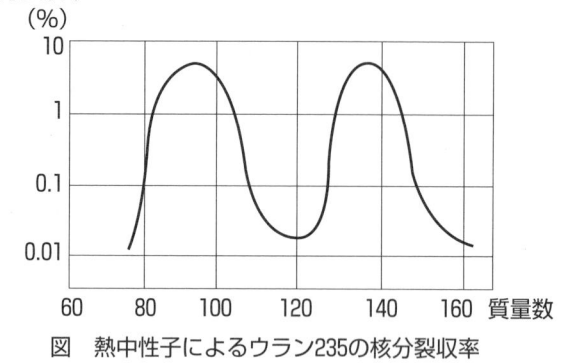

図 熱中性子によるウラン235の核分裂収率

本問でいえば，Bの ^{90}Sr やCの ^{99}Mo などが質量数の小さい側（左側）のピーク付近にあり，また，Eの ^{133}Xe は質量数の大きい側（右側）のピーク付近にあることがわかります。これらに対して，Aの ^{60}Co やDの ^{111}Ag は相対的に生成の少ない核種になります。

問9 解答 2 解説 A 記述のとおりです。原子番号82の鉛（Pb）以上の元素はすべて天然の放射性核種を持ちます。さらに原子番号83のビスマス（Bi）以上の元素は安定核種がなく，すべて放射性核種のみとなっています。したがって，原子番号89以上になっているアクチノイド元素はすべて放射性です。

B 安定同位元素を持たないものは，原子番号43のTc（テクネチウム），原子番号61のPm（プロメチウム），原子番号84のPo（ポロニウム）および原子番号85のAt（アスタチン）以上の元素のすべてです。Pm（プロメチウム）はランタノイド元素に属しますので，「すべてランタノイド元素は安定同位体を持つ」は誤りです。

C 原子番号95のAm（アメリシウム）より重いアクチノイド元素は3価の状態を取りやすいですが，これより軽い元素は3価以外の状態が安定なものがあります。「すべてのアクチノイド元素は3価の状態が最も安定である」は誤りです。

D 記述のとおりです。ランタノイド元素は遷移元素の中の3族に属しています。すべてランタノイド元素は遷移元素です。

問10 解答 4 解説 1 記述は誤りです。親核種 ^{60m}Co（半減期10.5分）のほうが娘核種 ^{60}Co（半減期5.27年）の半減期より短いので，放射平衡は成

立しません。^{60}Co は半減期5.27年で減衰するだけです。

2 記述は誤りです。親核種 ^{99}Mo（半減期65.9時間）の半減期は娘核種 ^{99m}Tc（半減期6.01時間）それのほぼ10倍ですので，過渡平衡になります。娘核種（^{99m}Tc）は自身の半減期（6.01時間）の10倍程度経過すると，親核種（^{99}Mo）と同様に減衰します。この系は，^{99}Mo－^{99m}Tc ジェネレータとして用いられます。ジェネレータとは，ミルキングによって娘核種 ^{99m}Tc を取り出す装置で，半減期の短い核種を必要に応じて取り出せます。ミルキングとは，娘核種だけを単離することが繰り返しできますので，これが牛乳を搾(しぼ)ることに似ているということでつけられた名前です。

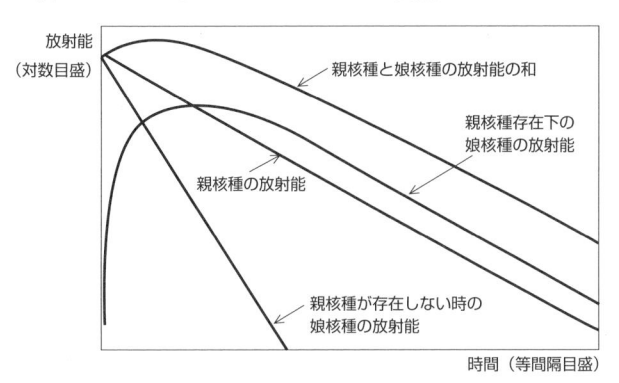

図 過渡平衡における放射能の推移

3 親核種 ^{226}Ra の半減期1,600年が娘核種 ^{222}Rn の半減期（3.82日）の約16万倍と長いので，娘核種 ^{222}Rn の半減期の10倍程度で永続平衡（短時間の観測では，親核種と娘核種の原子数や放射能の強さがほとんど変化しないという状態）が成立します。その時の両核種の放射能比は 1 になります。

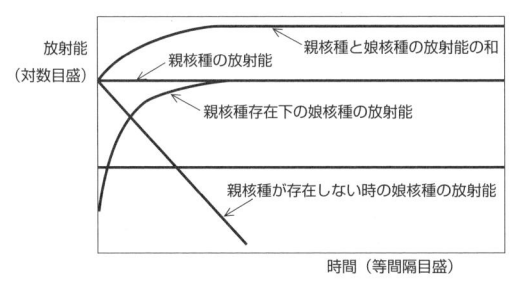

図 永続平衡における放射能の推移

4 記述のとおりです。親核種 ^{68}Ge（半減期671日）の半減期が娘核種 ^{68}Ga（半減期67.6分）のそれのほぼ 6 万倍ですので，選択肢 3 と同様に永続平衡

になります。両核種の放射能比は1になりますので，比放射能は一定です。なお，無担体とは，安定同位体と共存しない放射性核種のことです。また，この系は，^{68}Ge－^{68}Ga ジェネレータとして用いられています。

5　記述は誤りです。親核種 ^{64}Cu（半減期 12.7 時間）から生成する 2 つの娘核種は，分岐壊変ということで，それぞれへの壊変定数の和が全体の親核種の壊変定数となります。個々の壊変定数が等しいとは限らず，娘核種の生成速度も等しいとは限りません（この場合も等しくはありません）。

問 11 解答　3　解説 A　$Ag^+ + Cl^- \rightarrow AgCl \downarrow$（白色沈殿）
B　反応は起こりません。したがって，沈殿も生じません。
C　$2Ag^+ + 2OH^- \rightarrow H_2O + Ag_2O \downarrow$（暗赤色沈殿）
D　$Ag^+ + Cl^- \rightarrow AgCl \downarrow$（白色沈殿）

問 12 解答　1　解説　水酸化鉄（Ⅲ）の沈殿は，3 価の鉄の溶液をアルカリにすると生成します。その際に同伴して沈殿するものがあれば一緒に沈殿して析出します。これが分析法にも採用されています。鉄が共沈するものは，性質が似ている遷移金属が多く，典型金属，特にナトリウムなどのアルカリ金属は最も共沈しにくい金属です。

問 13 解答　2　解説 A　$2N[^3H]_4Cl + Ca(OH)_2 \rightarrow CaCl_2 + 2[^3H]HO + 2N[^3H]_3 \uparrow$
「弱アルカリの塩に強アルカリを加えると，弱アルカリが遊離する」という反応です。記号 ↑ は気体となって反応系の外に出てゆくという意味です。
B　$Ca[^{14}C]O_3 + 2HCl \rightarrow BaCl_2 + H_2O + [^{14}C]O_2 \uparrow$
「弱酸の塩に強酸を加えると，弱酸が遊離する」という反応です。
C　$Ca_3([^{32}P]O_4)_2 + 2H_2SO_4 \rightarrow Ca(H_2[^{32}P]O_4)_2 + 2CaSO_4$
これは放射性気体が発生していません。「相対的に弱酸であるりん酸の塩に強酸を加えて，弱酸基の一部が遊離（水素化）する」という反応になっています。
D　$Fe[^{35}S] + H_2SO_4 \rightarrow FeSO_4 + H_2[^{35}S] \uparrow$
これも，相対的に弱酸の塩（FeS）に強酸を加えて，弱酸系化合物が遊離している反応です。

問 14 解答　4　解説 A　この条件では，次の反応が起こります。
$2Na + 2H_2O \rightarrow 2NaOH + H_2 \uparrow$
この反応で，左辺の H_2O 中の水素にトリチウムがあれば，トリチウムを含

む水素ガスが発生することになります。

B　アルミニウムは，通常表面に酸化アルミニウムの不動態を形成しますので，一般に水とは反応しません。ただ，例外的に活性化されたアルミニウムの微粉末と水は常温でも反応して次式のように水素ガスを発生します。この場合は，該当することにはなりますが，本問では「活性化されたアルミニウム」とは断ってありませんので，該当しないと判断することが妥当でしょう。

$$2Al + 3H_2O \rightarrow Al_2O_3 + 3H_2 \uparrow$$

C　アルミニウムは，両性元素と呼ばれ，酸ともアルカリとも反応して水素ガスを発生します。

$$2Al + 6HCl \rightarrow 2AlCl_3 + 3H_2 \uparrow$$

HClにトリチウムが含まれていれば，トリチウムを含む水素ガスが発生することになります。

D　強アルカリと反応すれば次のようになります。やはり，トリチウムを含む水素ガスが発生することになります。

$$2Al + 2NaOH + 6H_2O \rightarrow 2Na[Al(OH)_4] + 3H_2 \uparrow$$

問 15 解答　4　解説　天然の放射性壊変系列には次の分類があります。
● トリウム系列　　　（$4n$ 系列，親核種：^{232}Th［半減期14億年］）
● アクチニウム系列（$4n+3$ 系列，親核種：^{235}U［半減期7億年］）
● ウラン系列　　　　（$4n+2$ 系列，親核種：^{238}U［半減期45億年］）
● ネプツニウム系列（$4n+1$ 系列，親核種：^{237}Np［半減期210万年］）

この中のウラン系列は，親核種が ^{238}U で最終の安定核種は ^{206}Pb であるような系列です。この最終生成核の ^{206}Pb を頭に入れておきましょう。4の ^{210}Po が α 壊変して質量数が206になるとそれは安定な Pb になります。

1の ^{90}Sr が β^- 壊変すると ^{90}Y，2の ^{68}Ge が EC 壊変すると ^{68}Ga，3の ^{99}Mo が β^- 壊変すると ^{99m}Tc，5の ^{226}Ra が α 壊変すると ^{222}Rn となって，いずれも有名な不安定核種になっています。

問 16 解答　1　解説　与えられている右のような図を**壊変図式**といいます。原子核の励起エネルギー，壊変モード，γ 線の強度比などが表されています。一般に横軸には原子番号が，縦軸にはエネルギーがとられ，

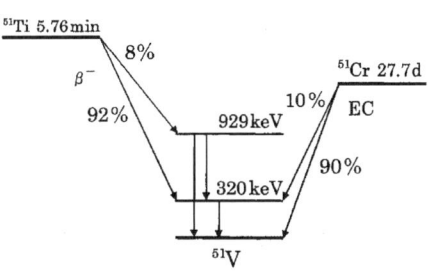

壊変図式においてエネルギーは保存される形で，放出された粒子がエネルギーを運び去ります。したがって，原子番号の減る α 壊変，β^+ 壊変や EC 壊変では左下がり，原子番号の増える β^- 壊変では右下がりになり，γ 線放出の場合は，原子番号が変わりませんので垂直に下がる矢印で示されます。

A 記述のとおりです。^{51}Ti の β^- 壊変の92%と ^{51}Cr の EC 壊変の10%とがエネルギー320keV の ^{51}V となり，これから，320keV の γ 線が放出されます。

B 記述のとおりです。^{51}Cr の EC 壊変によって ^{51}V が生成することで ^{51}V の特性 X 線（またはオージェ電子）が放出されます。

C 記述は誤りです。^{51}Ti の壊変においては，320keV，929keV および 929−320 = 609keV の光子が放出されます。β^+ 壊変があれば，陽電子が生成して消滅放射線の511keV の光子の放出がありえますが，この図式ではそれはありません。

D 記述は誤りです。^{51}Cr の壊変からは320keV の γ 線放出がありますが，609keV の γ 線は ^{51}Ti の壊変に伴うものです。

問17 解答 4 解説 エタノールが酸化されて酢酸となる反応は次のようになります。

$$C_2H_5OH + O_2 \to CH_3COOH + H_2O$$

反応前のエタノールの重さを w ［g］とすると，その70%が酢酸になったのですから，生成した酢酸の量は次のようになります。

$(0.7w/46) \times 60$ ［g］

反応前のエタノールの放射能は $10w$ ［MBq］であって，このうち70%が酢酸の放射能に変わったので，酢酸の放射能を酢酸の重さで割って求める比放射能を計算します。

$10w \times 0.7$ ［MBq］ $\div \{(0.7w/46) \times 60\}$ ［g］ $= 7.66 \fallingdotseq 7.7 \mathrm{MBq \cdot g^{-1}}$

問18 解答 2 解説 溶媒抽出法とは，有機物と水とがお互いに混じり合わないことを利用した方法で，放射性核種を含む化合物が，有機相（溶媒）と水相（試料）への溶解分配比が異なることを利用します。例えば，水相から有機相に移すことで分離します。有機相中の溶質（放射性核種を含む化合物）の濃度を C_o と水相のそれを C_w とすると，分配比（あるいは分配係数）D が次のように定義されます。

$$D = \frac{C_o}{C_w}$$

また，抽出率 E が次のように表されます。V_o および V_w はそれぞれ有機相

および水相の体積です。

$$E = \frac{C_o V_o}{C_o V_o + C_w V_w} = \frac{D}{D + \frac{V_w}{V_o}}$$

本問では，$D = 100$，$V_w = 100\text{mL}$，$V_o = 50\text{mL}$ ということですので，これらを上の式に代入して抽出率を求めると，

$$E = \frac{100}{100 + \frac{100}{50}} = \frac{100}{102}$$

これに対して，求める放射能は水相に残るもの（非抽出物）ですから，

$$50\text{MBq} \times \left(1 - \frac{100}{102}\right) = 0.98\text{MBq} \fallingdotseq 1.0\text{MBq}$$

問19 解答 5 解説 分子量が M であれば，1モルの質量は M [g] となります。分子量が小さいほど1g中に含まれる物質量（モル数）は大きくなります。

本問では，それぞれの $^{14}C/^{12}C$ 比がすべて等しいということですので，「1グラム中の炭素数が最大のもの」と「1モル中の炭素数が最大のもの」を考えればよいことになります。与えられた選択肢のそれぞれについて，分子量，1g中のモル数，炭素数および1g中の炭素モル数をまとめます。

選択肢	分子量	1g中のモル数	1分子の炭素数	1g中の炭素モル数
メタン	16	1／16	1	1／16
エタン	30	1／30	2	1／15
エチレン	28	1／28	2	1／14
アセチレン	26	1／26	2	1／13
プロパン	44	1／44	3	3／44 $\fallingdotseq$ 1／14.7

この表を参照すると，「1グラム中の炭素数が最大のもの」は1g中の炭素モル数が1／13のアセチレンで，「1モル中の炭素数が最大のもの」は1分子の炭素数が3で最大のプロパンとわかります。

問20 解答 1 解説 Zr（ジルコニウム）と Hf（ハフニウム）の面密度が，ともに $100\text{mg}\cdot\text{cm}^{-2}$ と等しくなっていますが，重さでは等しいものの原子量が異なりますので，原子数も異なっています。単位面積当たりの原子数は，原子量の比に反比例しますので，問われている吸収率の比 A（Zr）／A（Hf）は，それぞれの吸収断面積［barn］を各々の原子量で割ったものの比となります。

したがって，次のようになります。

$$A(\text{Zr})/A(\text{Hf}) = \frac{0.2/91}{100/178} = 4 \times 10^{-3}$$

問21 解答 4 **解説** 放射能を示す物理量として，1秒間当たりの原子核の壊変する個数（壊変速度）が使われます。放射性核種が1秒当たり1個の壊変をしている場合に，その物質の放射能の強さを1 Bq（ベクレル）$[\text{s}^{-1}]$ といいますが，1秒間当たりの壊変数ということで，dps（disintegration per second），1分間当たりの壊変数ということで，dpm（disintegration per minute）と表記することもあります。

また，同位体希釈法とは，同位体をトレーサーとして利用する分析方法の一種で，目的の物質を定量的に分離することが困難な場合などに，一部分が純粋に分離できれば使用が可能です。測定目的の物質が非放射性であって，放射性核種を添加して測定するのが直接希釈法，その逆に測定目的の化合物が放射性であって，非放射性物質を添加して行う方法が逆希釈法です。

本問において定量すべき試料の量を a [mg] とし，次のようなバランス表を作って解くことが一般的です。

		重さ	比放射能	全放射能
添加前	定量すべき試料	a mg	700 dpm·mg^{-1}	$700a$ dpm
添加前	添加トレーサー	25 mg	0	0
添加後	混合物	$(a+25)$ mg	70 dpm·mg^{-1}	$70(a+25)$ dpm

ここで，混合前の全放射能と混合後の全放射能とは等しいはずですので，次のような関係が成り立つはずです。

$$700a = 70(a+25)$$

これを解いて，$a \fallingdotseq 2.8$ mg

問22 解答 4 **解説** 親核種 ^{140}Ba の半減期（12.8日）より娘核種の半減期（1.7日）が非常に短く，しかも，親核種の精製から娘核種の半減期の約15倍（25.6日÷1.7日）が経過していますので，過渡平衡の状態にあると考えられます。過渡平衡において，親核種の放射能を A_P，半減期 T_P を，また，娘核種の放射能を A_D，半減期を T_D とすると，次の式が成り立ちます。

$$\frac{A_\text{D}}{A_\text{P}} = \frac{T_\text{P}}{T_\text{P} - T_\text{D}}$$

化学

この式に $T_P = 12.8$, $A_D = 5 \times 10^3$, $T_D = 1.7$ をそれぞれ代入すると,

$$\frac{5 \times 10^3}{A_P} = \frac{12.8}{12.8 - 1.7}$$

これを解いて,

$A_P = 4.3 \times 10^3 \mathrm{Bq} = 4.3 \mathrm{kBq}$

この値は, 親核種（^{140}Ba）の精製後のものですので, 25.6日前の親核種の放射能を求めなければなりません。それは, 親核種の2半減期前（25.6÷12.8）ですので, この4倍が求める値となります。

$4.3 \mathrm{kBq} \times 4 = 17.2 \mathrm{kBq}$

問23 解答 3 解説 1　イオンの酸化数の変化を利用してはいません。溶解度の違いにより, 水相から有機相に移ることを利用しているだけです。
2　イオンの抽出速度は遅くありません。液体−液体間の操作であって, 移動速度も速いので激しく撹拌するなら短い時間でかまいません。
3　分配比を大きくするために, イオン会合錯体やキレート錯体などが利用されます。おもに電気的に中性の錯体を使うことによって, 界面を移動する速度が遅くならないようにしています。
4　アセトンやエタノールのように水とよく混じり合う溶媒は使用できません。
5　比重が1より大きい有機溶媒でも, 水相との分離ができればよいので, 例は少ないですが, 利用されることはあります。例えば, 四塩化炭素などです。

問24 解答 5 解説 A　記述は誤りです。同位体は原子番号が等しいので, 化学的性質は基本的には同じであるはずですが, 質量数の違いから化学的性質に違いが見られることがあります。これを同位体効果といいます。^{3}H を水素のトレーサーとして用いると, 通常の水素の3倍の質量がありますので, かなりの同位体効果が認められています。
B　記述は誤りです。トレーサーとして用いる RI は, 同位体交換反応速度が無視できるほど小さい必要があります。
C　記述のとおりです。トレーサーとして用いる RI と対象とするイオンとの原子価を等しくすることで, 酸化数を合わせ, 反応性を合わせています。
D　記述のとおりです。比放射能の高い標識化合物は, 放射線効果などによって分解しやすい, あるいは分解しているおそれがありますので, その放射化学的純度を十分に確認しておく必要があります。

問 25 解答 1 **解説** A　記述のとおりです。^{147}Pm を用いた厚さ計では，β 線の試料による吸収や散乱を利用しています。厚さ計の線源として用いられる核種は，使用の多い順に，^{85}Kr，^{241}Am，^{90}Sr，^{147}Pm，^{204}Tl，^{137}Cs，^{14}C となります。

B　記述のとおりです。^{192}Ir を用いた非破壊検査装置では，γ 線の透過作用を利用します。この装置は，放射線の物体透過の減弱作用と写真作用とを利用するもので，レントゲンのように物体内部の様子を調べることになります。^{192}Ir は半減期がやや短いという欠点はあるものの，その他の条件は良好であって最も多く用いられています。それに次いで，^{60}C，^{137}Cs などとなっています。

C　記述は誤りです。静電除去装置とは，α 線や β^- 線などを照射し電離空気を作って，摩擦などによって絶縁体表面に生じた静電気を除去する原理であって，電離作用を利用するものです。試料表面からの α 線散乱を利用するわけではありません。放射線源として ^{210}Po を用いることは正しいです。その他の核種としては，^{241}Am，^{85}Kr などが用いられます。

D　記述は誤りです。放射線利用の水分計は，速中性子が水素原子と衝突して減速された熱中性子になる現象を利用したものです。中性子の水素原子核による吸収を利用するものではありません。使用線源としては，^{252}Cf の他に，^{241}Am－Be，^{226}Ra－Be などが用いられます。

ここで，各種の測定に用いられる核種をまとめておきましょう。

表　放射線利用機器と利用されている核種

利用機器	利用核種
硫黄分析計	^{55}Fe（励起型），^{241}Am（透過型）
骨塩定量分析装置	^{125}I，^{241}Am
インターロック装置	^{60}Co
たばこ量目制御装置	^{90}Sr
厚さ計	^{85}Kr，^{90}Sr，^{137}Cs，^{147}Pm，^{204}Tl，^{241}Am
密度計，レベル計	^{60}Co，^{137}Cs
水分計	^{226}Ra－Be，^{241}Am－Be，^{252}Cf
スラブ位置検出装置	^{60}Co
蛍光 X 線装置	^{55}Fe，^{241}Am
煙感知器	^{241}Am

非破壊検査装置	^{60}Co, ^{137}Cs, ^{192}Ir
ラジオグラフィー	^{137}Cs, ^{192}Ir
ガスクロマトグラフ用 ECD	^{63}Ni

問 26 解答 3 解説 ①で捕集される RI が ^{3}H，②で捕集される RI が ^{14}C となります。この分析法は有機化合物の分析法で，有機物質は完全燃焼すると，炭素はすべて二酸化炭素 CO_2 になり，水素はすべて H_2O となります。生成した H_2O は塩化カルシウム管に吸着され，CO_2 はソーダ石灰管に反応吸収されます。それぞれの管の質量増加分が発生した H_2O および CO_2 の質量ということです。

問 27 解答 2 解説 水和電子とは，電子のまわりを水分子が囲んだものです。一種の錯体と考えてよいでしょう。$e^{-} \cdot (H_2O)_n$ という形をしています。

A 記述のとおりです。水溶液を γ 線で照射すると水分子がイオン化して電子が生じ，それを他の水分子の数個が取り囲んで水和電子が生成します。水分子の水素は分子内でやや正に分極していて，負電荷の電子に近づいて安定します。

B 記述のとおりです。スパー（ドイツ語読みでスプール）とは，放射線が分子性の液体や固体の中に入射して，その飛跡に沿って断続的にイオン化やラジカル化の現象が起こった跡をいうものです。水和電子はそのスパー内に生成します。

C 記述は誤りです。電子は基本的に水素と同様で還元性を持っています。水和電子には酸化能力はなく，還元能力があります。

D 記述のとおりです。水和電子は水分子を捕まえて次のような反応で水素ラジカル $H^{\cdot}$ を生成します。

$$e^{-} \cdot (H_2O)_n + H_2O \rightarrow OH^{-} + H^{\cdot} + nH_2O$$

あるいは，

$$e^{-} \cdot (H_2O)_n + H^{+} \rightarrow H^{\cdot} + nH_2O$$

問 28 解答 5 解説 すべて正しい組合せです。

A メスバウアー分光装置としては，^{57}Co の他に，^{59}Fe，^{125}Te，^{119m}Sn などの低エネルギー線源が用いられます。

B ECD ガスクロマトグラフでは，^{63}Ni が主流ですが，一部に ^{3}H なども使用

されます。
C 蛍光X線分析装置では，^{241}Am の他に，^{55}Fe，^{109}Cd なども使用されます。
D ^{252}Cf が主流ですが，他に ^{241}Am−Be 線源なども，中性子水分計で用いられることがあります。

問29 解答 5 解説 A 記述は誤りです。原子数を N，半減期を T とすると，放射能 A は次のようになります。

$A = 0.693N/T$

^{125}I と ^{131}I のそれぞれの原子数を N_{125}，N_{131}，またそれぞれの半減期を T_{125}，T_{131} で表すと，同一放射能であれば次式が成り立ちます。

$A = 0.693N_{125}/T_{125} = 0.693N_{131}/T_{131}$

これから，

$N_{125}/T_{125} = N_{131}/T_{131}$ あるいは $N_{125} = AT_{125}/0.693$，$N_{131} = AT_{131}/0.693$

つまり，原子数は半減期に比例することがわかります。ここで，^{125}I と ^{131}I のどちらのほうが半減期が長いかという知識が必要になります。^{131}I の半減期が8日であることは一般的によく知られたことですが，^{125}I の半減期が59日であることはそれほど知られていないかと思います。
1つの判断基準として，同位体の中で安定核種（Iでは ^{127}I）から離れた質量数のものほど不安定という傾向がありますので，^{127}I から2離れた ^{125}I のほうが4離れた ^{131}I より相対的に安定であると考えて，$T_{125} > T_{131}$ と判断でき，これから $N_{125} > N_{131}$ の関係があると考えられます。
B 記述のとおりです。熱中性子照射された ^{235}U の核分裂によって，主に質量数95付近の核と質量数138付近の核が多く生成します。^{131}I は質量数138付近の核に相当しますので，この反応で生成します。
C 記述のとおりです。ラジオイムノアッセイとは，抗原−抗体反応を利用した抗原の定量法です。抗原を標識するために一般に半減期が59日である γ 線放出核の ^{125}I が用いられます。
D 記述のとおりです。^{125}I は EC 壊変して ^{125}Te になります。その際に，35.5 keV の γ 線を放出します。

問30 解答 5 解説 原子が核反応を起こしたり壊変したりする場合に，生成核や娘核が大きな反跳エネルギーを得て，反応性の高い原子になりますが，これを**ホットアトム**といいます。
A 熱中性子照射されたヨウ化エチルから ^{128}I が生成します。それを水で抽出すると，^{128}I が水相に移ります。

B　As（V）のヒ酸塩を熱中性子照射すると，放射性ヒ素の ^{76}As（Ⅲ）が生成します。ここでは，ヒ素の価数も（VからⅢに）変化します。

C　安息香酸と炭酸リチウムを混合し，熱中性子照射すると，リチウムが ^{6}Li（n, α）^{3}H という核反応をして，安息香酸中の水素と同位体交換され，安息香酸がトリチウムで標識されます。

D　ブタノールと ^{3}He を混合し，熱中性子照射すると，C で説明した機構と同様に，^{3}He（n, p）^{3}H という核反応が起きて，同位体交換されたブタノールがトリチウムで標識されます。

管理測定技術

問 1 解答

Ⅰ A - 9（壊変）　　　B - 4（標準線源）　　C - 12（絶対）
　　D - 1（定立体角）　　E - 11（相対）
　　F - 13（全吸収ピーク）

Ⅱ G - 7（定立体角）　　H - 1（後方散乱）　　I - 2（自己吸収）
　　J - 3（$2\pi\beta$ 計数管）　　K - 8（偶発同時）
　　L - 4（$4\pi\beta$ 計数管）

　　ア - 2　$\left(\dfrac{1}{2}\left(1-\dfrac{d}{\sqrt{d^2+R^2}}\right)\right)$　　イ - 4　$\left(\dfrac{n_C}{n_\gamma}\right)$

　　ウ - 5　$\left(\dfrac{n_C}{n_\beta}\right)$　　エ - 6　$\left(\dfrac{n_\beta \cdot n_\gamma}{n_C}\right)$

　　オ - 13　$(2\tau \cdot n_\beta \cdot n_\gamma)$

問 1 解説

Ⅰ　放射能は単位時間当たりの壊変の数となります。100% β^- 壊変する核種では単位時間当たりに放出される β^- 線を測定し，その全数を求めます。標準線源を用いることなく直接測定する方法は絶対測定法と呼ばれ，これに属する方法には，幾何学的効率（全立体角に対する点線源から見た検出器窓の立体角の比）を一定にして測定する定立体角（計数）法，連続してほぼ同時に放出される複数の放射線に着目して測定する同時計数法などの方法があります。定立体角法とは，試料を検出器に対して定位置に置いて，幾何学的効率を用いて測定結果を求めます。立体角とは，二次元的な広がりの角度である平面角ではなく，立体的な広がりを持つ角度をいいます。

　一方，測定する試料と性状の等しい標準線源からの β^- 線を測定してその計数効率を求め，間接的に放射能を測定する方法は相対測定法と呼ばれます。相対測定法の場合には，標準となる測定器によって「値付け」されている必要があり，その体系をトレーサビリティと呼んでいます。β^- 壊変に続いて γ 線の放出を伴う核種に適用できる Ge 検出器を用いた γ 線スペクトロメトリに基づく放射能測定もこの 1 つで，着目する γ 線の全吸収ピークの計数率と放射能の関係をあらかじめ標準線源を用いて求めておき放射能を決定します。

Ⅱ　端窓型 GM 計数管を用いた定立体角法では，線源から計数管へ入射する β^- 線の割合を絞りによって一定に保ち，放射能 A を求めます。このとき，測

定で得られる β^- 線の計数率 n と点状線源の放射能 A との関係は，以下の式で与えられます．

$$n = A\varepsilon_1(1+\varepsilon_2)(1-\varepsilon_3)(1-\varepsilon_4)$$

ここで，ε_1 は幾何学的効率であり，絞りの半径を R，絞りと線源との距離を d とすると，$\varepsilon_1 = \dfrac{1}{2}\left(1-\dfrac{d}{\sqrt{d^2+R^2}}\right)$ となります．絞りの張る立体角は，円錐（半頂角 θ）を考えたとき，簡単な公式として $2\pi(1-\cos\theta)$ となりますが，これを全方向の立体角 4π で割れば求まります．より詳しくは，次のようにして求められます．すなわち，円錐の中心線（回転対称軸）のまわりの回転体の表面積 S を（回転体の表面積を求める公式として）次式で求め，これを全立体角球面の表面積 $4\pi(d^2+R^2)$ で割って求めます．

$$S = 2\pi \int_d^{\sqrt{d^2+R^2}} y\sqrt{1+\left(\frac{dy}{dx}\right)^2}\,dx$$

この積分を実行すると，次のようになります．

$$S = 2\pi\sqrt{d^2+R^2}\left(\sqrt{d^2+R^2}-d\right)$$

これを，半径の d^2+R^2 の球面の表面積で割れば立体角になりますので，

$$\frac{S}{4\pi(d^2+R^2)} = \frac{2\pi\sqrt{d^2+R^2}\left(\sqrt{d^2+R^2}-d\right)}{4\pi(d^2+R^2)}$$

$$= \frac{1}{2}\left(1-\frac{d}{\sqrt{d^2+R^2}}\right)$$

この結果は，$\dfrac{1}{2}(1-\cos\theta)$ となります．$2\pi(1-\cos\theta)$ の公式を覚えておくほうが計算は早いでしょう．

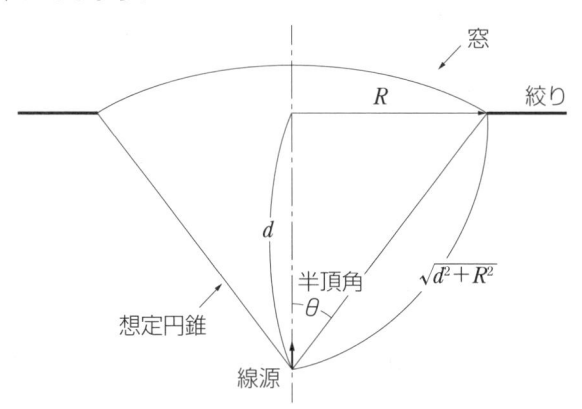

ε_2 は線源支持板の後方散乱の割合，ε_3 は線源－検出器間の空気層や検出器窓による吸収損失の割合，ε_4 は線源の自己吸収による損失の割合を表しま

す。

　また，この測定法を拡張し，幾何学的効率が0.5で，さらに線源と検出領域との間のβ^-線の吸収損失をなくした測定器が$2\pi\beta$計数管です。ここで「2π」とは，計数管が半球型をしていて全空間の半数を検知するものという意味で使われています。4πなら全空間（全球）を意味します。

　$\beta-\gamma$同時計数法では，β線検出器とγ線検出器を対向させ，その間に点状線源を置いて測定します。β^-線とこれに連続して放出されるγ線について，バックグラウンドを補正したそれぞれの計数率をn_β，n_γ，またそれらの同時計数の計数率をn_Cで表すと，次の式が成り立ちます。

$$n_\beta = \varepsilon_\beta A, \quad n_\gamma = \varepsilon_\gamma A$$

一方，同時計数率n_Cは，

$$n_C = \varepsilon_\beta \varepsilon_\gamma A$$

ですから，

$$n_C = \left(\frac{n_\beta}{A}\right)\left(\frac{n_\gamma}{A}\right)A = \frac{n_\beta n_\gamma}{A}$$

これより，

$$\varepsilon_\beta = n_\beta \left(\frac{n_C}{n_\beta n_\gamma}\right) = \frac{n_C}{n_\gamma}$$

これと同様に，

$$\varepsilon_\gamma = n_\gamma \left(\frac{n_C}{n_\beta n_\gamma}\right) = \frac{n_C}{n_\beta}$$

　この測定法において計数率が高い場合は，β^-線と同時事象の関係にないγ線による偶発同時計数率の影響を補正することが必要となります。

　同時計数回路の信号パルスの分解時間をτとすると，同時計数回路にβ線検出器からの信号が来た場合，回路は時間τの間にγ線検出器からの信号を待ちます。その間にγ線信号が来た場合，同時に計測されたとして回路は信号を発します。β線検出器の計数率がn_βですから，単位時間当たりτn_βの時間に回路はγ線信号を待ちます。したがって，β線信号による偶発計数率は，$\tau n_\beta n_\gamma$となります。これと同様にγ線検出器の側でも，偶発同時計数率が，$\tau n_\gamma n_\beta$となりますので，これらを併せて，全偶発同時計数率は$2\tau n_\beta n_\gamma$となります。

　また，β線検出器として$4\pi\beta$計数管を用いれば，β線の計数へのγ線の影響や角相関などの影響がほとんどなく，種々の補正が軽減されます。

問2 解答

Ⅰ　A － 3（任意の）　　B － 3（任意の）　　C － 12（熱量計）
　　D － 5（イオン対）　E － 15（再結合）　F － 9（飽和）
　　ア － 2（0.24）
Ⅱ　G － 2（壁物質）　　H － 10（電気素量）　I － 8（平均質量阻止能）
　　J － 2（壁物質）　　K － 1（空洞気体）　　L － 5（飛程）
　　M － 4（粒子束）　　N － 7（電子平衡）　　O － 3（組織等価物質）
　　P － 6（質量エネルギー吸収係数）
　　イ － 3（0.38）

問2 解説

Ⅰ　吸収線量とは，任意の電離放射線が任意の物質に当たったとき，その物質の単位質量当たりに吸収されたエネルギーとして定義されています。本来の SI 単位は $J \cdot kg^{-1}$ ですが，この単位に対してグレイ［Gy］という固有の単位名称と記号とが与えられています。

　吸収線量の測定法として最も定義に忠実な方法は，エネルギーということですので，本来的には熱量計法です。しかしながら，例えば断熱状態の水 1 kg に $1.0 Gy = 1.0 J \cdot kg^{-1}$ の吸収線量が与えられた場合の温度上昇は，水の比熱が $4.2 kJ/(kg \cdot ℃)$ ですので，

$$1.0 J \cdot kg^{-1} \div 4.2 kJ/(kg \cdot ℃) = 0.238 \times 10^{-3}℃ \fallingdotseq 0.24 \times 10^{-3}℃$$

程度にとどまります。これを正確に測定することは容易ではありません。そのため，実用的な吸収線量測定としては，ブラッグ・グレイの原理に準拠した空洞電離箱法などによっています。空洞電離箱とは固体壁（グラファイトなど）の中に空洞を設け，その空洞中に空気などの気体を充填したものです。空洞の中心には細い導電性の棒状電極を配置し，これと固体壁の間に電圧を印加して電離電流を測定します。固体壁が絶縁体である場合には，内壁面に炭素などを薄く塗布し，導電性を確保します。印加電圧が低いと，電離によって生じたイオン対が再結合しますので，充分な電圧をかけて飽和電流が得られるようにします。

Ⅱ　例えば，空洞体積 V ［m³］，空洞気体密度 ρ ［$kg \cdot m^{-3}$］の空洞電離箱に X 線（または γ 線）を照射して，電離電流 I ［A］を得た場合，壁物質中の吸収線量率 $\dot{D}_m$ ［$Gy \cdot s^{-1}$］は次式により求めることができます。

$$\dot{D}_m = 1.6 \times 10^{-19} \frac{WI}{V\rho e} S_m$$

ここで，W は空洞気体中で 1 イオン対を作るのに要する平均のエネルギー

[eV]，すなわちW値であって，空気の場合34eVです。このeV単位をJ単位に換算する係数が1.6×10^{-19} J・eV^{-1} ですが，次元は異なるとはいうものの，数値的には電気素量 e [C] と一致します。S_m は壁物質の空洞気体に対する平均質量阻止能比と呼ばれるもので，式で表すと，

$$S_m = \frac{壁物質の二次電子に対する平均質量阻止能}{空洞気体の二次電子に対する平均質量阻止能}$$

となります。ここで二次電子とは，コンプトン効果や光電効果によって生じた電子をいいます。空洞気体が空気であり，壁物質がグラファイトのような原子番号の低い材料を使う場合，S_m はほとんど1に近いです。

こうした空洞電離箱法の適用にあたっては，二次電子の飛程に比較して空洞が小さく，空洞の存在が二次電子の粒子束に大きく影響しないことが前提となっていますが，空洞を小さくすると，電離電流が少なくなってしまいます。また，壁厚は壁物質中で二次電子の電子平衡が成立するように注意します。

壁物質として組織等価物質を用いれば生体組織における吸収線量（率）が決定できますが，測定対象物質と壁物質とが異なる場合には，測定対象物質（例えば，水ファントムなど）に小さな空洞電離箱を挿入して測定を行い，得られた結果に測定対象物質と壁物質の質量エネルギー転移係数比を用いて，測定対象物質の吸収線量（率）を間接的に求めます。

体積 10×10^{-6} m^3 の空洞に空気（密度1.3kg・m^{-3}）を充塡(てん)したグラファイト空洞電離箱に γ 線を照射して，1.0mGy・s^{-1} の吸収線量率を与えた場合，流れる電流は0.38nAです。この計算は次のように行います。

空気のW値が34eVですから，1C・s^{-1} = 1A という関係を使って，

$$\frac{1.0 \times 10^{-3} \text{Gy}\cdot \text{s}^{-1} \times 1.3 \text{kg}\cdot \text{m}^{-3} \times 10 \times 10^{-6} \text{m}^3 \times 1.6 \times 10^{-19} \text{C}}{34 \times 1.6 \times 10^{-19} \text{J}} = 3.8 \times 10^{-10} \text{A}$$

$$= 0.38 \text{nA}$$

問3 解答

I　A－2（18.6keV）　　　B－5（液体シンチレーション計数装置）
　　C－9（蒸気圧）　　　　D－2（水素ガス）　　E－3（OH）

II　F－4（1.71MeV）　　　G－6（10mm厚のアクリル板）
　　H－9（リングバッジ）　I－2（チェレンコフ光）
　　J－7（カルシウム）

III　K－2（ラジオイムノアッセイ）　L－5（酸性）
　　M－11（半減期が短い）　　N－3（有機アミン添着活性炭）

IV　O－1（10MBq・L^{-1} 以下）　　P－7（乳化シンチレータ）

Q－11（紫外・可視光の吸収）　　　R－1（pHを低く保つ）
S－7（自己放射線分解）

問3 解説

Ⅰ　^3H は最大エネルギー18.6keVのβ線を放出します。このエネルギー値の18.6keVという値を覚えておられる人はともかく，そうでない方も選択肢の4つの数値からこの程度ということを見定めることが必要でしょう。β^-放出体の中では，最も低いエネルギー値です。そのため一般に精度の高い液体シンチレーションカウンタが用いられます。液体の^3H標識化合物は，その蒸気圧に依存して一部が気体となるため，吸入による内部被ばくにも注意する必要があります。また，化学反応によって^3Hを含む放射性気体が発生する場合もあります。^3Hで標識されたエタノール（CH_3CH_2OH）は，それ自体も揮発性ですが，金属ナトリウムと反応すると水素ガスが発生します。次のような反応です。

$$2C_2H_5OH + 2Na \rightarrow 2C_2H_5ONa + H_2 \uparrow$$

ここで生成したC_2H_5ONaをナトリウムエチラート（ナトリウムエトキシド）といいます。記号↑は気体となって液体の系から出ていくことを意味しています。この発生する水素ガスは，エタノールのOH部分の水素に由来しますので，もとのエタノール中で^3HがOHの部分に存在している場合，発生気体は放射性となります。

Ⅱ　^{32}P は最大エネルギー1.71MeVのβ線を放出します。このエネルギー値も，見当をつけて選択する必要がありますが，重粒子線ですので非常に大きな値と考えることになります。

取扱いの際に10mm厚のアクリル板製のついたてを用いることで，β線を遮蔽し，制動放射線の発生を抑えることができます。3mm厚のアクリル板では弱いのですが，大きな粒子ですので，ガラス，アルミニウム，10mm厚のアクリル板などが用いられ，鉛までは必要ありません。

しかし，手指などの局所被ばくが全身被ばくに対して著しく高くなることがありますので，リングバッジによる局所被ばく線量のモニタリングは重要とされます。スミア法による汚染検査におけるろ紙の放射能測定では，チェレンコフ光の検出も利用できます。ただし，この検出法は^3Hでは利用できません。^{32}Pで標識されたリン酸はカルシウムなどの金属イオンと反応して沈殿を生成します。ナトリウムやカリウムのような1価の金属は一般に沈殿を作るような塩を形成しません。このようなリンの化学的性質は実験操作時の^{32}Pの挙動の予測に有用です。

Ⅲ ^{125}I はラジオイムノアッセイ（放射性同位体を用いた微量抗原の量を測定する免疫活性検査法）に用いられ，この測定では井戸型シンチレーション検出器が利用されます。^{125}I を含む水溶液は酸性で飛散率が著しく増大しますので，取扱いには注意を要します。^{131}I もラジオイムノアッセイに利用できますが，^{125}I に比べて半減期が短いため，使用例は少ない状況です。ヨウ素の放射性同位体で標識された有機化合物の中には揮発性のものが多く知られていますので，吸入に対する防護も必要となります。放射性ヨウ化メチルの取扱いの際には，グローブボックス（手袋を介して間接的に取り扱える密閉装置）等を使用し，さらに，有機アミン添着活性炭を吸着材として含むマスクによってヨウ化メチルなどの有機性ヨウ素が吸着できます。

Ⅳ 原子炉において天然ウランを中性子照射すると，^{237}Np が容易に生じます。これを分離精製してトレーサーなどとして用いることができます。^{237}Np の半減期は 2.1×10^6 年（6.6×10^{13} 秒）ですので，$1.0 \times 10^{-3} \mathrm{mol}^{-1}$ の水溶液の 1L の水溶液であれば，^{237}Np の原子数は，アボガドロ数をかけて，

$$1.0 \times 10^{-3} \mathrm{mol}^{-1} \times 6.0 \times 10^{23} = 6.0 \times 10^{20}$$

この半減期が 6.6×10^{13} 秒なので，壊変定数 λ は，

$$\lambda = 0.693/6.6 \times 10^{13} \fallingdotseq 1.0 \times 10^{-14}$$

ゆえに，その放射能は，

$$-dN/dt = \lambda N = 1.0 \times 10^{-14} \times 6.0 \times 10^{20} = 6.0 \times 10^6 \mathrm{Bq} = 6.0 \mathrm{MBq}$$

したがって，$1.0 \times 10^{-3} \mathrm{mol}^{-1}$ の水溶液の放射能濃度は $10 \mathrm{MBq \cdot L^{-1}}$ 以下となります。α 放出体ですので試料水溶液に乳化シンチレータを加えて液体シンチレーション測定で放射能濃度を求めることもできます。また，このような長半減期核種については紫外・可視光の吸収を測定して濃度を求めることも可能です。Np や Am などのアクチノイドは加水分解しやすいので，これを防ぐために，水溶液系ではできる限り pH を低く保つなどの実験操作上の工夫も求められます。また，これらの α 放射体の高濃度溶液では，α 粒子は溶液中で停止しますので，自己放射線分解を十分に考慮しての実施設計が求められます。

問4 解答

Ⅰ　A－3（87.5）　　B－5（^{32}P）　　C－9（カルシウム）
　　D－10（S^{2-}）

Ⅱ　E－1（アクリル樹脂）　F－5（制動放射線）　G－7（GM 管式）
　　H－11（非固着性）　　I－15（チェレンコフ光）
　　J－2（^{14}C と ^{35}S）　K－5（β 線の最大エネルギー）

Ⅲ　L-4 (3.9)　　　　M-2 (2.2)　　　　N-9 (20.0)
Ⅳ　O-1 (最大エネルギー)
　　P-5 (イメージングプレート像の高解像度化)
　　Q-2 (ラジオイムノアッセイ)　　　　　R-4 (^{125}I)

問 4 解説

Ⅰ　問題にある核種の半減期は ^{14}C が5,700年，^{32}P が14.3日，^{35}S が87.5日となっています。半減期をすべて覚えるのは困難ですが，これらのような代表的なものは頭に入れておきましょう。8.0日は ^{131}I の半減期でしたね。β線の最大エネルギーは（より重たい ^{35}S をさて置いて）^{32}P が最も大きく1.711MeV となっています。利用される沈殿生成については，カルシウムが沈殿を作りやすいためによく用いられます。その他には，硫黄の金属化合物が難溶性塩（すなわち沈殿）となりやすいです。還元型という意味は，単体のS（酸化数0）に比べて酸化数がマイナスであって，S^{2-} の酸化数が-2であることをいっています。これは相手を還元して自らは酸化する反応を起こしやすいもの（還元剤）です。金属などのプラスイオンは酸化型となります。

Ⅱ　^{32}P を使用する場合，遮蔽材にアクリル樹脂を用いて制動放射線の発生を避けます。ここでは消滅放射線は関係ありません。
　^{32}P の取扱いで汚染が発生した場合，その位置の特定にはGM管式サーベイメータが用いられます。さらに，スミア法で非固着性汚染の広がりを調べ，除染の方法を検討します。スミアろ紙を水に浸して液体シンチレーションカウンタでチェレンコフ光（荷電粒子の速度が，その物質中の光速より速い場合に発生する光のことです）を計測することで ^{32}P のみを測定することも可能です。
　^{14}C，^{32}P，^{35}S のうち2核種を同時に利用した際のスミア試料の測定に液体シンチレーションカウンタを使用した場合，^{14}C と ^{35}S とを区別して定量することは困難ですが，これは両者のβ線の最大エネルギーが近いためです。

Ⅲ　希釈せずに排水できるのは，^{14}C と ^{32}P それぞれの濃度と排水中濃度限度との比の和が1以下の場合となります。いま，^{32}P を ^{14}C の数量に換算して考えることとすると，
　　2×10^0 Bq/cm^3 = 2Bq/cm^3
　　3×10^{-1} Bq/cm^3 = 0.3Bq/cm^3
となっていて，^{32}P のほうが ^{14}C より厳しい基準になっています。したがって，^{32}P を ^{14}C の数量に換算して考える際には，^{32}P の濃度を20/3倍して考える必要があります。

^{14}C および ^{32}P それぞれ 1 MBq を含む可能性がある洗浄液は，$1+20/3=23/3$ MBq の溶液とみなすことができますので，この濃度が排水中濃度限度に等しくなる体積は，次のように求めることになります。

$$23/3 \text{MBq} \div 2\text{Bq/cm}^3 = 3.83 \times 10^6 \text{cm}^3 = 3.83 \text{m}^3$$

この数字を上回る量であれば排水が可能となります。

また，2週間という ^{32}P の半減期が経過すると（^{14}C の放射能はほとんど減りませんが）^{32}P の放射能は半分になりますので，$1+(20/3)/2=13/3$ MBq の溶液とみなすことができます。先の計算と同様に，

$$13/3 \text{MBq} \div 2\text{Bq/cm}^3 = 2.17 \times 10^6 \text{cm}^3 = 2.17 \text{m}^3$$

やはり，この数字を上回る量であれば排水が可能となります。

希釈槽を使用しての希釈操作が必ず必要となるのは，時間の経過で放射能を減らすことが事実上難しい ^{14}C だけでこの排水濃度限度を満たす場合ですので，1つの貯留槽 $10 \text{m}^3 = 10^7 \text{cm}^3$ が 2Bq/cm^3 になっている場合です。すなわち，次の水準です。

$$10^7 \text{cm}^3 \times 2\text{Bq/cm}^3 = 2 \times 10^7 \text{Bq} = 20.0 \text{MBq}$$

Ⅳ　^{32}P も ^{33}P も，いずれも β^- 線のみを放出する核種です。それらの放射線の最大エネルギーは，^{32}P が 1.711 MeV，^{33}P が 0.25 MeV と，その大きさがかなり異なりますので，^{33}P を用いると，イメージングプレート上での放射線の当たる面積が小さくできて，イメージングプレート像の高解像度化が可能となります。ただし，ラジオイムノアッセイ（抗原－抗体反応を利用した抗原の定量法）に有用で主にX線・低エネルギーγ線を放出する ^{125}I を追加した場合には，低エネルギーγ線用 NaI（Tl）シンチレーション式サーベイメータを追加して，汚染箇所の特定や除染に対応することが望まれます。

問5 解答

Ⅰ　A－3　(^{133}Xe)　　　B－4　(ガス捕集用電離箱)
　　C－7　(シリカゲル)　　D－9　(水バブラー)
　　E－12　(コールドトラップ)　　F－6　(活性炭カートリッジ)
　　G－1　(^{60}Co)　　H－3　(捕集)　　I－4　(捕集時間)

Ⅱ　J－2　(β^- 壊変)　　K－7　(^{3}H)　　L－2　(I_2)
　　M－5　(酸性)　　N－9　(^{131m}Xe)

Ⅲ　O－11　(空気)　　P－1　(呼吸)
　　Q－7　(ヨウ化カリウム)　　R－2　(飲水)
　　S－8　(利尿剤)　　T－10　(D-ペニシラミン)

管理測定技術

問 5 解説

Ⅰ　^{133}Xe のような放射性希ガスの直接捕集ではガス捕集用電離箱が用いられます。水蒸気として存在する ^{3}H の捕集では，直接捕集の他に，シリカゲルによる固体捕集，水バブラーによる液体捕集，水バブラーによる冷却凝縮捕集も利用されます。また，気体として存在する ^{131}I の固体捕集では活性炭カートリッジがより有効です。これに対して，^{60}Co などのラジオアイソトープ（RI）が浮遊粒子（Kr も Xe も希ガスですので粒子にはなりません）として存在する場合にはダストサンプラを用いて試料を採取することができます。ただし，浮遊粉じんへの吸着により，気体として存在していた RI がろ紙に捕集される場合もあります。

　このように捕集された RI を定量した上で，一般に捕集装置への吸引平均流量，捕集効率および捕集時間の値から RI の空気中濃度を算出します。

Ⅱ　内部被ばくの影響を考える場合には，壊変様式や線質などの物理的性質を知っておく必要があります。^{133}Xe，^{131}I，^{3}H，^{60}Co はすべて β^- 壊変しますが，^{3}H 以外は γ 線も放出します。^{131}I は実験環境中で多様な化学形をとりえますので，取扱いに注意を要します。分子状 I_2 は特に揮発しやすい化学形なので，飛散を防ぐために，水溶液系では（酸性下では分子状 I_2 が増えますので）酸性状態を避けるなどの工夫が必要です。壊変によって約 1 % の ^{131}I は放射性の ^{131m}Xe となりますので，これの挙動にも注意を要する場合があります。

Ⅲ　^{133}Xe の体内からの除去には清浄な空気での呼吸が有効です。^{131}I を吸入した場合の体内汚染の除去には吸入後速やかに（非放射性ヨウ素を含む）ヨウ化カリウムを投与することが常套手段になっています。これは，放射性ヨウ素が甲状腺に蓄積することを防ぐ意味があります。

　水蒸気として存在する ^{3}H を吸入した場合の体内汚染の除去には飲水を行い，利尿剤を投与することが有効です。水素ですので体内で濃縮されることはなく，速やかに非放射性水素で置き換えることが重要です。

　粒子として浮遊している ^{60}Co を吸入した場合の体内汚染の除去には D－ペニシラミンを投与することが有効です。D－ペニシラミンは，各種の重金属と水溶性キレート（錯体）を作って尿への排泄を促進する機能を有します。

問 6 解答

Ⅰ　A－3（確定的影響）　　B－2（確率的影響）　　C－9（重篤度）

  D － 10（発生頻度） E － 7（皮膚炎） F － 8（白内障）
  G － 5（早く）   H － 4（遅く）   I － 13（奇形）
  J － 15（皮膚）   K － 14（眼の水晶体）
  ア － 3（0.25）   イ － 2（0.15）
Ⅱ L － 2（放射線加重（荷重）係数）   M － 3（20）
  N － 1（α線）   O － 3（有効半減期）
  P － 1（物理的半減期） Q － 2（生物学的半減期）

問 6 解説

 Ⅰ 放射線による影響は，しきい線量がある確定的影響と，しきい線量がないと仮定されている確率的影響に区分されます。被ばく線量の増加により，確定的影響はその重篤度が増大し，確率的影響ではその発生頻度が増大します。放射線防護の目的は，しきい線量を超えなければ発生しない確定的影響を防止するとともに，確率的影響を容認できるレベルまで制限することにあります。

 確定的影響には急性障害と晩発障害があり，急性障害の例として皮膚炎が，晩発障害の例として白内障があります。骨髄のように常に分裂する前駆細胞（幹細胞）が存在し細胞交代率が高い臓器・組織では障害が早く現れ，肝臓のような細胞交代率が低い臓器・組織では障害が遅く現れます。生殖腺における確定的影響としては不妊があります。また，妊娠中の被ばくにより胎児に奇形が生じることがありますが，これも確定的影響です。

 障害のしきい線量は臓器・組織により異なる値となり，γ線の急性被ばくでのしきい線量は末梢血中のリンパ球数減少では約0.25Gy，男性の一時的不妊では約0.15Gyで，頭髪の脱毛では約3Gyとされています。代表的なしきい線量は頭に入れておくとよいでしょう。

 放射線業務従事者の各組織の一定期間における等価線量限度は，4月1日を始期とする1年間につき皮膚については500mSv，眼の水晶体については150mSvと定められています。

 Ⅱ プルトニウム－239に関しては，可溶性プルトニウム塩により創傷部が汚染されるとプルトニウムが骨や肝臓に移行して，これらの臓器に長期間にわたり蓄積し，放射線加重（荷重）係数が20であるα線を放出し続け骨肉腫等を誘発します。プルトニウムのような大きな核種の壊変の多くはα壊変で，このような重粒子線の放射線加重（荷重）係数は20ですね。

 内部被ばくにおいて，体内に摂取された放射性核種は，その壊変や体外排泄速度で決定される有効半減期に基づき減少しますが，有効半減期は，摂取核種に固有な性質である物理的半減期に加えて，生体内における挙動としての，代

謝や排泄に基づく生物学的半減期をもとに計算されます。

生物学

問1 解答 2 解説 A ウリジンは糖部分と塩基部分からなりますが，その塩基成分はウラシルであって，これはDNAにはなく，RNAにのみある塩基です。標識されたウリジンによりRNAの合成量を調べることは可能です。

B チミジンの塩基成分はチミンで，これはRNAにはなく，DNAにのみある塩基です。標識されたチミジンを用いて行うのは，DNAの合成量を調べることになります。糖の合成量を調べることにはなりません。

C メチオニンはタンパク質の基本成分であるアミノ酸の1つです。多くのアミノ酸の中で，メチオニンとシスティンだけが，硫黄（S）を含んでいます。これを標識することでタンパク質の合成量を調べることは自然です。

D ヨードデオキシウリジン（IUdR）は核酸の類似物質ですので，DNAに取り込まれやすいものです。放射線を感じやすいという物質で，取り込まれた場所の放射線増感効果があります。これで脂質の合成量を調べることはできません。

問2 解答 4 解説 A 修復のうち，かなりのものは比較的短時間で終了すると見られますが，SLD回復では約12時間，PLD回復でも6〜8時間とされていますので，「細胞照射後2時間以内に終了する」というのは誤りです。

B 記述のとおりです。DNA二重らせんの1本のみが切断される1本鎖切断（単鎖切断）と2本とも切断される2本鎖切断（二重鎖切断）とがあります。2本鎖切断は（当然ですが）特に影響が大きく，細胞死や突然変異，発がんなどを引き起こします。2本鎖切断の生起頻度は，1本鎖切断の約1／10程度とされています。DNA2本鎖切断が起こると，細胞周期チェックポイントによって，いったん細胞周期停止となり，修復してから再び細胞周期が回り始めます。

C 記述のとおりです。非相同末端結合修復は，2本鎖の切断部位が単純に（相同性に関する情報なしに）再結合される修復機構で，全細胞周期で行われますが，特に細胞分裂周期のG_1期およびG_0期で活発に行われます。

D 記述は誤りです。相同組換え修復は細胞周期のM期ではなく，S期の終わりからG_2期に行われます。

問3 解答 1 解説 Aの転座やBの逆位，Cの小さな欠失などは安定型異常といわれます。これらは「安定」ということなので残るものとなり，細胞分裂によって引き継がれます。また，Dの二動原体染色体やEの環状染色体は，不

生物学

安定型異常といわれ，細胞分裂によって次代に引き継がれることはありません。

問 4 解答 3 **解説** DNA 損傷などによって遺伝情報が変化することを遺伝子突然変異といいます。この場合には，遺伝子だけが変化して染色体の構造そのものには変化が見られないことが多く，点としての変化ということから，点突然変異といわれることもあります。優性突然変異（優性遺伝子変化）と劣性突然変異（劣性遺伝子変化）とがあり，前者は子供に影響がすぐに出るもので，後者は最初のしばらくの世代には発現しなくても遺伝学的損傷として蓄えられ，後の世代に発現することがあるものです。

A 記述のとおりです。α 線は γ 線に比べて高エネルギー放射線（高 LET 放射線）ですので，単位吸収線量当たりの突然変異頻度も高くなります。
B 記述は誤りです。β 線は中性子線に比べて低エネルギー放射線ですので，単位吸収線量当たりの突然変異頻度は低くなります。
C 記述のとおりです。点突然変異とは，通常 1 ヶ所の塩基情報の誤りをいいますが，これは発がんの原因となる可能性があります。
D C の解説と同様で，塩基が損傷することは点突然変異の原因となります。

問 5 解答 4 **解説** 核医学では，インビボ検査とインビトロ検査があります。インビボ (*in vivo*) の *vivo* とは生体のことで，身体に放射性標識化合物を注入してカメラで撮影する形をとります。また，インビトロ (*in vitro*) の *vitro* とは，もともとガラスの意味（江戸時代の絵画作品「ビードロを吹く女」のビードロと同じです）で，血液や尿などを採取してビーカーやシャーレなどのガラス器具で扱って測定し診断を行います。核医学における主なインビボ検査と利用核種を次表に示します。これによると，心機能・血流量の検査には ^{99m}Tc（B），^{123}I，^{201}Tl（D）などが用いられることがわかります。

表　核医学におけるインビボ検査と利用核種

インビボ検査の種類	利用核種
脳血流	^{99m}Tc, ^{123}I
甲状腺機能	^{99m}Tc, ^{123}I
心機能・血流量	^{99m}Tc, ^{123}I, ^{201}Tl
骨転移	^{67}Ga, ^{99m}Tc
腎機能	^{99m}Tc

問 6 解答 5　**解説**　スーパーオキシドは，$O_2\cdot^-$ という記号からもわかるように，・があるのでラジカルです。スーパーオキシドラジカルともいわれます。

A　記述は誤りです。カタラーゼにより分解されるものは，過酸化水素です。スーパーオキシドではありません。

B　記述は誤りです。ヒドロキシルラジカルよりも，ヒドロキシルラジカル（OH ラジカル）のほうが生体成分への反応性が高いです。

C　記述のとおりです。生体内で発生したスーパーオキシドラジカルは，スーパーオキシドディムスターゼ（SOD）と呼ばれる酵素によって還元され，過酸化水素に変化します。

$$2O_2\cdot^- + 2H^+ \rightarrow O_2 + H_2O_2$$

D　水和電子（電子の周囲に水分子が集まったもの）は強い還元力を持ちますので，酸素と反応します。その結果，スーパーオキシドラジカルが生じます。

$$e_{aq}^- + O_2 \rightarrow O_2\cdot^-$$

問 7 解答 1　**解説**　放射線の作用には次の 2 種類があります。

●直接作用：放射線によって DNA を構成する原子が電離あるいは励起を起こし，DNA 分子の損傷になる場合です。

●間接作用：生体は 70%を超える水分を含んでいますので，その水分子が放射線によって電離あるいは励起した場合に生じるフリーラジカル（自由に動き回るラジカル）や酸化・還元力のある原子団が DNA 分子の損傷を起こす場合です。

A　記述のとおりです。主として水の電離または励起によって生じるフリーラジカルの作用であって，中でも最大の作用のものがヒドロキシルラジカル（OH ラジカル）です。

B　記述は誤りです。凍結状態ではラジカルの動きも抑制されますので，その影響も小さくなります。

C　記述のとおりです。グルタチオンなど SH 基を持つ物質は，ラジカルを捕捉して無害化する効果があります。これがラジカルスカベンジャーです。グルタチオンの他に，システアミン，システィンなどもそのような効果を持ちます。

D　記述のとおりです。酸素分圧を低下させることで，低減することができます。およそ 20mmHg 以下の酸素分圧になると，影響が低下します。

問 8 解答 4　**解説**　酸素が存在すると，一般に放射線の作用を増大させます。

生物学

これが酸素効果です。これは放射線により酸素ラジカルが生じて間接作用が増強されるためであるとされます。
A　記述は誤りです。酸素効果のような間接作用は，高エネルギー放射線のほうが大きいとは限りません。むしろ高エネルギーの割には小さいことが多いです。相対的に低エネルギー放射線である γ 線は，高エネルギー放射線の速中性子線よりも酸素効果が大きい傾向にあります。
B　記述のとおりです。照射時に酸素があることが必要で，照射後に酸素分圧を高めても酸素効果は見られません。
C　記述は誤りです。腫瘍(しゅよう)細胞はどちらかというと酸素不足細胞ですので，酸素効果はあまり見られません。正常細胞では，血管を通じて酸素が継続的に供給されますので酸素分圧が高い状態です。記述は逆になっています。がん治療においても低酸素細胞を選択的に死滅させる研究が進められています。
D　記述のとおりです。酸素は増感作用をしていますので，培養細胞に限らず，細菌でも酸素効果が見られます。

問9　解答　1　**解説**　A　記述のとおりです。細胞周期において放射線感受性はM期が最も高いです。S期後半にある細胞より，M期にある細胞で効果は大きいです。
B　記述のとおりです。同一吸収線量では線量率を低くすると効果が小さくなります。線量率効果といいます。
C　記述は誤りです。ラジカルスカベンジャーが存在すると，ラジカルスカベンジャーが（悪玉である）ラジカルを除きますので，細胞致死作用の効果は小さくなります。
D　記述は誤りです。同一吸収線量では，分割照射によっても細胞致死作用の効果は小さくなります。SLD回復がしやすくなります。

問10　解答　2　**解説**　細胞は細胞分裂を繰り返して増えていきます。ここでいう分裂とは，1つの細胞が2つに，2つの細胞が4つに，というように数を増やしていくことをいいます。細胞分裂周期（あるいは単に細胞周期，細胞の生活史のことです）の過程は次のような4期に分けられます。この4期を通じて1つの細胞が2つになります。Gはgap（差），Mはmitosis（有糸分裂），Sはsynthesis（合成）からきています。
①　DNA合成準備期（DNA複製準備期，G_1期）
②　DNA合成期（DNA複製期，S期）
③　細胞分裂準備期（G_2期）

④ 細胞分裂期（M期）→さらに前期，中期，後期，終期に細分化されます。
　G_1期が非常に長い場合に静止期（あるいは休止期，G_0期）と呼ぶこともあり，また，M期以外をまとめて間期と呼ぶ場合もあります。放射線感受性は，同じ種類の細胞においても，細胞分裂周期のどの段階にあるかによっても異なります。放射線感受性が高い時期は，M期およびG_1期後期からS期前期にかけてとなります。細胞分裂期が終わると，図のように分裂した細胞が次の細胞分裂サイクルに入り，再びDNA合成準備期に移行します。

A　記述のとおりです。がん抑制遺伝子であるp53の機能に，細胞周期の制御があり，放射線照射後の細胞周期停止に関与します。

B　記述は誤りです。分裂期であるM期は，細胞周期の中で，最も放射線感受性が高い時期です。

C　G_0期はG_1期が長い場合に呼ばれるもので，G_2期から移行するというのは誤りです。

D　記述のとおりです。毛細血管拡張性運動失調症患者由来の細胞では細胞周期チェックポイントに異常があって細胞周期の進行が止まらない状態となっています。

問11　解答　3　解説　A　記述は誤りです。細胞周期の中では，G_2期後半からM期の致死感受性が高くなっています。

B　記述のとおりです。亜致死損傷からの回復（SLD回復）という現象があります。X線やγ線などの低LET電離放射線の場合，一般に線量率を下げると生存曲線の勾配が緩やかになりますが，これは亜致死損傷からの回復による感受性の低下と考えられています。高LET放射線の場合には，SLD回復はほとんどないか，あっても小さい傾向にありますが，一般に同一線量を低線量率で照射すると致死感受性が低下します。

C　記述のとおりです。心筋細胞は筋肉細胞であって，（細胞再生があまり活発ではありませんので，たとえ心臓に関する心筋細胞であっても）放射線の致死感受性は非常に低いものとなっています。水晶体上皮細胞は，それよりも高くなります。

D　記述は誤りです。ラジカルスカベンジャーは致死感受性を低めます。

問12　解答　5　解説　正しい記述はDだけなので，正解は5の「1から4の組合せ以外」という若干珍しいケースです。骨髄死は造血死ともいわれ，骨髄などの造血臓器で幹細胞や幼若細胞の分裂が停止し，白血球や血小板が減少して，細菌感染による敗血症や出血などの症状が出るものです。生存期間は，マ

ウスで10日から1ヶ月，人間で30〜60日です。
A　記述は誤りです。骨髄死の起こる期間は被ばく後およそ30日程度です。
B　記述は誤りです。一般に週齢が若いほうが，（相対的に細胞分裂が活発なので）放射線感受性は高い傾向にあります。
C　記述は誤りです。LD50の値で比較すると，マウス（5.6〜7.0Gy）よりヒト（3.0〜5.0Gy）と，マウスの方が高い線量で起こります。ヒトのほうがやや感受性は高いようです。
D　記述のとおりです。半致死線量（LD50）の被ばくでは，この骨髄死が死因となります。

問13 解答　5　解説　内部被ばくの要因の主なものとして，自然界に存在する^{40}K（カリウム）や^{222}Rn（ラドン，希ガス）などがありますが，摂取経路としても，食べ物から入ってくる経口摂取のほかに，空気からの吸入摂取や皮膚を通ずる経皮摂取があります。体内に取り込まれた放射性物質は，物理的あるいは化学的性質に応じて，特定の組織や臓器に集積することがあり，その性質を**臓器親和性**といいます。特に，骨についての親和性を**骨親和性**といい，その核種を**骨親和性核種**（向骨性核種，ボーンシーカー）と呼ぶことがあります。

表　代表的な放射性核種の臓器親和性

核種	親和性臓器	備考
^{3}H（トリチウム）	全身	トリチウム水 HTO として
^{32}P（りん）	骨，骨髄，活発増殖部位	
^{40}K（カリウム）	全身	アルカリ土類金属
^{45}Ca（カルシウム）	骨	アルカリ土類金属
^{55}Fe（鉄）	造血器，肝臓，脾臓	
^{60}Co（コバルト）	肝臓，脾臓	
^{90}Sr（ストロンチウム）	骨	アルカリ土類金属
^{125}I, ^{131}I（よう素）	甲状腺	
^{137}Cs（セシウム）	全身（筋肉）	アルカリ金属
^{222}Rn（ラドン）	肺	呼吸することで吸入
^{226}Ra（ラジウム）	骨	
^{232}Th（トリウム）	骨，肝臓	Th, U, Pu, Am はアクチノイド元素
^{238}U（ウラン）	骨，腎臓	
^{239}Pu（プルトニウム）	骨，肝臓，肺	粒子状で不溶性
^{241}Am（アメリシウム）	骨，肝臓	

これらをある程度知っていれば本問は解けますが，もし知らない場合でも周期表上での元素の性質を知っていれば正解することができます。

アルカリ土類金属である Sr や Ra は，Ca などと同様に骨に蓄積しやすいですし，アルカリ金属である Cs は Na や K のように血液を通じて全身に行き渡ります。この3つの情報から，P や Co のことを知らなくても選択肢5が選べます。P は骨の主成分であるりん酸水素カルシウムが中心ですが，その他に DNA を形成する糖と塩基とともにりん酸も必要です。細胞分裂の際に大量に使います。また，Co や Fe などの遷移金属は酵素活性を高める働きをしますので，人体の中の化学工場である肝臓や脾臓で働きます。

問14 解答 2 解説 皮膚は表面から深部に向かって，表皮，真皮，皮下組織の順に並んでいます。皮膚は細胞再生系に属し，表皮の最も深部（真皮寄り）に基底層と呼ばれる層があって，ここには幹細胞があります。幹細胞はさかんに分裂する細胞ですので，皮膚の表皮は放射線感受性の高い組織となります。

真皮の中には，毛が伸長するもとである毛のう（毛嚢）があって，やはりさかんに細胞分裂をします。そのため放射線感受性も高く，被ばくによって**脱毛**が生じやすくなります。

A　記述のとおりです。急性障害の発生にはしきい線量が存在します。しきい線量が存在する影響は，確定的影響です。

B　記述のとおりです。最も早く現れる変化は紅斑です。皮膚には，次のような順に症状が出ます。（　）内はしきい線量です。
・皮膚の初期紅斑（2 Gy）
・皮膚の持続的紅斑／二次紅斑（5 Gy）
・皮膚の色素沈着（3～6 Gy）
・皮膚の水泡形成，糜爛（ただれること）（7～8 Gy）
・皮膚の潰瘍（10Gy）

C　記述は誤りです。痛みは感じないということが，この被ばくの特徴です。

D　記述のとおりです。皮膚の潰瘍のしきい値は10Gy 程度とされています。それより高いγ線30Gy の急性被ばくでは難治性潰瘍が生じます。

問15 解答 1 解説 1　記述のとおりです。顆粒球は白血球の一種です。その中に，好酸球，好中球，好塩基球などがあります。被ばく直後に白血球の一時的な増加が見られます。

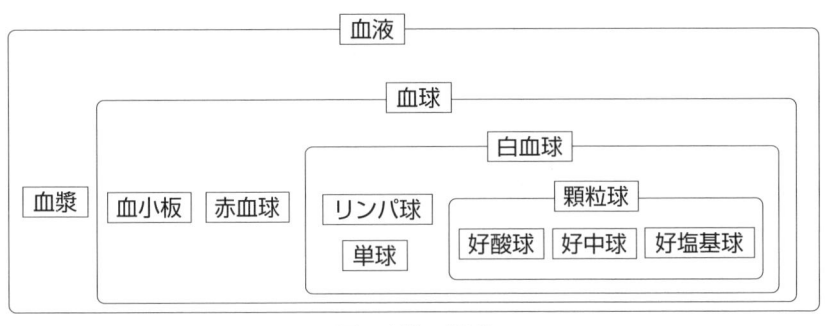

図　血液の構成

2　リンパ球の分類とその機能は次のようになっています。B 細胞のほうが活発で，T 細胞よりも致死感受性が高くなっています。

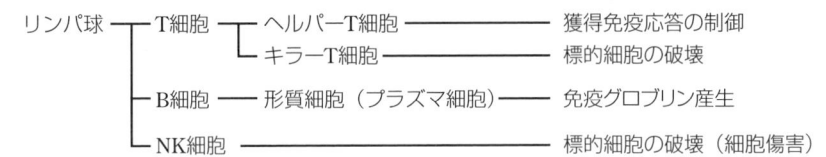

```
リンパ球 ─┬─ T細胞 ─┬─ ヘルパーT細胞 ──────── 獲得免疫応答の制御
         │         └─ キラーT細胞 ─────────── 標的細胞の破壊
         ├─ B細胞 ──── 形質細胞（プラズマ細胞）── 免疫グロブリン産生
         └─ NK細胞 ──────────────────────── 標的細胞の破壊（細胞傷害）
```

3　被ばく後における血液成分の数の変化を図に示します。全体としての傾向をつかんでおいて下さい。被ばく直後にリンパ球が最も早く減少し，顆粒球が続きます。血小板はそれよりある程度遅れて減少し，赤血球が最後に減少します。血小板の減少は顆粒球の減少よりも早期に起こるというのは誤りです。

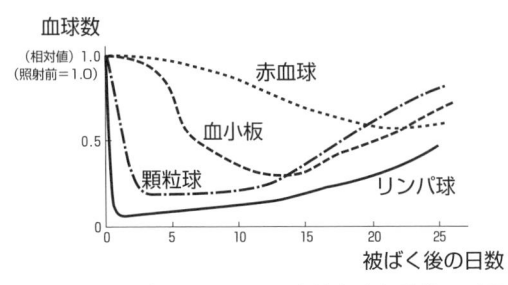

図　数 Gy の全身被ばく時における末梢血液細胞数の時間的変化

4　リンパ節ではなく，造血臓器である骨髄の被ばくに起因します。
5　赤血球は，すぐに減少は目立ちませんが，一番遅れて減少します。

問 16　解答　5　**解説**　A　脂肪肝は，放射線とは関係ありません。

B 甲状腺における障害は，機能亢進ではなく，機能低下です。
C 食道では，上皮の炎症に続いて，穿孔が起こります。
D 肺の初期症状は，肺炎（放射性肺炎）ですが，それに続いて，肺線維症が起こります。
E 脊髄では，放射線脊髄症ということで，脊椎神経の麻痺などが起こります。

問17 解答 1 解説 A 記述のとおりです。起こりやすい症状は以下のようになっています。
・着床前期：胚死亡
・器官形成期：胎児奇形
・胎児期：精神発達遅滞，発育遅延
なお，着床前期と器官形成期の時間的な関係は次のようになっています。

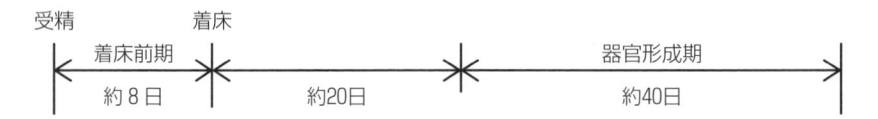

```
受精            着床
├──────────────┼──────────────┼──────────────┤
   着床前期         約20日          器官形成期
   約8日                           約40日
```

また，胎児期は次のように位置づけられています。

```
受精                                          出生
├──────────────┼──────────────────────────────┤
    胎芽期                  胎児期
    約3ヶ月                 約7ヶ月
```

B 記述のとおりです。胎児奇形の可能性が高くなりますので，その結果として，出生前死亡の頻度が高くなります。
C 胎生期のすべての期間を通じて，確率的影響である発がんリスクは存在します。
D 器官形成期に精神遅滞は起こらないと考えられています。器官形成期の後の被ばくによって起こると見られています。

問18 解答 2 解説 A 記述のとおりです。外部被ばくでも内部被ばくでも発がんは起こりえます。
B 記述は誤りです。発がんは遺伝的影響ではありません。発がんと遺伝的影響が確率的影響に分類されます。
C 記述のとおりです。発がんは晩発影響に分類されます。最小潜伏期間は，白血病で2年，固形がんは10年となっています。

D　記述は誤りです。発がんにはしきい線量はありません。しきい線量のないものは，確率的影響に分類されます。

次の表は重要ですので，しっかり確認しておきましょう。

表　放射線障害の分類

臨床医学的分類（影響範囲と発症時期による分類）		疾患の例	社会医学的分類（発症率・発病プロセスの差による分類）
身体的影響（本人影響）	急性障害（早発性障害）	急性放射線症候群（宿酔，口内炎等），不妊，骨髄炎，乾性皮膚炎等	確定的影響
	晩発障害（晩発性障害）	放射線性白内障，胎児影響（胎児奇形など），老化現象（加齢現象）等	
		悪性腫瘍（がん，悪性リンパ腫，白血病等）	確率的影響
遺伝的影響（子孫影響）		染色体異常（突然変異）	

問19　解答　2　解説　A　記述のとおりです。永久不妊のしきい線量は，若年層で高く，年齢とともに低くなる傾向があると報告されています。20歳代で7〜8 Gy，40歳代では3 Gy程度まで低下するようです。

B,C　記述は誤りです。精原細胞の放射線致死感受性は，周辺細胞の中で最も高くなっています。次いで精母細胞，精細胞，精子の順に分化が進みますので，感受性もこの順に低くなっています。精子が最も低いです。

D　記述のとおりです。一時的不妊のしきい線量は，男性で0.15Gy，女性で0.65〜1.5Gyと，男性のほうが低くなっています。男性のほうが影響を受けやすく，女性のほうが若干タフになっているようです。

図　精子のできる過程

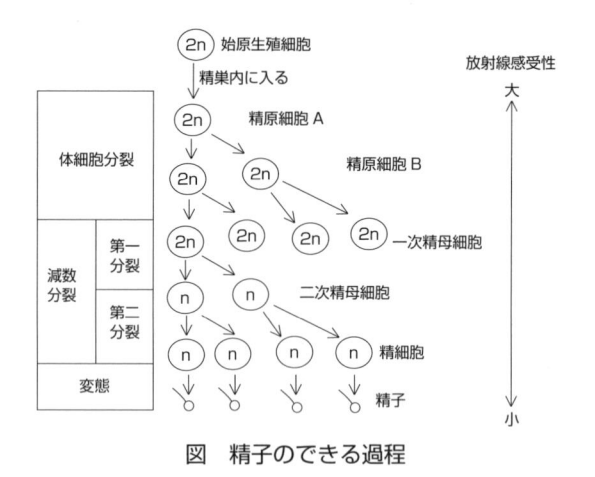

問 20　解答　1　**解説**　統計的に有意な上昇が見られている臓器が，組織荷重係数（組織加重係数）表に載っていると考えて下さい。次表に示しますが，その中にAの胃とBの肺が載っています。Cの子宮とDの前立腺はこの表には見当たりません。

表　組織・器官の組織荷重係数

組織・器官	1990年勧告	2007年勧告
生殖腺	0.20	0.08
骨髄	0.12	0.12
結腸	0.12	0.12
肺	0.12	0.12
胃	0.12	0.12
膀胱	0.05	0.04
乳房	0.05	0.12
肝臓	0.05	0.04
食道	0.05	0.04
甲状腺	0.05	0.04
皮膚	0.01	0.01
骨表面	0.01	0.01
唾液腺	—	0.01
脳	—	0.01
残りの組織・器官	0.05	0.12
合計	1.00	1.00

生物学

問21 解答 2 **解説** A 記述のとおりです。放射性核種の摂取経路は主として、創傷を含む経皮、吸入系である経気道および経口です。経皮とは皮膚を通じてということですが、創傷（キズ）がない場合にはほとんどありません。経気道とは、鼻や口から空気を吸い込むこと、経口とは飲食物などが口から入ることです。

B 記述は誤りです。内部被ばくだからといって遺伝性（的）影響とは限りません。内部被ばくからの遺伝的影響は、偶然に生殖腺の被ばくが大きくなった場合などにしか起こりません。

C 記述のとおりです。物理学的半減期が等しい長さの核種であっても、体外に出ていきやすい核種（生物学的半減期が短い核種）の影響は少なくて済みます。

D 記述は誤りです。飛程が長いものほど体外に出ていきやすいと考えれば、記述は逆と考えられます。

問22 解答 3 **解説** A 記述のとおりです。確定的影響は、すべて身体的影響になります。

B 記述は誤りです。確定的影響においては、しきい線量を超えてさらに被ばくすると、重篤度も増大します。

C 記述は誤りです。確定的影響においては、線量率が下がると重篤度も低くなります。

D 記述のとおりです。胎内被ばくによる精神遅滞は確定的影響に分類されます。以前、確率的影響ではないかという議論もありましたが、現在では、しきい線量は存在するものとされています。

問23 解答 1 **解説** RBE（生物学的効果比）とは、放射線の線質（LET）の差による影響の違いを表す指標です。その定義は次のようになっています。分子が「基準放射線」、分母が「試験放射線」である点に注意しましょう。

$$RBE = \frac{ある効果を得るために必要な基準放射線の吸収線量}{同じ効果を得るために必要な試験放射線の吸収線量}$$

ここで、基準放射線としては、光子としてのX線やγ線が用いられます。そのため、X線やγ線のRBEは1となります。

A 記述のとおりです。RBEは、X線やγ線を基準として、放射線が生物効果をどの程度示すのかを指標にしたものです。放射線の種類による生物効果の量的違いを表します。

B 記述は誤りです。放射線加重（荷重）係数は、確定的影響ではなく、確率

的影響の RBE を参考にして定められています。
C　記述のとおりです。基準放射線としては，従来 ^{60}Co のγ線が主に用いられていましたが，近年では主として200～250kVのX線が用いられるようになっています。
D　記述のとおりです。生物効果の指標によってRBEの値は異なってきます。

問24 解答 2 解説 白内障とは，目の水晶体が混濁（濁ること）して視力障害となる疾病です。眼とその周辺で最も放射線感受性の高い組織は，細胞再生系に属する水晶体です。水晶体が被ばくすると，2Gy程度では水晶体混濁が生じますが，視力障害には至りません。5Gy程度が白内障のしきい線量と見られています。潜伏期は数ヶ月から数年ないしは数十年とされています。
A　記述のとおりです。潜伏期間は線量が大きくなるほど一般に短くなります。放射線の程度がきつくなればなるほど早く発症する傾向にあります。
B　白内障は，典型的な晩発障害です。潜伏期間は非常に長く，短い場合でも数ヶ月，長いものでは数十年ともいわれています。3GyのX線被ばくでは，被ばく後1ヶ月以内に生じるというのは誤りです。
C　線量率が低くなると，影響は小さくなりますので，線量を大きくしないと発症に至りません。線量率が低下するとしきい線量は低下するというのは誤りです。
D　記述のとおりです。放射線による白内障と，老人性白内障（長年の日光等の紫外線にさらされた結果の白内障）とでは，症状として区別できません。

問25 解答 3 解説 A　記述のとおりです。甲状腺機能低下症のしきい線量は，5Gy程度とされています。10Gyの被ばくでは，確実にその影響が出ると考えてよいでしょう。
B　記述は誤りです。1mGyは0.001Gyということで，健康上特に悪影響の出ることはありません。むしろ，甲状腺機能亢進症の治療のために，放射性ヨウ素を用いてこの程度の照射を行うことがあるくらいです。
C　記述のとおりです。ヨウ素は水溶性ですので，吸入により体内に摂取された放射性ヨウ素は，体内で放射性でないヨウ素と同様の挙動をします。すなわち，過剰になったものは尿を通じて体外に排泄されます。
D　記述のとおりです。放射性ヨウ素を吸入摂取して24時間も経てしまうと，十分な対策が取りにくくなります。安定ヨウ素剤は，吸入可能性のある24時間前に服用することが最適ですが，吸入後2時間以内の服用でも甲状腺の放

生物学

射性ヨウ素の沈着をある程度抑えられます。

問 26 解答 4 **解説** A　記述は誤りです。高 LET 放射線のほうが，エネルギーも大きく，低 LET 放射線よりも細胞致死作用は大きいです。
B　記述のとおりです。エネルギーの大きい高 LET 放射線は直接作用が大きいです。低 LET 放射線よりも間接作用の寄与は小さいです。間接作用は，放射線によって生じるイオンやラジカルの作用ですので，高 LET 放射線ではラジカルどうしの再結合などが頻繁に起きるため，エネルギーの大きさには比例はしません。むしろ逆になる傾向です。
C　記述は誤りです。RBE は LET が $100 \sim 200 \mathrm{keV} \cdot \mu\mathrm{m}^{-1}$ の範囲で逆に最大となります。
D　記述のとおりです。高 LET 放射線は強さのため，細胞周期によらず影響することになります。

問 27 解答 5 **解説** A　エネルギーによって値が異なるのは，電子線ではなく中性子線です。次表をご覧下さい。

表　各種放射線の放射線加重係数

放射線の種類	放射線加重係数
X 線, γ 線, β 線, 電子線	1
陽子線	5（最近, 2に改訂）
中性子線	エネルギーに応じて 5～20（最近, エネルギー値の連続関数化がされています）
α 線（ヘリウム原子核）	20

B　放射線加重（荷重）係数は，確定的影響を評価するための係数ではなく，確率的影響を評価するためのものです。
C　放射線加重係数は，線量率に関係なく，放射線の種類として値が定められています。線量率については，この係数ではなく，線量・線量率効果係数（DDREF）という指標があります。
D　X 線と γ 線については同一の値，1.0 が与えられています。

問 28 解答 4 **解説** 個人が被ばくする線量の上限値が設定され，等価線量，実効線量などが規定されています。また，放射線物質が体内に摂取された際に内部被ばくが起こりますが，体内摂取後のある期間にある臓器・組織に与えら

れる等価線量の時間的積分値（積算値）を**預託(よたく)等価線量**と呼んでいます。その積算期間は臓器等に積算年数が設定されていますが，設定されていない場合には，成人で50年，子供や乳幼児に対しては70年として算定します。等価線量の代わりに実効線量率で算定すると，**預託実効線量**となります。

A　成人の場合，50年にわたって積算した線量であることは正しいのですが，組織・臓器が受ける吸収線量率ではなく，等価線量の積算によって求めた預託等価線量に組織加重係数をかけて総和をとることで預託実効線量となります。

B　「預託」という用語は，内部被ばくであることを示していますが，実効線量であることに変わりはありませんので，単位はシーベルトです。

C　記述のとおりです。Aの解説で述べましたように，預託等価線量とその組織・臓器の組織加重係数との積の総和として求められます。

D　「預託」は，内部被ばくについて用いられるものですので，外部被ばくというのは誤りです。

問29　解答　1　解説　難易度の高い問題といえるでしょう。唾液腺の被ばくに限らず，全身の急性放射線症の診断において，Bの唾液腺の腫脹とCの唾液腺の痛み（圧痛，疼痛(とう)）は，前駆症状として重要な診療項目に挙げられています。このことは知っておくとよいでしょう。また，本来唾液にあるはずのアミラーゼ（でんぷんの分解酵素）血液中に移行する現象も，被ばく2日後くらいに観察されるものです。Aも該当することになります。

問30　解答　4　解説　一見，すべての症状のしきい線量を記憶しなければならないような問題と思えるかもしれませんが，1 Gyというしきい線量は，極めて鋭敏に反応するものと，そうでないものを分ける一種の境界のようなところがあり，本問ではそのような区分をきいていると考えましょう。

B～Dの障害は，具体的に身体に影響の出るレベルのものと考えられます。Bの脱毛は目で見えますし，CおよびDの不妊は目には見えませんが，身体に非常に強い影響を与えるレベルであろうと思われます。それに対して，Aのリンパ球数減少は，いわば，さきがけ的な症状であって，生体の防御機構に関係するものと見られ，低線量率のうちに起る変化と見てよいでしょう。

このように考えて4の「BCDのみ」が選択できるでしょう。念のために，それぞれの具体的なしきい線量を挙げておきます。一時不妊はもっと男女間の差がありますが，永久不妊ではさほどの差はありません。

	障害	しきい線量
A	リンパ球数減少	0.25Gy
B	脱毛	3 Gy
C	女性の永久不妊	2.5〜6 Gy
D	男性の永久不妊	3.5〜6 Gy

法令

問1 解答 3 **解説** 法令の問題においては，この資格に限らず，国家試験ではその依って立つ法律の第1条（目的）と第2条（用語の定義）だけは一言一句を何度も確認しておきましょう。非常に出題されやすくなっています。また，似たような語句であっても，法律で用いられている語句が正しいこととされますので，これにも注意しましょう。似ているから大丈夫ということにはなりません。

なお，本問では，「多数決原理」が成り立っています。Aの選択肢で最も多いものが「販売，賃貸」，Bの選択肢で最も多いものが「放射性汚染物」と「放射化物」，Cの選択肢で最も多いものが「廃棄」，Dの選択肢で最も多いものが「規制」となっていて，これらを同時に満たす選択肢が3です。ただし，この原理は受験者の心理を読む出題者によっては成り立たないことがありますので，注意しましょう。

問2 解答 2 **解説** A 記述のとおりです。汚染検査室とは，「人体または作業衣，履物，保護具等人体に着用している物の表面の放射性同位元素による汚染の検査を行う室」をいいます（則第1条第4号）。
B 記述のとおりです。排気設備とは，「排気浄化装置，排風機，排気管，排気口等気体状の放射性同位元素等を浄化し，または排気する設備」をいいます（則第1条第5号）。
C 記述は誤りです。「放射性汚染物によって汚染された物で密封されていないものの詰替えをする室」は，「作業室」の定義です。
　「廃棄作業室」とは，「放射性同位元素等を焼却した後，その残渣(ざんさ)を焼却炉から搬出し，またはコンクリートその他の固形化材料により固形化（固形化するための処理を含みます）する作業を行う室」をいいます（則第1条第3号）。
D 記述のとおりです。放射線施設とは，「使用施設，廃棄物詰替施設，貯蔵施設，廃棄物貯蔵施設または廃棄施設」をいいます（則第1条第9号）。

問3 解答 5 **解説** 1個（1組あるいは1式）当たりの数量と下限数量の関係で，許可と届出の必要性が定まるので，それをまとめると次のようになります（法第3条第1項，法第3条の2第1項）。

法令

表 密封された放射性同位元素の数量基準

核種	下限数量	許可	届出
^{137}Cs	10kBq	10MBq 超	10MBq 以下
^{60}Co	100kBq	100MBq 超	100MBq 以下

この表をもとに考えると,
A 記述は誤りです。この場合は,密封された放射性同位元素であって,^{137}Cs が10MBq,^{60}Co が100MBq となっており,いずれも上の表の「以下」に相当しますので,原子力規制委員会への届出で済みます。3台であってもかまいません。
B 記述のとおりです。校正用線源および放射線発生装置であれば,「装備」となりますので,原子力規制委員会の許可を受けなければなりません。
C 記述のとおりです。1個当たりの数量が,100MBq の密封された ^{137}Cs は,10MBq を超えますので,原子力規制委員会の許可を受けなければなりません。
D 記述のとおりです。個別分散型で使用する場合には1個当たりの数量で判定しますが,「3個で1組」ということであれば「1組」で判定されます。100MBq×3 = 300MBq とみなされますので,原子力規制委員会の許可を受けなければなりません。

問4 解答 3 **解説** A 記述のとおりです。下限数量を超える密封されていない放射性同位元素を使用しようとする場合は,工場または事業所ごとに,原子力規制委員会の許可を受けなければなりません(法第3条第1項)。密封されているものは,工場や事業所ごとではなく,線源ごとになります。
B 記述は誤りです。販売について規制を受けるのは,放射性同位元素だけです。放射線発生装置の販売は規制の対象にはなっていません(法第4条第1項)。
C 記述は誤りです。表示付認証機器のみを認証条件に従って使用しようとする場合は,工場または事業所ごとに,かつ,認証番号が同じ表示付認証機器ごとに,「あらかじめ」ではなく,使用を開始した日から30日以内に,原子力規制委員会に届け出ればよいのです(法第3条の3第1項)。
D 記述のとおりです。放射性同位元素または放射性同位元素によって汚染された物を業として廃棄しようとする場合は,廃棄事業所ごとに,原子力規制委員会の許可を受けなければなりません(法第4条の2第1項)。

問5 解答 4 **解説** 放射能標識として使用室，施設，設備あるいは容器等に付すべき標識を以下に示します。上部に記されている内容に応じて，下部に記される文言が異なっていますので注意しましょう。

表　放射能標識の記入内容

上部	放射性同位元素使用室	放射線発生装置使用室	放射性廃棄物詰替室	廃棄作業室
中央	☢	☢	☢	☢
下部	空白	空白	空白	空白
上部	貯蔵室	貯蔵箱	管理区域（真下に使用施設等の施設名が入る）	
中央	☢	☢	☢	
下部	許可なくして立ち入りを禁ず	許可なくして触れることを禁ず	許可なくして立ち入りを禁ず	
上部	排水設備	排気設備	保管廃棄設備	（廃棄物容器に）放射性廃棄物
中央	☢	☢	☢	☢
下部	許可なくして立ち入りをまたは触れることを禁ず	許可なくして触れることを禁ず	許可なくして立ち入りを禁ず	空白

　正しいものはBおよびCです。Aの放射性廃棄物の場合には，下部は空白になります。また，Dの保管廃棄設備では，「許可なくして触れることを禁ず」ではなく，「許可なくして立ち入りを禁ず」です。Cも設備，Dも設備ですが，Dは「保管」が入りますので，立ち入りを禁じています。

問6 解答 3 **解説** 難易度の高い問題といえますが，覚えておく必要があります。正解は3の「自動表示装置が400GBq，インターロックの場合が100TBq」です。

問7 解答 3 **解説** A　記述のとおりです。貯蔵施設は，地崩れおよび浸水のおそれの少ない場所に設けることとされています（則第14条の9）。

B　記述は誤りです。入退管理設備という規定はありません。
　C　記述は誤りです。貯蔵箱を耐火性の構造とする規定はありますが,「温度および内圧の変化,振動等により,き裂,破損等の生ずるおそれのない構造」という規定はありません。
　D　記述のとおりです。液体状の放射性同位元素を入れる容器は,液体がこぼれにくい構造とし,かつ,液体が浸透しにくい材料を用いることとされています（則第14条の9第4号ロ）。

問8　解答　5　解説　法第10条に関わる令第9条第2項を次に示します。

（許可使用に係る使用の場所の一時的変更の届出）
第九条（第1項　略）
　2　法第10条第6項に規定する政令で定める放射線発生装置は,次の各号に掲げるものとし,同項に規定する政令で定める放射線発生装置の使用の目的は,それぞれ当該各号に定めるものとする。
　一　直線加速装置（原子力規制委員会が定めるエネルギーを超えるエネルギーを有する放射線を発生しないものに限る。）　橋梁または橋脚の非破壊検査
　二　ベータトロン（原子力規制委員会が定めるエネルギーを超えるエネルギーを有する放射線を発生しないものに限る。）　非破壊検査のうち原子力規制委員会が定めるもの
　三　コッククロフト・ワルトン型加速装置（原子力規制委員会が定めるエネルギーを超えるエネルギーを有する放射線を発生しないものに限る。）　地下検層

　この条文により,AおよびBが該当することがわかります。その他に,以下に示す文部科学省告示により,CおよびDが該当することがわかります。

（平成17年文部科学省告示第80号）
　放射性同位元素等による放射線障害の防止に関する法律施行令第9条第1項第5号の規定に基づき,使用の目的として次のものを指定する。
　一　ガスクロマトグラフによる空気中の有害物質等の質量の調査
　二　蛍光エックス線分析装置による物質の組成の調査
　三　ガンマ線密度計による物質の密度の調査
　四　中性子水分計による土壌中の水分の質量の調査

問9　解答　5　解説　法第8条（許可の条件）を次に示します。選択肢の意味はそれぞれ似たようなものですが,法律の条文に採用されている用語や語句が

「正」となります。どのような表現になっているかを確認しておきましょう。

> （許可の条件）
> 第8条　第3条第1項本文または第4条の2第1項の許可には，条件を付することができる。
> 2　前項の条件は，放射線障害を防止するため必要な最小限度のものに限り，かつ，許可を受ける者に不当な義務を課すこととならないものでなければならない。

問10　解答　2　解説　法第6条（使用の許可の基準）第2号に係る則第14条の9（貯蔵施設の基準）の第4号を以下に示します。

> 四　貯蔵施設には，次に定めるところにより，放射性同位元素を入れる容器を備えること。
> イ　容器の外における空気を汚染するおそれのある放射性同位元素を入れる容器は，気密な構造とすること。
> ロ　液体状の放射性同位元素を入れる容器は，液体がこぼれにくい構造とし，かつ，液体が浸透しにくい材料を用いること。
> ハ　液体状または固体状の放射性同位元素を入れる容器で，き裂，破損等の事故の生ずるおそれのあるものには，受皿，吸収材その他放射性同位元素による汚染の広がりを防止するための施設または器具を設けること。

これによると，Aは第4号イ，Bは第4号ロにあります。しかし，CおよびDに相当する記載はありません。容器についてそこまで詳細に規定しなくてもよいという考えでしょう。

問11　解答　2　解説　1個当たりの数量が下限数量の1,000倍を超える密封された放射性同位元素を使用する場合には，あらかじめ，「使用の許可」の申請をして，許可を得る必要があります。また，1個当たりの数量が下限数量の1,000倍以下の密封された放射性同位元素を使用する場合には，あらかじめ，「使用の届出」を行うことになっています。

本問において，これまで使用してきた ^{147}Pm の数量7.4GBqは下限数量の1,000倍（10GBq）よりも小さいため，これまでは「届出使用者」の立場でした。しかし，更新する ^{90}Sr の3.7GBqは，下限数量の1,000倍（10MBq）よりも大きくなるので，許可使用に係る申請をしなければならない立場になります。

問12 解答 1 **解説** 法第12条の6（認証機器の表示等）およびそれに係る則第14条の6（添付文書）からの出題です。それぞれ以下に示します。

> 法第12条の6　表示付認証機器または表示付特定認証機器を販売し，または賃貸しようとする者は，原子力規制委員会規則で定めるところにより，当該表示付認証機器または表示付特定認証機器に，認証番号（当該設計認証または特定設計認証の番号をいう。），当該設計認証または特定設計認証に係る使用，保管および運搬に関する条件（以下「認証条件」という。），これを廃棄しようとする場合にあっては第19条第5項に規定する者にその廃棄を委託しなければならない旨その他原子力規制委員会規則で定める事項を記載した文書を添付しなければならない。

> 則第14条の6　法第12条の6の文書は，別記様式第4，別記様式第37および別記様式第36（表示付認証機器の場合に限る。）並びに次に掲げる事項を記載した文書とし，放射性同位元素装備機器ごとに添付しなければならない。
> 一　当該機器について法の適用がある旨
> 二　法第12条の4第1項の認証機器製造者等の連絡先
> 三　設計認証または特定設計認証に関係する事項を掲載した原子力規制委員会のホームページアドレス

AB 「認証番号」，「当該設計認証に係る使用，保管および運搬に関する条件」は，いずれも法第12条の6の条文の中に記載されています。

C 当該機器について法の適用がある旨については，則第14条の6第1号に規定されています。

D 設計認証に関係する事項を掲載した「登録認証機関」のホームページアドレスは，記載されていません。則第14条の6第3号に「設計認証または特定設計認証に関係する事項を掲載した原子力規制委員会のホームページアドレス」は記載されています。難易度の高い問題といえます。

問13 解答 3 **解説** 法第12条の10（定期確認）第1項に係る令第15条（定期確認の期間）第1項第1号および第2号に関する出題です。これらの条文を示します。

> 法第12条の10　特定許可使用者または許可廃棄業者は，次に掲げる事項について，原子力規制委員会規則で定めるところにより，政令で定める期間ごとに，原子力規制委員会または原子力規制委員会の登録を受けた者（以下「登録定期

確認機関」という。）の確認（以下「定期確認」という。）を受けなければならない。

> 令第15条　法第12条の10に規定する政令で定める期間は，次の各号に掲げる者の区分に応じ，当該各号に定める期間とする。
> 一　特定許可使用者（密封された放射性同位元素または放射線発生装置のみの使用をするものを除く。）および許可廃棄業者　設置時施設検査に合格した日または前回の定期確認を受けた日から3年以内
> 二　特定許可使用者（前号に掲げる者を除く。）　設置時施設検査に合格した日または前回の定期確認を受けた日から5年以内

A　記述は誤りです。密封された放射性同位元素のみを取り扱う許可廃棄業者は，5年以内ではなく，3年以内に定期確認を受けなければなりません（令第15条第1項第1号）。
B　記述のとおりです。放射線発生装置のみを使用する特定許可使用者は，5年以内に定期確認を受けなければなりません（令第15条第1項第2号）。
C　記述のとおりです。下限数量に10万を乗じて得た数量の密封されていない放射性同位元素および放射線発生装置を使用する特定許可使用者は，3年以内に定期確認を受けなければなりません（令第15条第1項第1号）。
D　記述は誤りです。密封されていない放射性同位元素のみを使用する特定許可使用者は，5年以内ではなく，3年以内に定期確認を受けなければなりません（令第15条第1項第1号）。

問14　解答　3　**解説**　法第15条（使用の基準）第1項に係る則第15条（使用の基準）第1項第10号の3からの出題です。

> 則第15条（使用の基準）第1項　（第10号の1～2　略）
> 第10号の3　法第10条第6項の規定により，使用の場所の変更について原子力規制委員会に届け出て，400ギガベクレル以上の放射性同位元素を装備する放射性同位元素装備機器の使用をする場合には，当該機器に放射性同位元素の脱落を防止するための装置が備えられていること。

Aの400GBqは決められている数値ですので，知っておく必要があります。Bは「使用の基準」のところですから，「使用」になります。その2つで定まりますが，「位置を検知」するより「脱落を防止」する方が重要ですね。

問15 解答 5 **解説** 法第16条（保管の基準等）第1項に係る則第17条（保管の基準）第1項からの出題です。少し長い条文ですが，則第17条第1項の第1号から第6号までをまとめて掲載します。

> 則第17条 許可届出使用者に係る法第16条第1項の原子力規制委員会規則で定める技術上の基準については，次に定めるところによるほか，第15条第1項第3号の規定を準用する。この場合において，同号ロ中「放射線発生装置」とあるのは「放射化物」と読み替えるものとする。
> 一 放射性同位元素の保管は，容器に入れ，かつ，貯蔵室または貯蔵箱（密封された放射性同位元素を耐火性の構造の容器に入れて保管する場合にあっては貯蔵施設（法第10条第6項の規定により，使用の場所の変更について原子力規制委員会に届け出て，密封された放射性同位元素の使用をしている場合にあっては，当該使用の場所を含む。））において行うこと。
> 二 貯蔵施設には，その貯蔵能力を超えて放射性同位元素を貯蔵しないこと。
> 三 貯蔵箱（密封された放射性同位元素を耐火性の構造の容器に入れて保管する場合には，その容器）について，放射性同位元素の保管中これをみだりに持ち運ぶことができないようにするための措置を講ずること。
> 四 空気を汚染するおそれのある放射性同位元素を保管する場合には，貯蔵施設内の人が呼吸する空気中の放射性同位元素の濃度は，空気中濃度限度を超えないようにすること。
> 五 貯蔵施設のうち放射性同位元素を経口摂取するおそれのある場所での飲食および喫煙を禁止すること。
> 六 貯蔵施設内の人が触れる物の表面の放射性同位元素の密度は，次の措置を講ずることにより，表面密度限度を超えないようにすること。
> イ 液体状の放射性同位元素は，液体がこぼれにくい構造であり，かつ，液体が浸透しにくい材料を用いた容器に入れること。
> ロ 液体状または固体状の放射性同位元素を入れた容器で，き裂，破損等の事故の生ずるおそれのあるものには，受皿，吸収材その他の施設または器具を用いることにより，放射性同位元素による汚染の広がりを防止すること。

これによると，結局 A～D の選択肢はいずれも正しいことになります。常識的にもそれぞれが妥当な内容であると思われます。

A 則第17条第1項第6号ロが該当します。
B 則第17条第1項第1号にあります。
C 則第17条第1項第3号にあります。
D 則第17条第1項第4号にあります。

問16 解答 2　**解説** 法第13条第2項，第3項および法第14条第1項，第2項からの出題です。

A　記述のとおりです。法第13条第2項そのものの条文です。届出使用者は，その貯蔵施設の位置，構造および設備を原子力規制委員会規則で定める技術上の基準に適合するように維持しなければなりません。

B　記述は誤りです。法第13条第3項によれば，「その貯蔵施設の」ということではなく，「その廃棄物詰替施設，廃棄物貯蔵施設および廃棄施設の」になります。貯蔵施設だけではないということです。

C　記述のとおりです。法第14条第1項に該当します。

D　記述は誤りです。届出使用者の場合には，「貯蔵施設」だけになります。法第14条第2項は「原子力規制委員会は，貯蔵施設の位置，構造または設備が前条第二項の技術上の基準に適合していないと認めるときは，その技術上の基準に適合させるため，届出使用者に対し，貯蔵施設の移転，修理または改造を命ずることができる」となっています。

問17 解答 2　**解説** 法第20条および則第20条に係る問題ですが，告示第20条（実効線量および等価線量の算定）にも基づいています。

A　記述のとおりです。線量が最大となるおそれのある部分が，手部である場合，当該部位について，70μm 線量当量を測定します。皮膚の場合は，70μm 線量当量であることに注意しましょう（則第20条第2項第1号ハ）。

B　記述は誤りです。線量が最大となるおそれのある部分が，頭部およびけい部から成る部分である場合，基本的な部位（男性で胸部，女性で腹部）に加えて，この懸念される部分を測定します。測定項目は，1 cm 線量当量および 70μm 線量当量です（則第20条第2項第1号ロ）。

C　記述のとおりです。線量が最大となるおそれのある部分が，胸部である場合，胸部について測定することとされる男子にあっては，胸部のみについて，1センチメートル線量当量および70マイクロメートル線量当量を測定する（則第20条第2項第1号イ）。

D　記述は誤りです。線量が最大となるおそれのある部分が，胸部および上腕部から成る部分である場合，女性であるならば，基本的部位である腹部に加えて，胸部および上腕部から成る部分も測定しなければなりませんね（則第20条第2項第1号ロ）。

問18 解答 3　**解説** 法第18条（運搬に関する確認等）第1項に係る則第18条

の 2（車両運搬により運搬する物に係る技術上の基準），則第18条の 4（L型輸送物に係る技術上の基準），則第18条の 5（A型輸送物に係る技術上の基準）からの出題です。

A 記述のとおりです。表面に不要な突起物がなく，かつ，表面の汚染の除去が容易であることとされています（則第18条の 4 第 3 号）。

B 記述は誤りです。外接する直方体の各辺が10cm以上であることというのは，L型輸送物ではなく，A型輸送物に適用される規定です（則第18条の 5 第 2 号）。

C 記述のとおりです。表面における 1 cm 線量当量率の最大値が 5 μSv/hを超えないことも規定されています（則第18条の 4 第 7 号）。

D 記述は誤りです。周囲の圧力を60kPaとした場合に，放射性同位元素の漏えいがないことというのも，A型輸送物に適用される規定です（則第18条の 5 第 3 号）。

問19 解答 2 解説 法第21条（放射線障害予防規程）に係る則第21条（放射線障害予防規程）に関する出題です。予防規程については，ほぼ毎年出題されています。

A 記述のとおりです。放射性同位元素の使用を開始する前に，放射線障害予防規程を作成し，原子力規制委員会に届け出なければならないと，法第21条第 1 項に規定されています。

B 記述のとおりです。放射線障害を受けた者または受けたおそれのある者に対する保健上必要な措置に関する事項について定めなければならないと，則第21条第 1 項第 7 号にあります。

C 記述は誤りです。使用施設等の手続きに関する定めはありません。

D 記述のとおりです。放射線障害予防規程を変更したときは，変更の日から30日以内に，変更後の放射線障害予防規程を添えて，原子力規制委員会に届け出なければならないと，則第21条第 3 項に規定されています。

問20 解答 4 解説 法第22条（教育訓練）に係る則第21条の 2（教育訓練）からの出題です。

A 記述は誤りです。見学のためであっても，管理区域に一時的に立ち入る場合には，それに応じた教育および訓練を行う必要があります（則第21条の 2 第 1 項第 5 号）。教育訓練についても，ほぼ毎年出題されています。

B 記述のとおりです。放射線業務従事者に対しては，初めて管理区域に立ち入る前に教育および訓練を行わなければならないと，則第21条の 2 第 1 項第

2号にあります。

C　記述は誤りです。放射線業務従事者が初めて管理区域に立ち入る前に行う教育および訓練の時間数は，平成3年科学技術庁告示第10号（教育および訓練の時間数を定める告示）で，4つの項目についてそれぞれ時間数が定められています。

D　記述のとおりです。放射線業務従事者に対する教育および訓練の項目は，「放射線の人体に与える影響」，「放射性同位元素および放射線発生装置による放射線障害の防止に関する法令」，「放射性同位元素等または放射線発生装置の安全取扱い」および「放射線障害予防規程」の4項目となっています（則第21条の2第1項第4号）。

問21　解答　3　解説　法第23条（健康診断）に係る則22条（健康診断）に関する出題です。

A　記述のとおりです。アルファ線を放出する放射性同位元素の表面密度限度は $4Bq/cm^2$（告第8条）ですので，それを超える $10Bq/cm^2$ であって，容易に除去することができない場合には，遅滞なく，健康診断を行う必要があります（則22条第1項第3号ロ）。

B　記述は誤りです。アルファ線を放出しない放射性同位元素によって汚染された皮膚の表面の放射性同位元素の密度が $4Bq/cm^2$ ということは，表面密度限度の $4Bq/cm^2$ を超えていませんので，（念のために行うことを妨げるものではありませんが）必ずしも健康診断を行う必要はありません。

C　記述は誤りです。実効線量限度または等価線量限度を超えて放射線に被ばく，または被ばくしたおそれのあるときは，健康診断をしなければなりません（則22条第1項第3号ニ）。しかし，本問の場合，皮膚の等価線量限度500mSvに対して，150mSvということなので，健康診断を行う必要はありません。

D　記述のとおりです。眼の水晶体の等価線量限度は150mSvですので，本問において500mSv被ばくし，または被ばくしたおそれがあるということは，その限度を超えていますので，遅滞なく，健康診断を行う必要があります。

問22　解答　5　解説　法第26条の2（合併等）第1項の条文からの出題です。長い文章であり，途中に（　）などもあって読みにくいものですが，頑張って読みましょう。

本問は，選択肢の「多数決原理」が成り立っている問題，すなわちAで「法人が存続するときを除く」が3回出ていて多数であり，同様にBで「放射

性汚染物」が多数，Cで「使用施設等」が多数になっていて，その共通選択肢である5が正解となっている問題です。ただし，実際にはこの原理が効いていない問題も過去には出ていますので，必ずしも役には立ちません。

　Aについては，法人が存続するときはこのような細かい規定はいらないでしょうから，「存続するときを除く」が妥当でしょう。また，Bでは「表示付認証機器」は，ある程度規制が緩やかなので（ここまで規定する必要がないでしょうから）外されます。そして，Cでは「廃棄施設」だけということにはならないでしょうから，「使用施設等」が選ばれます。

問23　解答　5　解説　法第24条（放射線障害を受けた者または受けたおそれのある者に対する措置）に係る則第23条（放射線障害を受けた者または受けたおそれのある者に対する措置）第1項第1号に関する出題です。A〜Dのすべてが該当していることになります。

> 則第23条　許可届出使用者，表示付認証機器使用者，届出販売業者，届出賃貸業者および許可廃棄業者が法第24条の規定により講じなければならない措置は，次の各号に定めるところによる。
> 一　放射線業務従事者が放射線障害を受け，または受けたおそれのある場合には，放射線障害または放射線障害を受けたおそれの程度に応じ，管理区域への立入時間の短縮，立入りの禁止，放射線に被ばくするおそれの少ない業務への配置転換等の措置を講じ，必要な保健指導を行うこと。

問24　解答　1　解説　法第33条（危険時の措置）に係る則第29条（危険時の措置）に関する出題です。
A　緊急作業を行う場合は，緊急作業に従事する者の線量をできる限り少なくするため，遮蔽具，かん子または保護具を用いさせることというのが，則第29条第2項にて規定されています。
B　放射線業務従事者が実効線量限度を超えて被ばくした場合は，健康診断を行い，原子力規制委員会へ報告する場合に，「放射線障害が確認され次第」ではなく，「遅滞なく」となっています。この両者の表現にどれだけの違いがあるかどうかはともかく，法律条文に記されている文言が正しいものとなります（則第29条第1項第3号）。
C　放射線施設に火災が起こり，または放射線施設に延焼するおそれのある場合は，消火または延焼の防止に努めるとともに直ちにその旨を消防署に通報することと，則第29条第1項第1号に規定されています。

D　放射線障害を防止するため必要な場合は，放射線施設の内部にいる者または放射線施設の付近にいる者に避難するよう警告することという規定が，則第29条第1項第2号にあります。

問25　解答　4　解説　法第27条（使用の廃止等の届出）に係る則第25条（使用の廃止等の届出）に関する出題です。
A　記述は誤りです。「特定放射性同位元素」という用語は，則第39条（報告の徴収）にありますが，使用の廃止に当たっての規定は「特定」の有無にかかわらず同じです。「使用の廃止の日の30日前までに」ではなく，「遅滞なく」，原子力規制委員会に届けることになります（法第27条第1項，則第25条第1項）。
B　記述は誤りです。「特定許可使用者」という用語は，法第12条の8（施設検査）に現れますが，「特定」の有無にかかわらず，使用の廃止においては，「あらかじめ」ではなく，「遅滞なく」，原子力規制委員会に届ければよいのです（法第27条第1項，則第25条第1項）。
C　記述のとおりです。届出使用者が，その届出に係る放射性同位元素のすべての使用を廃止したときは，遅滞なく，その旨を原子力規制委員会に届け出なければなりません（法第27条第1項，則第25条第1項）。
D　記述のとおりです。表示付認証機器届出使用者が，その届出に係る表示付認証機器のすべての使用を廃止したときは，遅滞なく，その旨を原子力規制委員会に届け出なければなりません（法第27条第1項，則第25条第1項）。

問26　解答　5　解説　法第30条（所持の制限）に関する問題です。「ABCDすべて」という選択肢が正解になることもそれなりの頻度であるようです。特に「所持の制限」の問題では，こういうケースが多いようです。しかし，このことだけで答えを選んでしまってはいけませんが，おそらく誤った記述が作りにくいのでしょう。
A　記述のとおりです。届出販売業者から放射性同位元素の運搬を委託された者の従事者は，その職務上放射性同位元素を所持することができます。法第30条第1項第11号の規定です。
B　記述のとおりです。許可使用者は，その許可証に記載された種類の放射性同位元素をその許可証に記載された貯蔵施設の貯蔵能力の範囲内で所持することができます。法第30条第1項第1号の規定です。
C　記述のとおりです。許可廃棄業者は，その許可証に記載された廃棄物貯蔵施設の貯蔵能力の範囲内で所持することができます。法第30条第1項第4号

の規定です。
D　記述のとおりです。届出賃貸業者は，その届け出た種類の放射性同位元素を運搬のために所持することができます。法第30条第1項第3号の規定です。

問27 解答　4　解説　法第34条（放射線取扱主任者）に関する出題です。
A　記述は誤りです。表示付認証機器のみを業として販売する場合も放射線取扱主任者の選任を免除するという規定はありません（法第34条第1項）。ただし，表示付認証機器のみを業として販売する場合に，その主任者に定期講習を受講させる義務の除外規定があります（法第36条の2第1項，則第32条第1項第2号）。
B　記述のとおりです。密封の有無および数量の大きさに関係なく，放射性同位元素のみを診療のために使用するときは，放射線取扱主任者として放射線取扱主任者免状を持たない医師または歯科医師を選任することができます（法第34条第1項）。
C　記述のとおりです。密封の有無および数量の大きさに関係なく，届出販売業者および届出賃貸業者は，第1種，第2種または第3種の放射線取扱主任者免状を有している者を，放射線取扱主任者として選任することができます（法第34条第1項第3号）。
D　記述は誤りです。放射線発生装置を使用するのは特定許可使用者という立場になります。特定許可使用者が，放射線取扱主任者として選任できるのは，第1種放射線取扱主任者免状を有している者だけになります。

問28 解答　1　解説　法第34条（放射線取扱主任者）に係る則第30条（放射線取扱主任者の選任）および法第37条（放射線取扱主任者の代理者）に係る則第33条（放射線取扱主任者の代理者の選任等）からの出題です。
A　正しい手続きです。薬事法第2条に規定する医薬品の製造において，放射線取扱主任者免状を有していない薬剤師を放射線取扱主任者として選任することは法に適っています（法第34条第1項）。また，放射線発生装置を使用施設に設置する前に選任していることも適法（則第30条第2項）で，選任後30日以内の届出も適法です（法第34条第2項）。
B　正しい手続きです。10TBq未満の密封された放射性同位元素の使用事業所なので，第2種放射線取扱主任者免状を有する者を代理者として選任することは適法（法第34条第1項第2号）で，選任後30日以内の届出も適法です（法第34条第2項）。

C　正しい手続きです。販売所において，第3種放射線取扱主任者免状を有する者を放射線取扱主任者に選任することは適法（法第34条第1項第3号）で，選任後30日以内に届け出ていることも適法です（法第34条第2項）。
　D　この手続きは誤りです。放射線取扱主任者免状を有していない診療放射線技師を放射線取扱主任者として選任することは（医師や歯科医師あるいは薬剤師の場合に適法ですが）適法ではありません（法第34条第1項）。

問29　解答　4　解説　法第36条の2（定期講習）第1項からの出題です。法第36条の2の定期講習は，放射線業務従事者に受けさせるものではなく，放射線取扱主任者に受けさせるものです。一定「期間」ごとに「資質の向上を図るため」に受けることを規定しています。

問30　解答　5　解説　法第42条（報告徴収）第1項に係る則第39条（報告の徴収）からの出題です。
　A　記述は誤りです。表示付認証機器届出使用者は，放射性同位元素の盗取または所在不明が生じたときは，「その旨を直ちに」報告することは正しいのですが，「その状況およびそれに対する処置を30日以内に」報告することは誤りです。「その状況およびそれに対する処置は10日以内に」原子力規制委員会に報告しなければなりません（則第39条第1項第1号）。
　B　記述は誤りです。報告すべき期限に関しては，許可使用者も，Aの表示付認証機器届出使用者も同様です。「その状況およびそれに対する処置を30日以内に」報告することは誤りです。「その状況およびそれに対する処置は10日以内に」原子力規制委員会に報告しなければなりません（則第39条第1項第7号）。
　C　記述のとおりです。届出使用者は，放射線業務従事者について実効線量限度もしくは等価線量限度を超え，または超えるおそれのある被ばくがあったときは，その旨を直ちに，その状況およびそれに対する処置を10日以内に原子力規制委員会に報告しなければなりません（則第39条第1項第8号）。
　D　記述のとおりです。届出使用者は，放射線施設を廃止したときは，放射性同位元素による汚染の除去その他の講じた措置を，放射線施設の廃止に伴う措置の報告書により30日以内に原子力規制委員会に報告しなければなりません。廃止するということは，被ばくなどの事案ではないため，「10日以内」というほどの緊急性がないとされますので，「30日以内」とされています（則第39条第2項）。

第2回 解答解説

物化生

問1 解答

I　A－4（ローレンツ力）　　B－6（遠心力）　　C－8（非相対論）
　　D－3（サイクロトロン）　E－8（ディー）

　　ア－3（$zevB$）　　イ－8（$\dfrac{Mv^2}{r}$）　　ウ－3（$\dfrac{2\pi M}{zeB}$）

　　エ－7（$\dfrac{(BzeR)^2}{2M}$）　　オ－6（48）

II　F－4（反応エネルギー）　G－8（発熱）　　H－7（吸熱）
　　I－5（しきいエネルギー）　J－1（吸熱）　　K－11（中性子）

　　カ－3（$\dfrac{a}{a+A}$）　　キ－1（$\dfrac{a+A}{A}$）　　ク－5（−3.13）

　　ケ－13（3.25）

問1 解説

I　質量 M，電荷 ze の荷電粒子が速度 v で磁束密度 B の磁場中で磁場に直角に運動するとき，粒子にはローレンツ力と呼ばれる次のような力 F が働きます。電荷を q とすると，ローレンツ力を qvB で覚えている方も多いと思います。

$$F = zevB$$

このとき，この力 F と粒子に働く遠心力が釣り合って円運動をすることから，その円運動の軌道半径を r とすると，遠心力は次のようになります。

$$F = \dfrac{Mv^2}{r}$$

これらを等しいと置いて，v について解くと，

$$v = \dfrac{rzvB}{M}$$

また，粒子が円軌道を一周するのに要する時間 Tr は，上の結果を使って，

$$Tr = \dfrac{2\pi r}{v} = \dfrac{2\pi M}{zeB}$$

となりますので，非相対論的速度（光速に比して小さい速度）の範囲では，Tr は粒子のエネルギーによらずほぼ一定であると見なすことができます。このように，周回の周波数 $1/Tr$ が粒子のエネルギーによらないという性質を利

用している加速器がサイクロトロンです。

粒子の円軌道の最大半径を R とすれば，最終的に得られる粒子エネルギー E は，次のようになります。

$$E = \frac{1}{2}Mv^2 = \frac{1}{2}M\left(\frac{RzeB}{M}\right)^2 = \frac{(BzeR)^2}{2M}$$

最大軌道半径0.5 [m]，磁束密度を 2 [T = V·s·m^{-2}] とし ^{4}He^{2+}（質量 4 u と仮定）を加速すると，[VC] = [J] = [kg·m^2·s^{-2}] であることを使って，

$$E = \frac{(2\text{V·s·m}^{-2} \times 2 \times 1.60 \times 10^{-19}\text{C} \times 0.5\text{m})^2}{2 \times 4 \times 1.66 \times 10^{-27}\text{kg}} = 7.71 \times 10^{-12}\text{J}$$

$$= \frac{7.71 \times 10^{-12}}{1.60 \times 10^{-19}}\text{eV} = 4.81 \times 10^7\text{eV} = 48.1\text{MeV}$$

II 衝突の前後の粒子や原子核の質量差をエネルギーに換算したものは，反応エネルギーあるいは Q 値と呼ばれます。Q 値が正の場合を発熱反応といい，負の場合を吸熱反応といいます。核反応が起こるための入射粒子の最小エネルギー $E_{\min}$ をしきいエネルギーといいます。複合核の概念を用いて最小エネルギー $E_{\min}$ を求めると，標的核は停止しているとして，入射粒子の速度を v，複合核の速度を V_c，原子質量単位を u として運動量保存則から，

$$auv = (a + A)uV_c \quad \therefore \quad V_c = \frac{a}{a + A}v$$

これから，複合核の運動エネルギー E_c は，

$$E_c = \frac{1}{2}(a + A)uV_c^2 = \frac{1}{2}(a + A)u\left(\frac{a}{a + A}v\right)^2 = \frac{a}{a + A} \times \frac{1}{2}auv^2 = \frac{a}{a + A}E$$

また，入射粒子のエネルギーが $E_{\min}$ であれば，その際の複合核の運動エネルギーは，上の結果から，次のようになります。

$$\frac{a}{a + A}E_{\min}$$

反応の Q 値の絶対値 $|Q|$ と複合核の運動エネルギーの和が入射粒子のエネルギーに相当すると考えるとありますので，エネルギー・バランスから次のようになります。

$$E_{\min} = |Q| + \frac{a}{a + A}E_{\min}$$

これを $E_{\min}$ について解いて，次のようになります。

$$E_{\min} = \frac{a + A}{A}|Q|$$

^{27}Al (n, α) ^{24}Na の核反応については，^{27}Al，中性子，α 粒子，^{24}Na，陽子の質量をそれぞれ，M_{Al}, M_n, M_α, M_{Na}, M_p とし，^{27}Al，α 粒子，^{24}Na のそれぞれの結合エネルギーを，E_{Al}, E_α, E_{Na}, 光速を c として，Q 値を計算します。アルミニウムは原子番号13なので中性子数14，α 核であるヘリウムは原子番号2，中性子数2，ナトリウムは原子番号11，中性子数13ですので，反応のQ 値は次のように計算できます。

$$\begin{aligned} Q &= \{M_{Al} + M_n - (M_\alpha + M_{Na})\}c^2 \\ &= (13M_pc^2 + 14M_nc^2 - E_{Al}) + M_nc^2 \\ &\quad - \{(2M_pc^2 + 2M_nc^2 - E_\alpha) + (11M_pc^2 + 13M_nc^2 - E_{Na})\} \\ &= -E_{Al} + E_\alpha + E_{Na} \\ &= -224.9520 + 28.2957 + 193.5235 = -3.1328 \text{MeV} \end{aligned}$$

また，反応を起こすための最小エネルギー（しきいエネルギー）は，

$$E_{\min} = \frac{a+A}{A}|Q|$$

の式を用いて，$a = 1$, $A = 27$ として，

$$E_{\min} = \frac{1+27}{27} \times 3.1328 = 3.249 \text{MeV}$$

問2 解答

I　A － 11 （^{238}U）　　　B － 10 （^{235}U）　　　C － 2 （核分裂）
　　D － 8 （中性子）　　E － 7 （陽子）　　　F － 8 （中性子）
　　ア － 1 （51）

II　G － 9 （^{137m}Ba）　　H － 8 （^{137}Ba）　　I － 1 （基底）
　　J － 2 （励起）　　　K － 8 （核異性体転移）　L － 5 （内部転換）
　　M － 5 （内部転換）
　　イ － 8 （2.1×10^8）　ウ － 5 （4.5×10^7）　エ － 2 （75）

問2 解説

I　ウランの天然同位体存在度としては，約99.3％の ^{238}U と約0.7％の ^{235}U の同位体があります。^{235}U は熱中性子を吸収すると，核分裂を起こしてエネルギーを放出します。^{235}U の原子核では，原子番号が92（これは覚えておくとよいでしょう）ですので，中性子の数は，

　　$235 - 92 = 143$

すなわち，中性子の数は陽子の数より，次の分だけ多くなります。

　　$143 - 92 = 51$ 個

1回の核分裂では中性子が2～3個程度放出されます。

Ⅱ ^{137}Cs は代表的な核分裂生成物の１つである。問題の図中の空欄は上から順に ^{137m}Ba，^{137}Ba です。不安定な ^{137m}Ba が核異性体転移（IT）を起こしてより安定な ^{137}Ba（図の 0 keV の基底状態レベル）になります。^{137}Cs は９割以上の確率で励起状態のエネルギー準位に壊変しています。^{137m}Ba は半減期約2.6分で基底状態へと到達しますが，この際に662keV の γ 線を放出する場合と，γ 線を放出する代わりにこのエネルギーを軌道電子に与える場合があります。後者は内部転換と呼ばれます。

γ 線放出に対する電子の放出比（内部転換係数）が0.11であるとすると，これは，次のようなことを意味しています。

内部転換電子放出率：γ 線放出率＝0.11：1

したがって，全体の核異性体転移における γ 線の寄与率は，

$$\frac{1}{0.11+1} = 0.901$$

これから，毎秒の γ 線数は，もとの放射能が0.25GBq ですから，次のように計算できます。

$$0.25 \times 10^9 \times 0.94 \times 0.901 = 2.12 \times 10^8 \text{s}^{-1}$$

0.25GBq の ^{137}Cs 点線源から0.5m 離れた点におけるエネルギーフルエンス率を求めると，γ 線のエネルギーが662keV＝0.662MeV であって，半径0.5m の球を考え，

$$0.662 \times 2.12 \times 10^8 \times \frac{1}{4\pi \times 0.5^2} = 4.47 \times 10^7 \text{MeV} \cdot \text{m}^{-2} \cdot \text{s}^{-1}$$

これから，γ 線の空気に対する吸収線量率は，1MeV＝1.6×10^{-19}MJ を使って，次式のように計算します。

$$\frac{\text{エネルギーフルエンス率} \times \text{空気のエネルギー吸収係数}}{\text{空気密度}}$$

$$= 4.47 \times 10^7 \times 3.8 \times 10^{-3} \times \frac{1}{1.3} = 1.31 \times 10^5 \text{MeV} \cdot \text{kg}^{-1} \cdot \text{s}^{-1}$$

$$= 1.31 \times 10^5 \times 1.60 \times 10^{-19} \times 60 \times 60 \text{MJ} \cdot \text{kg}^{-1} \cdot \text{h}^{-1}$$

$$= 7.53 \times 10^{-11} \text{MJ} \cdot \text{kg}^{-1} \cdot \text{h}^{-1}$$

$$= 7.53 \times 10^{-5} \text{J} \cdot \text{kg}^{-1} \cdot \text{h}^{-1}$$

$$= 75.3 \mu\text{Gy} \cdot \text{h}^{-1}$$

問3 解答

Ⅰ　A－1　$(\lambda_1 N_1)$　　　B－10　$\left(\dfrac{\lambda_1}{\lambda_2-\lambda_1}\right)$

C — 5 ($\lambda_1 t$)　　　D — 12 ($\frac{\lambda_2}{\lambda_2 - \lambda_1}$)

Ⅱ　E — 4 ($\frac{t}{T_2}$)　　　F — 2 ($\lambda_2 t$)　　　G — 4 (0.50)
　　H — 5 (0.75)　　　I — 3 (28.8)　　　J — 7 (^{90}Zr)
　　K — 5 (^{90}Y)　　　L — 3 (^{90}Sr)　　　M — 3 (^{90}Sr)
　　N — 4 (^{89}Y)
　　ア — 3 (3.9)　　　イ — 3 (11)　　　ウ — 1 (イットリウム)
　　エ — 4 (ストロンチウム)　　　　　　オ — 2 (ミルキング)
　　カ — 2 (2.7)

問3 解説

Ⅰ　与えられた壊変系列について整理すると,

放射性核種	1	→	2	→	3
半減期	T_1		T_2		
壊変定数	λ_1		λ_2		
原子数	N_1		N_2		
放射能	A_1		A_2		

出発点となる微分方程式は, 次のようになります.

$$\frac{dN_1}{dt} = -\lambda_1 N_1$$

$$\frac{dN_2}{dt} = \lambda_1 N_1 - \lambda_2 N_2$$

まず, この第一式を積分して,

$$N_1 = N_1^0 \exp(-\lambda_1 t)$$

この結果を第2式に代入し, N_2 の初期値を N_2^0 としてさらに積分すると,

$$N_2 = \frac{\lambda_1}{\lambda_2 - \lambda_1} N_1^0 \{\exp(-\lambda_1 t) - \exp(-\lambda_2 t)\} + N_2^0 \exp(-\lambda_2 t)$$

ここで, $N_2^0 = 0$ と与えられていますので,

$$N_2 = \frac{\lambda_1}{\lambda_2 - \lambda_1} N_1^0 \{\exp(-\lambda_1 t) - \exp(-\lambda_2 t)\}$$

これらの結果から, 放射能はそれぞれ $\lambda_1 N_1$ および $\lambda_2 N_2$ ですから, 初期値の $A_1^0 = \lambda_1 N_1^0$ も用いて, 次のようになります.

$$A_1 = \lambda_1 N_1 = A_1^0 \exp(-\lambda_1 t)$$

$$A_2 = \lambda_2 N_2 = \frac{\lambda_2}{\lambda_2 - \lambda_1} A_1^0 \{\exp(-\lambda_1 t) - \exp(-\lambda_2 t)\}$$

Ⅱ 　E　 については，$\exp(-\lambda t)$ が，半減期を使って1／2の何乗で表されるのか，という問題になります。ここで壊変定数 λ と半減期 T が $\lambda T = \ln 2$ という関係があることを思い出します。これと，指数関数と自然対数を底とする対数関数が互いに逆関数であること［$\exp(\ln x) = x$］を使って，

$$\exp(-\lambda t) = \exp(-t \ln 2/T) = \{\exp(-\ln 2)\}^{t/T}$$
$$= \{\exp(\ln 2^{-1})\}^{t/T} = (2^{-1})^{t/T} = (1/2)^{t/T}$$

このことから，　E　 には t/T_2 が入ることがわかります。

核種2の分離除去後の時間 t において核種1から生成する核種2の放射能 A_2 は，分離直後は $A_2 \fallingdotseq \lambda_2 t \cdot A_1^0$ のように時間とともに直線的に増加します。このことは，$f(t) = 1 - \exp(-\lambda_2 t)$ という関数が，$t = 0$ 付近で $f(t) \fallingdotseq \lambda_2 t$ と近似できることからわかります。$f(t)$ の $t = 0$ における微分係数が λ_2 であることを確認しておきましょう。あるいは $1 - \exp(-x) \fallingdotseq x$ と考えてもよいでしょう。

以下，⑦式に t の値を代入することで　G　 や 　H　 が求まります。
・$t = T_2$ のとき，$A_2 \fallingdotseq A_1^0\{1 - (1/2)^1\} = 0.5 A_1^0$
・$t = 2T_2$ のとき，$A_2 \fallingdotseq A_1^0\{1 - (1/2)^2\} = 0.75 A_1^0$

^{90}Sr の半減期は有名ですから，約30年（あるいは正確に28.8年）と覚えておくとよいでしょう。　J　 は ^{90}Sr から β^- 壊変を繰り返すのですから，質量数は変わらないまま原子番号が徐々に上がる方向に進みます。イットリウムの次はジルコン（^{90}Zr）になります。

環境試料中の ^{90}Sr の分析定量は，^{90}Sr の β 線エネルギーが0.55MeVと低く容易ではありません。その測定には，娘核種 ^{90}Y の β 線エネルギーが2.28MeVと非常に高いことから，これを利用します。試料からストロンチウムを分離回収して精製した後，2週間以上待ちます。その塩酸溶液に ^{90}Y の捕集剤として Fe^{3+} を，^{90}Sr の保持担体として Sr^{2+} を，それぞれ塩化物の形で加えた後，加熱しながらアンモニア水を加えて水酸化鉄（Ⅲ）の沈殿をつくり，この沈殿中に娘核種 ^{90}Y を共沈させて親核種 ^{90}Sr から分離します。沈殿中の ^{90}Y の放射能測定により，まず半減期の測定から ^{90}Sr が含まれていないことを確認し，次いで共沈させた時刻における ^{90}Y の放射能を算出し，⑦式により ^{90}Sr の放射能を求めることができます。

^{90}Y は，平均寿命が3.9日で，水中の最大飛程が約11mmの β 線を放出しますので，近年がん細胞に対する抗体に ^{90}Y を結合させて注射し，これを選択的にがん組織に集めて β 線を照射するRI内用療法に利用されています。^{90}Y の製造法として，^{89}Y（n, γ）^{90}Y 反応も利用できますが，この場合，製造される ^{90}Y は非放射性のイットリウムを含み，比放射能が低くなります。一方，^{235}U

の熱中性子核分裂反応により ^{90}Sr が高収率で生成しますので，核分裂生成物からストロンチウムを分離精製して置くと，そこに無担体の ^{90}Y が生成してきます。この ^{90}Y を取り出しても，^{90}Sr から引き続き新たな ^{90}Y が生成してきますので，繰り返して ^{90}Y を取り出し利用することができます。この操作をミルキングといいます。この場合，^{90}Y を取り出した後2.7日経過すると永続平衡の1／2量の ^{90}Y が得られます。

問4 解答

I　A－15（^{60}Ni）　　　B－7（^{57}Fe）　　　C－4（^{56}Mn）
　　D－5（^{54}Fe）
　　ア－3（β^-）　　　イ－6（（p, α））　　ウ－8（（α, 2n））

II　E－2（0.5）　　　F－12（λt）　　　G－6（1.5）

III　H－1（陽イオン交換樹脂）　　　I－2（陰イオン交換樹脂）
　　J－4（クロロ錯イオン）　　　　K－1（Fe）
　　L－3（ジイソプロピルエーテル）

IV　M－2（0.1）

問4 解説

I　あまり見かけない図表かもしれませんが，この核図表では（陽子数が一定のものとして）同位体が横に並び，縦には（中性子数を右に増やしながら）同中性子体が並んでいます。放射壊変において，^{60}Co は β^- 壊変（中性子が陽子に変わって電子を放出する反応ですから，質量数を維持し陽子が増えますので左斜め上に移動）して ^{60}Ni となり，^{57}Co は EC 壊変（陽子が電子を捕まえて中性子になる反応ですので，中性子が増えて陽子が減り，右斜め下に移動）して ^{57}Fe になります。

　中性子捕獲反応によって生成する RI の種類は，照射する元素における安定同位体の分布に依存します。単核種元素（安定核種がただ１つの元素）の ^{55}Mn をターゲットとする（n, γ）反応では RI として（中性子が１つ増えるだけの）^{56}Mn のみが生成しますが，Cr をターゲットとすると，安定核種が４つもありますので，それぞれから複数の RI が同時に生成します。

　（n, γ）反応では原子番号が変わりませんので，生成する RI には大量の担体が含まれ，比放射能は低いものになります。そこで比放射能の大きな RI の製造には原子番号が変わる核反応を選択します。^{57}Co は，（α, p）反応で（陽子が１つ増えて，中性子が３個増える反応ですから）^{54}Fe から製造することができます。また，中性子を３個減らして陽子を１個減らす ^{60}Ni（p, α）^{57}Co 反応や，中性子数を変えずに陽子を２個増やす ^{55}Mn（α, 2n）^{57}Co 反応

を用いることもできます。これらの反応では，反応後に Co をターゲットから化学分離すると（異なる元素ですから，Co だけを取り出す操作によって）無担体の（つまり，安定 ^{59}Co を含まない）^{57}Co を製造することができます。

なお，実際の出題では，＜A〜D の解答群＞で，選択肢 1 が ^{56}Co となっていて，10と重なっていました。ここではその問題がないように ^{53}Mn と変えています。

II 中性子や荷電粒子の照射によって生成する RI の放射能は $nf\sigma(1-e^{-\lambda t})$ と表されます。この $(1-e^{-\lambda t})$ を飽和係数といい，例えば照射時間 t が半減期と等しいときには，$\lambda \times$ 半減期 $= \ln 2$ ですので，（$e^{\ln x} = x$ という関係を使って）次のようになります。

$$1-e^{-\lambda t} = 1-e^{-\ln 2} = 1-e^{\ln(1/2)} = 1-1/2 = 1/2$$

x が 0 に近い場合（小さな数である場合）の指数関数の性質として，

$$e^x \fallingdotseq 1-x$$

という近似ができますので，半減期に対して照射時間が短い場合には，飽和係数が λt と近似できます。この e^x は問 3 の$\exp x$ という関数と同じものです。

この結果から放射能 A は，半減期を T として，次のように表されます。

$$A = nf\sigma(1-e^{-\lambda t}) \fallingdotseq nf\sigma\lambda t = nf\sigma \times \ln 2 \times t/T$$

これを用いて，半減期に対して時間の短い 1 日の照射をした直後の Fe 中の ^{55}Fe（存在比5.8％，半減期1,000日）と ^{59}Fe（存在比0.3％，半減期45日）の放射能（A）の比 $[A(^{55}\text{Fe})/A(^{59}\text{Fe})]$ を求めると（ターゲット核を N_{Fe} で表します。1b $= 10^{-24}$ cm^2），

$A(^{55}\text{Fe}) = 1.0 \times 10^{12}\,\text{cm}^{-2}\cdot\text{s}^{-1} \times 2.2\,\text{cm}^2 \times 0.058 \times N_{\text{Fe}} \times \ln 2 \times 1/1{,}000$

$A(^{59}\text{Fe}) = 1.0 \times 10^{12}\,\text{cm}^{-2}\cdot\text{s}^{-1} \times 1.3\,\text{cm}^2 \times 0.003 \times N_{\text{Fe}} \times \ln 2 \times 1/45$

∴ $A(^{55}\text{Fe})/A(^{59}\text{Fe}) = (2.2 \times 0.058/1{,}000)/(1.3 \times 0.003/45) = 1.47 \fallingdotseq 1.5$

III H は，その文章の後半に「Fe^{3+} の方が Co^{2+} より樹脂に吸着しやすい」とあり，陽イオンを対象としていることがわかりますので，「陽イオン交換樹脂」を選択します。また，I は，H の「陰イオン交換樹脂」を選択しますが，クロロ錯イオンが陰イオンであることで J としてクロロ錯イオンを選択できます。また，このクロロ錯イオンは，濃い塩酸溶液中では，クロロ錯体 $HFeCl_4$ を作って（イオンでなくなり）有機溶媒（ジイソプロピルエーテル）に抽出されます。

IV ^{59}Fe の比放射能が1.0MBq/mg Fe の希塩酸溶液の10kBq $= 10^4$Bq 分を添

加トレーサーとして Fe 濃度が未知の水溶液1.0Lに加えます。つまり，次の量を加えることになります。

$$10\text{kBq} \div 1.0\text{MBq/mgFe} = 10\text{kBq} \times 10^{-3}\text{MBq/kBq} \div 1.0\text{MBq/mgFe}$$
$$= 0.01\text{mgFe}$$

この方法は，同位体希釈法のうち，直接希釈法に当たります。次のようなバランスシートを作って計算する習慣をつけておきましょう。求める鉄の濃度を x [g·L^{-1}] とすると，その1Lは x [g] = 1,000x [mg] になるので，

	重量	比放射能	全放射能
定量対象試料	(1,000x) mg	0	0
添加トレーサー	0.01mg	1.0MBq/mg Fe	10^4Bq
添加後の混合物	(1,000x+0.01)mg	100Bq/mg Fe	100(1,000x+0.01) Bq

これらより，
$$100(1,000x + 0.01) = 10^4$$
これを解いて，$x = 0.09999\text{g·L}^{-1} \fallingdotseq 0.1\text{g·L}^{-1}$

問5 解答

I　A－3（励起）　　　　　B－4（電離）
　　C－6（ヒドロキシルラジカル（・OH））　D－9（水和電子）
　　E－3（間接作用）　　　F－6（γ線）　　　G－8（増感剤）
　　H－7（防護剤）　　　　I－3（OER）　　　J－8（アルコール）
　　K－2（正常組織）　　　L－1（腫瘍組織）
II　M－1（LET）　　　　　N－7（α線）　　　O－11（直接作用）
　　P－3（陽子線）　　　　Q－6（ブラッグピーク）
　　R－10（放射線抵抗性）　　S－13（減弱）

問5 解説

I　放射線による生物作用の出発点は，水の励起や電離を経た各種ラジカルの生成です。励起した水は解離してヒドロキシルラジカル（・OH）と水素ラジカルとが生じます。また，水が電離すると H_2O^+ と e^- が生じます。H_2O^+ は非常に不安定で，分解してヒドロキシルラジカルを生じます。一方，e^- はその周りに水分子が配列して水和電子となります。このように，水と放射線の相互作用で生じた反応性が高いラジカルが標的分子に作用して生物作用が生じることを（放射線が直接作用するのではなく，ラジカルなどを通じて影響しますので）間接作用と呼んでいます。X線やγ線のような電磁波の放射線による生

物作用では間接作用の割合が6割以上を占めます。

　間接作用による生物効果の程度は増感剤や防護剤の存在によって影響を受けます。酸素は一種の増感剤として働き，酸素効果を示します。酸素効果の程度はOERで表すことができます。OERは，「酸素が無い条件下である効果を生じるのに要する線量」を「酸素が存在する条件で同じ効果を生じるのに要する線量」で割った値で定義されます。

　防護剤の1つとして，間接作用の原因となるラジカルを取り除くラジカルスカベンジャーがあります。アルコールやグリセリンなどはヒドロキシルラジカルと反応してその効果を減じます。放射線治療では，正常組織への障害を防ぐことも重要で，そのための防護剤の開発も行われています。防護剤の開発においては，防護剤の効果が腫瘍組織に比べて正常組織では大きくなる必要があります。

Ⅱ　放射線の飛跡の単位長さ当たりのエネルギー損失をLETといいます。高いLETを持つ放射線として，α線や重イオン線などがあります。これらの高LET放射線は，低いLETの放射線と比べて直接作用の割合が高いと考えられています。

　近年，陽子線や重イオン線を用いたがん治療が盛んになってきています。これらの放射線では，現在放射線治療における外部照射で一般的に使用されている放射線と比べて，生体に照射されたときの線量分布が特徴的です。すなわち，入射部位の皮膚では線量が低く，深さが増すにつれて高くなり，飛程の終端近くで最大になるような線量分布になります。この飛程終端近くでの最大部分を（ブラッグ曲線状のピークということで）ブラッグピークといいます。生体の深部にある腫瘍の治療を考えた場合，腫瘍部分にブラッグピークを合わせることにより腫瘍に線量を集中することができます。一般に固形腫瘍の内部には酸素分圧が低い領域が存在し，その部位の腫瘍細胞は放射線抵抗性になります。これは放射線治療の効果を減弱させる重要な要素（マイナス要素）であると考えられます。重イオン線では酸素効果が小さいため，（マイナス要素が少なく）がん細胞での細胞致死効果が高いことが期待されます。

問6 解答

Ⅰ　A－3（LET）　　　B－1（RBE）　　　C－8（100～200）
　　D－11（小さい）　E－4（SLD）
Ⅱ　F－2（スカベンジャー）　　　　　G－4（グルタチオン）
　　H－9（50～80）　I－12（小さい）　J－14（間接作用）

K－12（小さい）
Ⅲ　L－2（大きい）　　M－4（修復されにくい）　N－6（OER）
　　　O－11（2～3）　　P－1（小さい）
Ⅳ　Q－1（高い）　　　R－2（低い）　　　　　S－1（高い）
　　　T－4（PLD）

問6 解説

Ⅰ　放射線の飛跡に沿って物質に，単位長さ当たりどれほどのエネルギーを与えるかを表す指標にLETがあります。同じ吸収線量を与えてもLETが異なると，致死効果が大きくなる場合があります。ある効果を起こすのに必要な吸収線量との比をRBEといいます。一般にLETが高くなるにつれ，致死効果に関するRBEは大きくなりますが，100～200keV·μm^{-1}程度で最大値となり，それ以上ではLETの増加とともに低下します。このことは，これ以上のエネルギーを与えても影響率の増加が見られないことを意味します。

　同じ吸収線量を，2回あるいはそれ以上に分割して間隔をおいて照射すると，1回で照射した場合に比べて致死効果は小さいです。このような，線量の分割によって見られる現象をSLD回復（亜致死損傷からの回復）と呼んでいます。

Ⅱ　フリーラジカルを除去することによって，標的分子の損傷を低減し致死効果を小さくする物質は「ラジカルスカベンジャー」と呼ばれ，代表例としてグルタチオンなどが挙げられます。一般にγ線における間接作用の寄与は50～80％程度とされています。間接作用の寄与は低LET放射線において高くなっています。致死効果に関する主な標的分子であるDNAを水に溶かして凍結しX線照射した場合には，凍結せずに同一線量を照射した場合に比べDNA損傷の生成率が小さいです。これは凍結状態では（固体状では動きが悪いため，ラジカルなどの化学種による攻撃が減って）間接作用の寄与が小さいためと説明されています。

Ⅲ　酸素分圧の高い状態で照射すると，無酸素状態で照射した場合に比べ，致死効果は大きく，これを酸素効果と呼んでいます。この機序（メカニズム）としては，酸素の存在がラジカルの化学的収率を増加させるということの他に，標的分子の損傷が酸素と反応してより修復されにくい形になることが考えられます。酸素効果の程度を表す指標にOERがあります。細胞致死効果に関するOERは，無酸素状態で一定の細胞致死効果を得るのに必要な線量を，酸素分圧の高い状態で同様の効果を得るのに要する線量で割ったもので，X線やγ線

の場合にはその値の最大値は2〜3程度です。LETの高い放射線の場合には，直接作用のほうが多くて，低い放射線に比べ酸素効果などの修飾作用は小さい傾向にあります。

Ⅳ 細胞は，細胞分裂期（M期）→ G_1 期 → DNA複製期（S期）→ G_2 期の周期を繰り返しながら増殖します。この細胞周期については重要ですので，しっかり確認しておきましょう。細胞周期の各時期に照射して細胞致死効果を調べると G_2 期からM期にかけて最も感受性が高くなっています。これに対しS期の後半では相対的に感受性が低くなっています。培養細胞において，照射後に増殖培地の代わりに生理食塩水中で数時間培養すると，増殖培地でそのまま培養した場合に比べ生存率が高い傾向にあります。この現象は，PLD回復（潜在的致死損傷からの回復）と呼ばれます。

物理学

問1 解答 2 **解説** SI単位系の接頭辞（接頭語）について問われています。Bの1nSvは1×10^{-9}Sv, Dの1TBqは1×10^{12}Bqですね。プラスマイナス3乗まで（$10^{-3} \sim 10^{3}$）は，各桁に接頭辞がありますが，それを外れると3の倍数にしか定められていません。次表で確認しておきましょう。

表 SI接頭語

名称	記号	大きさ	名称	記号	大きさ
ヨタ	yotta	Y	10^{24}	デシ	deci	d	10^{-1}
ゼタ	zetta	Z	10^{21}	センチ	centi	c	10^{-2}
エクサ	exa	E	10^{18}	ミリ	milli	m	10^{-3}
ペタ	peta	P	10^{15}	マイクロ	micro	μ	10^{-6}
テラ	tera	T	10^{12}	ナノ	nano	n	10^{-9}
ギガ	giga	G	10^{9}	ピコ	pico	p	10^{-12}
メガ	mega	M	10^{6}	フェムト	femto	f	10^{-15}
キロ	kilo	k	10^{3}	アト	atto	a	10^{-18}
ヘクト	hecto	h	10^{2}	ゼプト	zepto	z	10^{-21}
デカ	deca	da	10^{1}	ヨクト	yocto	y	10^{-24}

問2 解答 2 **解説** 吸収線量の単位 Gy は J/kg のことですので，熱量 Q が質量 m，比熱 c の物体を加熱するときの温度上昇幅 ΔT との関係は，$Q = mc\Delta T$ となります。本問では，両辺を m で割って，

$Q/m = c\Delta T$

この式の $Q/m = 2\mathrm{Gy} = 2\mathrm{J/kg}$ が与えられていると考えれば，$c = 4.2 \times 10^{3}$J／(kg・℃) を用いて，

2J/kg $= 4.2 \times 10^{3}$J／(kg・℃)$\times \Delta T$

∴ $\Delta T = 2/(1 \times 4.2 \times 10^{3}) = 4.8 \times 10^{-4} \fallingdotseq 5.0 \times 10^{-4}$℃

水の比熱 4.2×10^{3}J／(kg・℃) は頭に入れておくとよいでしょう。水の比熱を1cal／(kg・℃) と覚えている方は，1cal $= 4.2$J で換算するとよいでしょう。本問では，1cal $\fallingdotseq$ 4J として計算しても十分に正解を選べます。

問3 解答 3 **解説** 定数の単位が問われています。その定数が含まれる式を思

い出しましょう。

1 　ボルツマン定数 k は，気体定数 R をアボガドロ数 N_A で割ったものですので，気体の状態方程式 $pV = nRT$ を思い出しましょう。
　単位をつけて表すと，
$$pV \text{ [J]} = n \text{ [mol]} \quad R \text{ [J·mol}^{-1}\text{·K}^{-1}\text{]} \quad T \text{ [K]}$$
　これより，ボルツマン定数 k は，気体定数 R を（次項で出てきます）アボガドロ数 N_A [mol^{-1}] で割って，
$$\text{[J·mol}^{-1}\text{·K}^{-1}\text{]} \div \text{[mol}^{-1}\text{]} = \text{[J·K}^{-1}\text{]}$$

2 　アボガドロ定数は，1モル当たりの分子数（あるいは原子数など）ですから，[個数・mol^{-1}] となりますね。個数は通常単位を省くので，[mol^{-1}] でよいのです。

3 　プランク定数は，電磁波のエネルギー [J] が $h\nu$ で表されることを思い出しましょう。ν は振動数で [回・s^{-1}] すなわち [s^{-1}] ですから，次のようになります。[回] も通常省きますね。
$$\text{[J]} \div \text{[s}^{-1}\text{]} = \text{[J·s]}$$

4 　ファラデー定数 F は，単位電荷 [C]（クーロン）にアボガドロ数 [mol^{-1}] を掛けたものですので，[C·mol^{-1}] となります。
　あるいは，ネルンストの式を思い出される方は，
$$E = E° - (RT/nF) \ln \left(\text{[還元物質]} / \text{[酸化物質]} \right)$$
の式で，RT がエネルギー，E がボルト，n がモルであって，ボルト・クーロンがエネルギーであることと考え合わせて，[C·mol^{-1}] が出てきます。

5 　リュードベリ定数 R は，水素原子のスペクトル系列などで出てきますね。次の式があります。
$$\frac{1}{\lambda} = R \left(\frac{1}{n^2} - \frac{1}{m^2} \right) \quad (n \text{ および } m \text{ は整数で } m > n)$$
　ここで λ は波長 [m] です。この式から，R は波長の逆数ですので，[m^{-1}] となります。

問4　解答　4　**解説**　A　内部転換では，ニュートリノの放出はありません。
D　中性子および陽子の数に変化はありませんので，質量数も原子番号も変わりません。
BC　内部転換が原子核の励起エネルギーの放出過程ということと，その際に原子の軌道電子が放出されることは正しいです。γ 線を出す核異性体転移に代わって，軌道電子を叩き出します。

物理学

問5 解答 1 解説 それぞれの原子番号とECによる壊変確率は次表のようになっています。

選択肢	1	2	3	4	5
核種	^{51}Cr	^{54}Mn	^{55}Fe	^{64}Cu	^{65}Zn
原子番号	24	25	26	29	30
ECによる壊変確率（%）	100	100	100	43.6	98.6

　EC，つまり電子捕獲壊変によって特性X線発生と，オージェ電子発生とが起こりますが，前者の比率を蛍光収率といいます。原子番号の小さい核種ほど蛍光収率は低く，言い換えると，特性X線発生比率が低く，オージェ電子発生比率が高くなります。これらにおいて，内部転換電子の放出は無視できます。
　この表で，ECによる壊変確率が高く（100%），原子番号が低い（蛍光収率が低い）のは ^{51}Cr となります。

問6 解答 1 解説 A　例えば，K殻の電子が放出される場合に，その空軌道をL殻などの高エネルギー軌道の電子が遷移して埋める際に放出されるX線が特性X線です。内部転換にともなって，特性X線の放出がありえます。
B　光電効果とは，原子や分子のそばを，電磁放射線が通過する際に，軌道電子を飛び出させることをいいます。この場合にも，飛び出した電子軌道より高いエネルギー軌道の電子が遷移して空軌道を埋めるとき，特性X線の放出がありえます。
C　制動X線のエネルギー（$h\nu$）は，0から入射荷電粒子のそれまでの範囲で分布しますので，特性X線のエネルギーより小さいです。エネルギーが小さいということは，振動数が低いことを，つまり，波長は長いことを意味します。特性X線のエネルギーのほうが大きいので，波長は，特性X線のほうが短いです。
D　K殻が空になった際にL殻やそれより外の殻の電子が遷移する場合の放出X線がKX線です。L殻→K殻のエネルギー差のほうがM殻→L殻のエネルギー差よりも大きいので，エネルギー差が大きいということは，発生するX線の振動数が大きく波長は短いことになります。

問7 解答 5 解説 AとBのオージェ電子と内部転換電子は，いずれも定

237

まったエネルギー値の差によって発生するものですので，連続スペクトルではなく，線スペクトルを示します。これらに対して，C の熱中性子は室温で 0.025 eV に最確値を持つマックスウェル・ボルツマン分布を示します。また，D の制動放射線は 0 から電子のエネルギーまでの連続分布をします。

問 8 解答 2 解説 A 記述のとおりです。α 壊変ではニュートリノは放出されません。単にヘリウム原子核（α 粒子）が放出されて，原子番号が 2 だけ減少し，質量数が 4 だけ減少します。

B 記述は誤りです。α 壊変と β^- 壊変は同一核種で起きます。天然の放射性壊変系列の 4 つではいずれもその現象が起きていますので，確認しておきましょう。

C 中性子が相対的に不足気味の核においては，β^+ 壊変も EC 壊変も起きやすく，これらが競合しやすいです。

D EC 壊変は，核の陽子が軌道電子を捕獲して自身は中性子に変わりますが，その際にニュートリノが放出されます。

問 9 解答 4 解説 それぞれの壊変において，質量数と原子番号がどのように変わるのかをよく把握しておきましょう。陽子数が増えることは原子番号が増えることと対応していましたね。α 壊変では，（ヘリウム原子核が飛び出すので）質量数が 4，原子番号が 2 だけ減ります。また β^- 壊変では，中性子が陽子に変わる変化ですので，質量数は不変で，原子番号が 1 だけ増えることになります。

本問では，質量数の変化を 4 で割ると α 壊変の回数が求まりますので，
　　$(232 - 208) \div 4 = 6$ 回
また，原子番号の変化を 2 で割ると β^- 壊変の回数が求まります。
　　$(90 - 82) \div 2 = 4$ 回

問 10 解答 2 解説 陽子や中性子は小さな球であって，これらが原子核の内部にぎっしりと詰まっていると考えてよいのです。その原子核の密度は核種によらずほぼ一定で，原子核の体積は核子数（すなわち質量数）に比例します。質量数が体積に比例するのですから，半径は長さですから，質量数の 1／3 乗に比例します。

質量数を A とすると原子核の半径 R は，近似的に次のように表されます。
　　$R \fallingdotseq r_0 A^{\frac{1}{3}}$ 　　（$r_0 \fallingdotseq 1.2 \sim 1.4 \times 10^{-15}$m）
本問では，アルミニウム原子核の質量数は水素原子核の 27 倍ですので，半径

物理学

の比はその $\frac{1}{3}$ 乗になります。すなわち $27^{\frac{1}{3}} = 3$ ということで，約3倍となります。

問11 解答 2 解説 同一の質量の粒子どうしの衝突の場合において，衝突粒子の運動エネルギーが最も大きく相手に移ります。したがって，本問では，α 粒子と等しい質量の ^{4}He において，反跳エネルギーが最も大きくなります。

問12 解答 1 解説 この核反応を化学式の形で，まず左辺だけを考えると，次のようになります。

$^3_2\text{He} + ^1_0\text{n} \rightarrow$

いま，選択肢のAとBの生成が行われると，次のようになります。質量数 $3+1=1+3$，陽子数 $2+0=1+1$ で保存されています。

$^3_2\text{He} + ^1_0\text{n} \rightarrow ^1_1\text{p} + ^3_1\text{H}$

これが成り立つ場合では，選択肢1（AとBが正）となります。一方，CあるいはDの場合は，それぞれ

$^3_2\text{He} + ^1_0\text{n} \rightarrow 2^2_1\text{H}$ あるいは $^3_2\text{He} + ^1_0\text{n} \rightarrow ^4_2\text{He}$

のようになって，質量数および陽子数の保存は成立していますが，Cが正しいか，Dが正しいかのいずれかになります。すなわち，そのような選択肢は用意されていませんので，該当しないと考えられます。選択肢1となる反応式を核反応の形式で表すと，次のようになります。

^{3}He (n, p) ^{3}H

問13 解答 4 解説 ^{4}He^{2+} はヘリウム原子核（中性子2個，陽子2個，電子0個）を，また ^{1}H$^+$ は水素原子核（陽子1個のみ）を表しています。入射する原子核の核子当たりのエネルギーが同じということは，運動エネルギー $\frac{1}{2}mv^2$ の質量当たりのエネルギー（m で割ったエネルギー）が等しいということですので，入射速度も等しいということです。その場合の阻止能は電荷の2乗に比例するので，本問では次のようになります。

$S_1/S_2 = 2^2/1^2 = 4$

問14 解答 4 解説 真空中の光速を c で表すと，屈折率 n の媒体中を通過する光速は，c/n となります。チェレンコフ光が発生するための条件は，電子の速度がこれより速いことです。静止質量 m，速度 v の電子の運動エネルギー T は，相対性理論から次のようになります。

$$T = \frac{mc^2}{\sqrt{1-(v/c)^2}} - mc^2 = mc^2 \left(\frac{1}{\sqrt{1-(v/c)^2}} - 1 \right)$$

この式で，電子1個の静止質量のエネルギー換算値 $mc^2 = 511\text{keV}$ と $v/c = (c/1.33)/c = 1/1.33$ を使って，

$$T = 511 \times \left(\frac{1}{\sqrt{1-\left(\frac{1}{1.33}\right)^2}} - 1 \right) = 511 \times 0.516 = 264\text{keV}$$

問15 解答 4 解説 ある物質に対する α 線の飛程が与えられているとき，他の物質に対する飛程を求めるためには，ブラッグ・クレーマン則を用いると便利です。すなわち，物質 M_1（質量数 A_1，密度 ρ_1）中の飛程 R_1 と，物質 M_2（質量数 A_2，密度 ρ_2）中の飛程 R_2 との比は次のように与えられます（ブラッグ・クレーマン則）。

$$\frac{R_1}{R_2} = \frac{\rho_2}{\rho_1} \times \sqrt{\frac{A_1}{A_2}}$$

つまり，飛程は密度に反比例し，質量数の平方根に比例するということです。本問では，アルミニウムおよび鉄の質量数がそれぞれ27および56ですから，

$$\frac{\rho_{Al} R_{Al}}{\rho_{Fe} R_{Fe}} = \sqrt{\frac{27}{56}}$$

これから，密度の値を使って，

$$\frac{R_{Al}}{R_{Fe}} = \sqrt{\frac{27}{56}} \times \frac{\rho_{Fe}}{\rho_{Al}} \fallingdotseq \sqrt{\frac{1}{2}} \times \frac{7.9}{2.7} = \frac{\sqrt{2}}{2} \times \frac{7.9}{2.7} = 2.1$$

問16 解答 5 解説 気体が荷電粒子によって電離されるとき，イオンと自由電子の対が生じます。このイオン対をつくる平均エネルギーを **W値** といいます。荷電粒子が気体中でエネルギー E [J] を失ったときに生じるイオン対の数を N とすると，W値 W [J] は，次式で与えられます。

$$W = \frac{E}{N}$$

空気のW値は約34eVですので，$E = 4.8\text{MeV}$ と併せてこの式よりイオン対の数を求めると，

$$N = \frac{E}{W} = \frac{4.8 \times 10^6}{34} = 1.4 \times 10^5$$

物理学

問17 解答 3 **解説** A 記述は誤りです。入射光子との弾性衝突です。
B 記述のとおりです。電子のコンプトン波長は散乱角90°の散乱光子の波長と入射光子の波長との差に等しくなります。
　電子の質量 m，光速 c として，h/mc をコンプトン波長 λ_0 といいます。散乱前後の光子エネルギーを E および E'，波長を λ および λ' とすると，散乱角90°の場合には，次のようになります。

$$E' = \frac{E}{1+\dfrac{E}{mc^2}}$$

この式に，$E = hc/\lambda$ および $E' = hc/\lambda'$ を代入して整理すると，
　$\lambda' = \lambda + h/mc = \lambda + \lambda_0$　∴　$\lambda' - \lambda = \lambda_0$

C 記述のとおりです。コンプトン電子は光子の入射方向と逆向きには反跳されません。基本的に，電子は入射方向に対して0°から90°の範囲に反跳されます。
D 記述は誤りです。入射光子のエネルギーが大きくなるほど後方への散乱光子の割合が小さくなります。

問18 解答 4 **解説** エネルギー保存則によって，散乱 γ 線のエネルギーは，次のようになります。
　$1.0 - 0.5 = 0.5\mathrm{MeV}$

散乱角を θ とすると，電子の静止質量は0.511MeVですから，散乱前後のエネルギーの式を用いて，

$$0.5 = \frac{1.0}{1+\dfrac{1.0\times(1-\cos\theta)}{0.511}}$$

これを $\cos\theta$ について解けば，
　$\cos\theta = 0.489 \fallingdotseq 0.5$　∴　$\theta \fallingdotseq 60°$

問19 解答 3 **解説** 電磁放射線（X線および γ 線）が，原子や分子の近くを通る場合，その付近の電場や磁場に影響を与えます。そのため，軌道電子が影響を受け，電磁放射線のエネルギー $h\nu$ が，軌道電子を原子核に束縛しているエネルギーより大きい場合には，図に示すように軌道電子が原子核からの束縛に打ち勝って飛び出すことになります。これが**光電効果**（photoelectric effect）と呼ばれる現象です。飛び出す電子を光電子（photoelectron）といいます。光電子の運動エネルギー E_e は物質固有の結合エネルギーを I として，次のように表されます。
　$E_\mathrm{e} = h\nu - I$

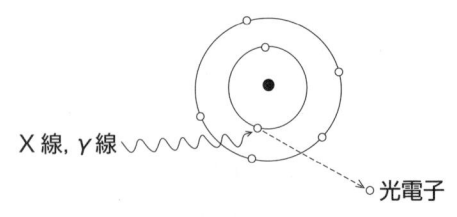

図　光電効果

光電子のエネルギーは，入射電磁線のエネルギーと K 殻における結合エネルギー（束縛エネルギー）の差になるので，

$100 - 69.5 = 30.5\text{keV}$

また，K_α – X 線のエネルギーは L 軌道から K 軌道に遷移した場合の両殻のエネルギー差に相当しますので，次のようになります。

$69.5 - 10.9 = 58.6\text{keV}$

問 20 解答 5　**解説** A　照射線量は，電磁放射線（X 線あるいは γ 線）が空気と相互作用するときにのみ定義されます。
B　荷電粒子に与えられたエネルギーの総和がカーマですから，照射線量は空気カーマから二次電子の放射損失の分を引いた値をもとに電気量に換算した値になります。
C　記述のとおりです。照射線量の単位は $C \cdot kg^{-1}$ で与えらえます。
D　記述のとおりです。照射線量は空気に対して定義されます。

問 21 解答 1　**解説** 様々な単位が並んでいますね。統一的な尺度で比較するために 1 つの単位に換算しなくてはなりません。SI 単位系である J（ジュール）に換算してみるとよいでしょう。

1：$1\text{cal} = 4.2\text{J}$
2：$1\text{J} = 1\text{J}$
3：$1\text{GeV} = 10^9 \text{eV} = 10^9 \times 1.6 \times 10^{-19}\text{J} = 1.6 \times 10^{-10}\text{J}$
4：$2\text{W} \cdot \text{s} = 2\text{J}$
5：$0.5\text{N} \cdot \text{m} = 0.5\text{J}$

問 22 解答 2　**解説** 電離箱検出器の比例計数領域において，印加電圧によって荷電粒子から生じたイオンが加速され，電極に達するまでの間にガス分子と衝突して新たな電離（二次電離，電子なだれ）を生じます。この現象を**ガス増幅**（気体増幅）と呼びます。

A 記述のとおりです。印加電圧が高くなるとガス増幅度は大きくなります。
B 記述は誤りです。酸素は電子を吸着しやすいので，これを加えるとガス増幅度は小さくなります。酸素分子は安定な化合物ではなく，むしろ反応しやすい「ラジカル」なのです。1分子が不対電子を2つ持っていますので，電子を捕獲しやすいのです。
C 記述のとおりです。同じ印加電圧で陽極心線を細くするとガス増幅度は大きくなります。
D 記述は誤りです。計数ガスの圧力増加で電子が次に衝突するまでの距離が短くなり，加速されにくくなってガス増幅度は小さくなります。

問23 解答 2 解説 指示値を x，十分に時間が経過した後の指示値を x_0，時定数を τ とすると，指数関数的に変化する次のような関係（無限時間後に x_0 に近づく関数）が成立します。

$$x = x_0(1 - \exp(-t/\tau))$$

いま，90%に達する時間を T [s] とすると，

$$0.9 = 1 - \exp(-T/10)$$

これから，

$$0.1 = \exp(-T/10)$$

両辺の対数をとって，

$$\ln 0.1 = -T/10 \quad \therefore \quad \ln 10 = T/10$$

$$T \fallingdotseq 2.3 \times 10 = 23\text{s}$$

問24 解答 1 解説 熱中性子測定には，熱中性子に対して大きな断面積を持つ核反応を利用した計数管が用いられます。選択肢2から5が適します。水素（H_2）や水素を多く含むメタン（CH_4）やエタン（C_2H_6）などのガスを用いた検出器は，水素による弾性散乱を利用して高速中性子を測定します。弾性散乱の断面積が小さいため熱中性子の測定には向きません。

問25 解答 2 解説 1回目の測定における計数率 n_1 は，秒単位に直して，$n_1 = 1,000\text{s}^{-1}$，2回目のそれを n_2 とすると，$n_2 = 550$ となります。
　数え落としを補正した計数率をそれぞれ n_{10} および n_{20}，分解時間を τ [s] とすると，分解時間による補正の公式より，次のようになります。

$$n_{10} = \frac{n_1}{1 - n_1\tau}, \quad n_{20} = \frac{n_2}{1 - n_2\tau}$$

　2回目の測定は，1半減期だけ経過したところで行われましたので，計数率

は半分になっているはずです。よって，次の関係があるはずです。

$$n_{20} = n_{10}/2 \quad \therefore \quad n_{10} = 2n_{20}$$

以上の式より，

$$\frac{n_1}{1-n_1\tau} = \frac{2n_2}{1-n_2\tau}$$

数値を代入して，

$$\frac{1,000}{1-1,000\tau} = \frac{2 \times 550}{1-550\tau}$$

これを解けば，

$$\tau = 1.8 \times 10^{-4}\text{s} = 180\,\mu\text{s}$$

問26 解答 5 解説 細かいことが問われています。無機のシンチレータに比べて有機系のシンチレータの減衰時間は極めて短いことが特徴です。ほぼ1桁の違いがあります。データを並べると，次のようになります。

1　NaI（Tl）：230ns
2　CsI（Tl）：680ns（速い成分の場合）
3　ZnS（Ag）：200ns
4　BGO：300ns
5　プラスチックシンチレータ：2.4ns

問27 解答 1 解説 A 記述のとおりです。グリッド付電離箱は，一般にα線のエネルギースペクトルの測定に用いられます。
B 記述のとおりです。グリッド付電離箱では，電子の流動に基づく信号のみが用いられます。
C 記述は誤りです。空気中の酸素が電子を吸着しやすいため，検出器ガスとしては用いられません。
D 電離箱では増幅作用はありません。

問28 解答 5 解説 一般に1MeV前後のγ線では，エネルギー値の大きさから，全吸収ピークのみが観測され，2MeV程度より大きなエネルギーを持つγ線では，電子対生成が起きますので，全吸収ピークに加えて，消滅光子の逃避に伴うシングルエスケープピーク，ダブルエスケープピーク，消滅放射線によるピークの4本が観測されます。

本問において，0.9MeVのγ線からは全吸収ピークのみが観測されて1本になりますが，2.8MeVのγ線からは，全吸収ピーク，シングルエスケープピー

ク,ダブルエスケープピーク,消滅放射線によるピークの4本が観測されます。

しかし,2つのγ線が同時に観測される場合には,これらに加えて,0.9+2.8=3.7MeVのγ線も生じますので,このγ線からも4本のピーク(サムピーク)が生じます。

結局,1+4+4=9本のピークが観測されることになります。

問29 解答 1 **解説** 1 表面障壁型Si半導体検出器には高い分解能があり,これが最も適しています。
2 ZnS(Ag)シンチレーション検出器もα線検出には用いられますが,エネルギー分解能が低く,推奨されません。
3 Ge検出器は真空容器に封入されていて,α線の測定は基本的にできません。
4 NaI(Tl)シンチレーション検出器のNaI(Tl)は潮解性があって容器に封入されていますので,α線の測定には向きません。
5 熱ルミネセンス線量計(TLD)は線量測定の検出部という形ですので,個々のα線の測定はできません。

問30 解答 2 **解説** A 荷電粒子は直接エネルギーを与えますので,高感度で使用できます。荷電粒子に対しても使用できるものです。
B 記述のとおりです。4~5桁のX線強度変化に対する測定範囲を持ちます。
C 記述のとおりです。可視光を照射することにより再度使用できます。
D 室温において,蛍光が24時間で約60%に低下してしまいます。フェーディングは問題となるレベルです。
E 輝尽性蛍光体が塗布されたものです。溶解した有機シンチレータ結晶をプラスチックフィルムに塗布したものというのは誤りです。

化学

問1 解答 5 解説 時刻 $t = 0$（測定開始）から半減期の T 秒まで測定して得られたカウントの C は，$t = 0$ から $t = T$ までの間に刻々壊変して発生した放射線を検出効率 ε でカウントしたものです。この短寿命核種の $t = 0$ における放射能を A_0，壊変定数を λ とすると，各時刻での放射能は $A_0 e^{-\lambda t}$ となります。これに検出効率を掛けて $t = 0$ から $t = T$ まで積分すると C になるはずですので，積分すると，

$$C = \int_0^T \varepsilon A_0 e^{-\lambda t} dt = \varepsilon A_0 \left[-\frac{1}{\lambda} \times e^{-\lambda t} \right]_0^T$$

$$= \varepsilon A_0 \left\{ -\frac{1}{\lambda} \times e^{-\lambda T} - \left(-\frac{1}{\lambda} \times e^0 \right) \right\}$$

$$= \varepsilon A_0 \left(-\frac{1}{\lambda} \times e^{-\lambda T} + \frac{1}{\lambda} \right)$$

$$= \varepsilon \frac{A_0}{\lambda} (1 - e^{-\lambda T})$$

ここで，壊変定数は $\lambda = \ln 2 / T$ ですから，C は次のようになります。

$$C = \frac{\varepsilon A_0 T}{\ln 2} (1 - e^{-\ln 2}) = \frac{\varepsilon A_0 T}{\ln 2} \left(1 - \frac{1}{2} \right) = \frac{\varepsilon A_0 T}{2 \times \ln 2}$$

これによって，測定開始時点の放射能 A_0 は次のように計算できます。

$$A_0 = 2 \times \ln 2 \times \frac{C}{\varepsilon T}$$

本問では測定終了時の放射能をきいていますので，この A_0 の半分になるはずです。よってそれを A とすると，

$$A = (\ln 2) \frac{C}{\varepsilon T}$$

問2 解答 3 解説 最初の等しい放射能を A_0 とします。半減期 T で減衰して時間 t 後に放射能が A になったとすると，これらの関係は次式で表せます。

$$A = A_0 \left(\frac{1}{2} \right)^{t/T}$$

いま，5年（1,825日）後の ^{54}Mn および ^{60}Co の放射能をそれぞれ A_{Mn} および A_{Co} とすると，

$$A_{\text{Mn}} = A_0 \times \left(\frac{1}{2} \right)^{\frac{1,825}{312}} \fallingdotseq A_0 \times \left(\frac{1}{2} \right)^{5.85}$$

$$A_{\mathrm{Co}} = A_0 \times \left(\frac{1}{2}\right)^{\frac{5}{5.27}} \fallingdotseq A_0 \times \left(\frac{1}{2}\right)^{0.95}$$

以上より，両核種の放射能比は，

$$\frac{A_{\mathrm{Mn}}}{A_{\mathrm{Co}}} = \frac{A_0 \times \left(\frac{1}{2}\right)^{5.85}}{A_0 \times \left(\frac{1}{2}\right)^{0.95}} = \left(\frac{1}{2}\right)^{5.85-0.95} = \left(\frac{1}{2}\right)^{4.90} \fallingdotseq \left(\frac{1}{2}\right)^5 = 0.03125 \fallingdotseq 0.03$$

問3 解答 4 解説 一見，すべての半減期を覚えていなければ解けないようにも思えますが，よく見ると，極めて有名な2つの放射性核種の半減期がほぼ近いことを知っていれば済む問題です。

すなわち，$^{90}\mathrm{Sr}$ と $^{137}\mathrm{Cs}$ はいずれも約30年であるということは，覚えておくとよいでしょう。正確には $^{90}\mathrm{Sr}$（28.74年）と $^{137}\mathrm{Cs}$（30.04年）となっています。

その他の核種について，少なくとも本問に出題されているものは，$^{3}\mathrm{H}$（トリチウム）の12.3年や $^{60}\mathrm{Co}$ の5.3年程度で，他はあまり重要とはいえないでしょう。本問に出ていないもので重要なものは，$^{14}\mathrm{C}$ の5,730年や $^{131}\mathrm{I}$ の8.0日，$^{226}\mathrm{Ra}$ の1622年，$^{40}\mathrm{K}$ の12.8億年，$^{239}\mathrm{Pu}$ の2.4億年といったところでしょう。

問4 解答 3 解説 安定核種に○をつけて示すと，次のようになります。

1　　$^{11}\mathrm{C}$,　　　○$^{12}\mathrm{C}$,　　　$^{14}\mathrm{C}$
2　　$^{13}\mathrm{N}$,　　　○$^{14}\mathrm{N}$,　　　○$^{15}\mathrm{N}$
3　　$^{30}\mathrm{P}$,　　　$^{32}\mathrm{P}$,　　　$^{33}\mathrm{P}$
4　　○$^{35}\mathrm{Cl}$,　　$^{36}\mathrm{Cl}$,　　　○$^{37}\mathrm{Cl}$
5　　○$^{40}\mathrm{Ca}$,　　○$^{42}\mathrm{Ca}$,　　$^{45}\mathrm{Ca}$

結局，すべてが安定核種であるものは，選択肢3ですね。P.165でも説明しましたように，よく見られる元素の中での安定元素をある程度は頭に入れておくとよいでしょう。

塩素の原子量が35.5という中途半端な数字である理由は，自然界の塩素は $^{35}\mathrm{Cl}$ が75%，$^{37}\mathrm{Cl}$ が25%からなっているからです。この2つはいずれも安定核種です。これほどに多い量（成分比）で放射性であったら困りますね。

問5 解答 2 解説 原子数を N，壊変定数を λ とすると，壊変の基本式である $-\dfrac{dN}{dt} = \lambda N$ という式から，放射能は（時間当たりの壊変数なので）壊変定

数と原子数の積になります。すなわち半減期を T, 質量を W, 質量数を M とすれば, $\lambda = \ln 2/T$ より, 放射能 A は,

$$A = 1 \times 10^{12} = (0.693/T) \times (W/M) \times 6.0 \times 10^{23}$$

この式に, $T = 4.6 \times 10^6$ および $M = 7$ を代入して,

$$1 \times 10^{12} = \{0.693/(4.6 \times 10^6)\} \times (W/7) \times 6.0 \times 10^{23}$$

W について解くと,

$$W = 7.74 \times 10^{-5} \fallingdotseq 7.7 \times 10^{-5} \text{g}$$

問6 解答 3 **解説** 放射性核種の壊変系列において, ある核種の生成と壊変とが釣り合っていて, その原子数に変化のない状態であることを**放射平衡**といいます。X→Y→Z という系列がある場合に, Yの生成量とYの壊変量とが等しくなる場合です。そのような状態が成立するための条件は, 親核種の壊変半減期（X→Yの半減期）が娘核種のそれ（Y→Zの半減期）より長いことです。

本問では, 親核種の壊変半減期のほうが短いものはBだけになっていますので, これだけが放射平衡が成立することがない場合となります。その他のA, C, Dは, 親核種の壊変半減期のほうが長くなっており, 放射平衡が成立する場合となります。

問7 解答 1 **解説** 細かいことが問われています。ウラン系列は $4n+2$ 系列ともいわれ, 親核種が ^{238}U で最終の安定核種は ^{206}Pb であるような系列です。図にその全体を示します。

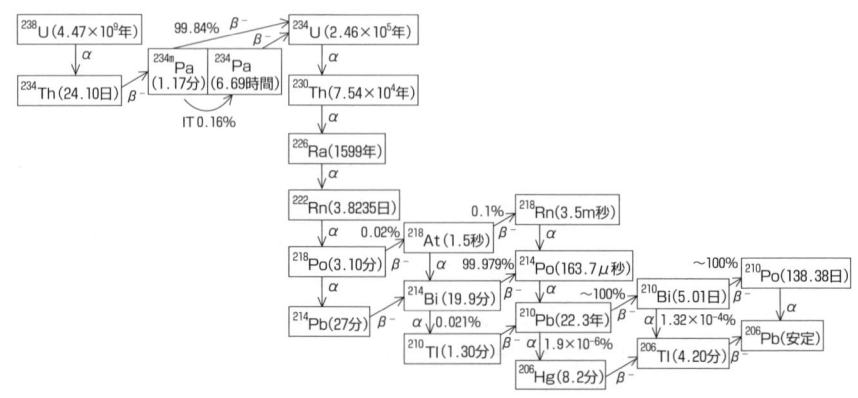

図 ウラン系列（$4n+2$ 系列）

しかしながら, この全体を頭に入れることはまず無理ですので, スタートの親核種 ^{238}U と最終の安定核種 ^{206}Pb を頭に入れておきましょう。それによっ

て，次のような α 壊変による4つずつの質量数減少が把握できます。
$$238 \rightarrow 234 \rightarrow 230 \rightarrow 226 \rightarrow \cdots \rightarrow 210 \rightarrow 206$$
このことで，^{234}U，^{230}Th，^{226}Ra，^{210}Po などが生成するとわかります。D にあります ^{208}Pb は（最終の安定核種が ^{206}Pb であることを忘れたとしても）このことからも D が誤りとわかります（238－208＝30 となって4で割り切れません）。

問8 解答 4 解説 核反応の記法として（X，Y）という核反応は，X が当てられて，Y が放出される反応を表します。
A （α，p2n）の反応は，ヘリウム原子核（陽子2個，中性子2個）が当てられて，陽子1個と中性子2個が飛び出る反応ですので，生成核では標的核に対して陽子が1個増えています。陽子の増減が原子番号の増減ですので，ここでは原子番号が1しか違っていません。
B （n，α）の反応は，中性子が1個照射されて，ヘリウム原子核（陽子2個，中性子2個）が飛び出ます。陽子が2個減りますので，「標的核と生成核の原子番号が2以上異なるもの」に該当します。
C （p，3p2n）では，陽子が1個当てられて，陽子が3個出ていきますので，陽子（原子番号）が2個減ります。
D （d，n）の反応では，重水素核（d，陽子1個，中性子1個）が当てられて，中性子が1個出ていきます。陽子は1個増えるだけですので，該当しません。

問9 解答 3 解説 ^{235}U に熱中性子を当てることにより核分裂して，生じる核種として収率のピークが質量数96付近および134付近に認められます。その極小値が質量数118付近に見られることがわかっています。「収率1％以上」であるものを知らなくても，収率の高いものから上位2個を挙げなさいという問題と考えればよいのですね。
　すなわち，「質量数96付近」の B（^{99}Mo）と「質量数134付近」の D（^{131}I）を選べばよいのです。

問10 解答 5 解説 A　[^{64}Cu]Cl$_2$＋Zn → ZnCl$_2$＋^{64}Cu↓
　亜鉛は銅よりイオン化傾向が高いため，イオンになって銅イオンを析出させます。しかし，銅も気体にはなりません。記号↓は固体となって液体の反応系から出てゆく（析出する）という意味です。
B　Ba[^{14}C]O$_3$＋2HNO$_3$ → Ba(NO$_3$)$_2$＋H$_2$O＋[^{14}C]O$_2$↑

弱酸である炭酸塩に強酸が加えられて，弱酸系化合物の二酸化炭素が出てくる反応です。

C　Fe [^{35}S] + H$_2$SO$_4$ → FeSO$_4$ + H$_2$ [^{35}S] ↑

これも，相対的に弱酸の塩（FeS）に強酸を加えたことで，弱酸系化合物（硫化水素）が遊離しています。

D　2 [^{3}H]$_2$O → 2 [^{3}H]$_2$↑ + O$_2$

これは，電気エネルギーによって単純に水が水素と酸素に分かれている反応ですね。

問11　解答　5　解説　A　Br$^-$ が共存していると，次のような反応が起きて，沈殿ができてしまいます。Cl$^-$ の定量に影響します。

　　　Br$^-$ + [^{110m}Ag] NO$_3$ → [^{110m}Ag] Br↓ + NO$_3^-$

B　AgClO$_4$ の溶解度は非常に大きいので，銀は沈殿しません。ClO$_4^-$ によって系が乱されることがありませんので，影響しません。

C　一部分を分離して測定しても，全体の Cl$^-$ を把握できませんので，誤りです。

D　溶液中にあった Cl$^-$ の分だけ次の反応で沈殿が起きます。

　　　Cl$^-$ + [^{110m}Ag] NO$_3$ → [^{110m}Ag] Cl↓ + NO$_3^-$

硝酸銀水溶液は，過剰の一定量を加えていますので，沈殿した分だけ差し引かれて溶液に残っています。それを測定することで，もとの Cl$^-$ の量が求められます。

問12　解答　2　解説　正しい操作は2です。すなわちⅠ−B，Ⅱ−C，Ⅲ−D，Ⅳ−Aです。それらの反応を順に説明します。

Ⅰ−B：[^{35}S] O$_4^{2-}$ + CaCl$_2$ → Ca [^{35}S] O$_4$↓ + 2Cl$^-$

Ⅱ−C：^{45}Ca^{2+} + (NH$_4$)$_2$C$_2$O$_4$ → [^{45}Ca] C$_2$O$_4$↓ + 2NH$_4^+$

Ⅲ−D：^{55}Fe^{3+} + 3OH$^-$ → [^{55}Fe] (OH)$_3$↓

Ⅳ−A：^{82}Br$^-$ + AgNO$_3$ → Ag [^{82}Br] ↓ + NO$_3^-$

問13　解答　5　解説　陽子の増減で周期律表の位置を考えます。陽子が1つ増えれば右に，1つ減れば左に移動します。元素名がわからなくても一番左のアルカリ金属の列になりそうかどうかを判断すれば正解できます。

A　(n, α) ということは，原子番号5の ^{10}B から陽子が2個減少する反応ということですから，原子番号3のリチウム（アルカリ金属）が生成します。リチウムと仮に知らなくても，ホウ素Bが典型元素の第3族に属すること

を知っていれば正解できます。

B (d, α) という反応では，d（陽子1個）が与えられてヘリウム原子核（陽子2個）が減るのですから，^{24}Mg より1つ原子番号の少ないナトリウム（アルカリ金属）が生じます。

C (α, p) では，α で陽子が2つ増えて，p で1つ減りますので，合わせて1つが増えることになり，Ar の次のカリウム（アルカリ金属）が生じます。

D (α, 2n) という反応によって，陽子が2つ加えられることですから，ハロゲン元素の2つ右隣は，周期律表の一番左に戻りますので，やはりアルカリ金属になります。

問14 解答 2 **解説** 高エネルギーのイオンを照射して生成する放射性核種を測定して元素を定量する方法が，荷電粒子放射化分析法です。主に用いられる荷電粒子は，陽子（p），重陽子（d），^{3}He あるいは ^{4}He（α 粒子）などです。軽い元素に対しての感度が高く，特にホウ素，炭素，窒素あるいは酸素などの定量によく用いられます。選択肢ごとに核反応を化学式で表すと，次のようになります。

1　^{12}C (p, n)　　$^{12}_{6}C + ^{1}_{1}p \rightarrow ^{12}_{7}N + ^{1}_{0}n$
2　^{12}C (d, n)　　$^{12}_{6}C + ^{2}_{1}d \rightarrow ^{13}_{7}N + ^{1}_{0}n$
3　^{12}C (α, p)　　$^{12}_{6}C + ^{4}_{2}α \rightarrow ^{15}_{7}N + ^{1}_{1}p$
4　^{13}C (α, n)　　$^{13}_{6}C + ^{4}_{2}α \rightarrow ^{16}_{8}O + ^{1}_{0}n$
5　^{13}C (p, α)　　$^{13}_{6}C + ^{1}_{1}p \rightarrow ^{10}_{5}B + ^{4}_{2}α$

これらの反応式で生成する核を見ると，1の $^{12}_{7}N$ は半減期が1秒以下の極めて短寿命ですので，測定に向きません。このことを知らなくても，安定同位体である ^{14}N や ^{15}N に近いほうが半減期が一般に長いことを考えて1は外せます。次の，2の $^{13}_{7}N$ は半減期が分のオーダーですので，測定には適します。
3の ^{15}N，4の ^{16}O，5の ^{10}B はいずれも安定核種ですので測定そのものができません。
2の ^{12}C (d, n) ^{13}N の他にこの分析法に用いられる反応としては，以下のようなものがあります。

　　^{12}C (^{3}He, α) ^{11}C　　　^{10}B (d, n) ^{11}C
　　^{14}N (p, α) ^{11}C　　　^{16}O (^{3}He, p) ^{18}F

問15 解答 4 **解説**　1　トリチウム T は，同位体交換を起こしやすいので，T$_2$O として存在していてもほとんどが次式の反応で HTO になってしまいま

す。T_2O として存在するものはほとんどありません。

$$T_2O + H_2O \rightarrow 2HTO$$

2　大気の上層部で，宇宙線が空気中の二酸化炭素に当たると $^{14}CO_2$ が生成します。これは常時生成されていてまた常時植物によって大気から取り込まれています。これらの平衡で大気中濃度はほぼ一定状態にありますが，化石燃料にはこの取り込みが行われず，また，5,730年の半減期で減少していますので，大気中よりは低濃度になっています。したがって，化石燃料の使用は大気中の二酸化炭素の ^{14}C 濃度を上昇させません。

3　^{40}K は太陽宇宙線照射で生成したものではなく，地球誕生の時から多く存在していて，12.8億年の半減期で減っている途中です。ただし，ごく一部のものは大気中の ^{40}Ar が太陽宇宙線を受けて ^{40}K になっているものもありますが，極めて少ない量です。

4　記述のとおりです。^{99}Tc は大部分が，原子炉で用いられる ^{235}U の核分裂反応によって生成したものです。

5　細かいことですが，ネプツニウム系列のラドン同位体は ^{221}Rn ではなく ^{217}Rn です。なお，「ネプツニウム系列にはラドンの同位体は存在しない」と書かれたものもありますが，^{217}At から0.012%というごくごく小さな確率で生じることはあります。

問16　解答　2　**解説**　壊変図式の問題です。

A　記述のとおりです。この壊変図式によれば，^{64}Cu には β^+ 壊変もあることになりますが，β^+ 壊変は（電子の反物質である）陽電子を放出します。陽電子は電子と結合すると物質としては消滅し，その質量がエネルギーに変わり光子として（反対方向に進む2本の）電磁波になります。これを消滅放射線といい，そのエネルギーは（陽電子と電子の質量に相当する）511keV×2です。したがって，γ線スペクトルに511keVのピークが見られます。

B　記述のとおりです。^{64}Cu はこの図式からわかるように，^{64}Ni になる壊変と ^{64}Zn になる壊変と，2つの壊変をします。このようなケースを分岐壊変といい，その割合を分岐比といいます。分岐壊変については，それぞれの壊変について壊変の式が成り立ちますので，i 番目の壊変について次式が成立します。原子数を N，i 番目の壊変定数を λ_i，半減期を T_i とすると，

$$dN/dt = -\lambda_i N, \qquad T_i = \ln 2/\lambda_i$$

このような半減期を部分半減期と呼んでいます。全体の壊変定数 λ は次のように表されます。分岐数を n として，

$$\lambda = \lambda_1 + \lambda_2 + \cdots + \lambda_i + \cdots + \lambda_n$$

本問においては，次のようになります。

$$\lambda = \lambda(EC_1) + \lambda(EC_2) + \lambda(\beta^+) + \lambda(\beta^-)$$

このうち，^{64}Ni 生成の部分半減期 λ_{Ni} と ^{64}Zn 生成の部分半減期 λ_{Zn} は，それぞれ次のようになります。

$$\lambda_{Ni} = \lambda(EC_1) + \lambda(EC_2) + \lambda(\beta^+) = 0.005\lambda + 0.431\lambda + 0.174\lambda = 0.61\lambda$$

$$\lambda_{Zn} = \lambda(\beta^-) = 0.39\lambda$$

それぞれの半減期 T_{Ni}，T_{Zn} は，

$$T_{Ni} = \ln 2/0.61\lambda, \quad T_{Zn} = \ln 2/0.39\lambda$$

この結果から，$T_{Zn} > T_{Ni}$ となります。

C 記述は誤りです。EC 壊変があるので，特性 X 線が放出されることは正しいのですが，壊変後の核からのものですので，このケースでは Ni の特性 X 線が出るということです。

D 記述のとおりです。β^- 壊変は ^{64}Zn になる場合のものですが，そこには γ 線の発生を示す垂直に下に向かう矢印がありません。β^- 壊変は γ 線放出を伴いません。

問 17 解答 3 **解説** 本問の沈殿反応は次のようになります。

$$Na_2[^{35}S]O_4 + BaCl_2 \rightarrow Ba[^{35}S]O_4 \downarrow + 2NaCl$$

硫酸ナトリウム水溶液の硫酸根のモル量は，濃度が $0.1\,mol\cdot L^{-1}$，液量が 200 mL ですので，次のようになります。

$$200 \times 10^{-3}\,L \times 0.1\,mol\cdot L^{-1} = 200 \times 10^{-4}\,mol$$

すなわち，これだけのモル数の $BaSO_4$ が生成しますので，これに式量の 233 を掛けて，沈殿する硫酸バリウムの量 w [g] を求めると，

$$w = 200 \times 10^{-4}\,mol \times 233 = 4.66\,g$$

500 kBq のすべてが沈殿物に移行したとして，その比放射能は，質量で割って次のようになります。

$$500\,kBq \div 4.66\,g \fallingdotseq 110\,kBq\cdot g^{-1}$$

問 18 解答 3 **解説** 抽出操作において，有機相と水相のそれぞれの相への溶質の分配の比率を分配比といいます。有機相中の溶質の濃度を C_o と水相のそれを C_w とすると，分配係数 D が次のように定義されます。

$$D = \frac{C_o}{C_w}$$

また，抽出率 E が次のように表されます。V_o および V_w はそれぞれ有機相および水相の体積です。

$$E = \frac{C_o V_o}{C_o V_o + C_w V_w} = \frac{D}{D + \dfrac{V_w}{V_o}}$$

本問において，$D = 80$，$V_w/V_o = 2$ ということですから，これらを代入して，

$$E = \frac{80}{80 + 2} = 0.976$$

これは抽出される側ですが，問われているのは抽出されずに残る側の放射能ですので，

$$50 \times (1 - 0.976) = 1.2$$

問19 解答 4 解説 エネルギーの放出量を電池出力に換算する問題です。$1\mathrm{J/s} = 1\mathrm{W}$ という関係を使います。半減期を T，原子数を N，放射能を A とすると，次の式が成り立ちます。0.693は $\ln 2$，$0.693/T$ は壊変定数に相当します。

$$A = 0.693 N / T$$

また，質量数を M，質量を W [g] とすると，次の式が成り立ちます。6×10^{23} はアボガドロ数です。

$$N = (W/M) \times 6 \times 10^{23}$$

以上の2つの式から，

$$A = 0.693 W / MT \times 6 \times 10^{23}$$

ここで，$W = 1.0\mathrm{mg} = 1.0 \times 10^{-3}\mathrm{g}$，$T = 2.8 \times 10^9\mathrm{s}$，$M = 238$ を代入して，

$$A = \frac{0.693 \times 1.0 \times 10^{-3}}{238 \times 2.8 \times 10^9} \times 6 \times 10^{23} = 6.24 \times 10^8 \mathrm{Bq}$$

このBqという単位は，1秒当たりの壊変個数（α 粒子数）ですので，その1つが $9.0 \times 10^{-13}\mathrm{J}$ と与えられています。したがって，求める出力はこれらの積で計算します。すなわち，

$$6.24 \times 10^8 \text{ [個／s]} \times 9.0 \times 10^{-13} \text{ [J／個]} = 5.6 \times 10^{-4} \mathrm{J/s} = 0.56\mathrm{mW}$$

問20 解答 2 解説 中性子照射により生成する放射性核種の放射能を A とすると，それはターゲット核の数 n，照射粒子フルエンス率 f，反応断面積 σ，生成核の半減期 T，照射時間 t により，次のように表されます。

$$A = n f \sigma \{1 - (1/2)^{t/T}\}$$

本問で，40分間の照射で生成した半減期20分の放射性核種が $3.0 \times 10^5 \mathrm{Bq}$ ということですので，上の式に代入して，

$$3.0 \times 10^5 = n f \sigma \{1 - (1/2)^{40/20}\}$$

$3.0 \times 10^5 = nf\sigma\,(3/4)$ ∴ $nf\sigma = 4.0 \times 10^5$

これにより，10分間の同じ条件における生成核の放射能は，
$A = 4.0 \times 10^5 \times \{1 - (1/2)^{10/20}\} ≒ 1.2 \times 10^5\,\mathrm{Bq}$

問21 解答 2 解説 同位体希釈法とは，同位体をトレーサーとして利用する分析方法の一種で，目的の物質を定量的に分離することが困難な場合などに，一部分が純粋に分離できれば使用が可能です。測定目的の物質が非放射性であって，放射性核種を添加して測定するのが，直接希釈法，その逆に測定目的の化合物が放射性であって，非放射性物質を添加して行う方法が逆希釈法です。

本問において定量すべき試料の量を a [mg] とし，次のようなバランス表を作って解くことが一般的です。

		重さ	比放射能	全放射能
添加前	定量すべき試料	a mg	0	0
	添加トレーサー	10mg	500dpm·mg^{-1}	5,000dpm
添加後	混合物	$(a+10)$ mg	100dpm·mg^{-1}	$100(a+10)$ dpm

ここで，混合前の全放射能と混合後の全放射能とは等しいはずですので，次のような関係が成り立つはずです。

$5,000 = 100(a + 10)$ ∴ $a = 40\,\mathrm{mg}$

問22 解答 2 解説 100mg の $BaSO_4$ は mol でいうと $0.1/233 = 1/2{,}330\,\mathrm{mol}$ となります。これが100kBq の放射能を発しますので，その比放射能は次のようになります。

$100\,\mathrm{kBq} \div (1/2{,}330\,\mathrm{mol}) = 2.33 \times 10^5\,\mathrm{kBq \cdot mol^{-1}}$

また，溶解度積が $K_{sp} = [Ba^{2+}][SO_4^{2-}] = 1.0 \times 10^{-10}\,\mathrm{(mol \cdot L^{-1})^2}$ ということは，溶液中の $[Ba^{2+}]$ と $[SO_4^{2-}]$ が同じ濃度であることから，

$[Ba^{2+}] = [SO_4^{2-}] = 1.0 \times 10^{-5}\,\mathrm{mol \cdot L^{-1}}$

ということです。溶液が1Lになるのですから，溶解する ^{140}Ba の放射能は，この濃度に比放射能を掛ければ求まります。選択肢が有効数字1桁になっていますので，ラフな計算でも正解が求まります。

$1\,\mathrm{L} \times 1.0 \times 10^{-5}\,\mathrm{mol \cdot L^{-1}} \times 2.33 \times 10^5\,\mathrm{kBq \cdot mol^{-1}} = 2.33 ≒ 2\,\mathrm{kBq}$

問23 解答 5 解説 金属は一般にアルカリ液で水酸化物を作って沈殿しま

す。その中で両性金属と呼ばれるものは、より強いアルカリ環境で別なイオンを作って再溶解します。亜鉛も両性金属に属します。

A　NaOH 水溶液を少量加えて沈殿するのは水酸化亜鉛 $Zn(OH)_2$ です。これは水酸化物の仲間です。

B　NaOH 水溶液をさらに過剰に加えると、この沈殿は再溶解しますが、ここでは $[Zn(OH)_4]^{2-}$ というイオンが生成しています。イオンは水溶性ですので、再溶解します。

C　アンモニア水を少量加えて沈殿するのは、やはり水酸化亜鉛 $Zn(OH)_2$ です。

D　アンモニア水をさらに過剰に加えると、ここでもこの沈殿は再溶解します。ここではアンモニア分子が亜鉛に配位して $[Zn(NH_3)_4]^{2+}$ というイオンになって溶けています。

問 24　解答　2　解説　アクチバブルトレーサー法とは、直訳すると「活性化できるトレーサー法」となります。放射性物質を大量にトレーサーとして用いることは環境汚染や安全上の問題もあって難しい場合に、安定同位体（非放射性物質）をトレーサーとして用い、試料として採取した後で放射化して分析に用いる方法です。

A　記述のとおりです。非放射性の安定同位体をトレーサーとして用います。

B　記述は誤りです。測定の対象に主成分として含まれている元素は利用しません。できるだけ影響を少なくするために、主成分でないものを利用します。

C　記述のとおりです。採取後の試料を放射化して分析しますので、放射化分析で感度の高い元素をトレーサーとして加えます。

D　放射能汚染を引き起こす可能性はありませんので、この方法は自然環境でも使用できます。

問 25　解答　4　解説　1　記述のとおりです。^{123}I はシングルフォトン断層撮影法（SPECT）に用いられます。

2　記述のとおりです。^{125}I はラジオイムノアッセイ（免疫活性検査）に用いられています。

3　記述のとおりです。^{127}I だけがヨウ素で唯一の安定同位体となっています。

4　記述は誤りです。陽電子放射断層撮影（PET）に用いられるものは β^+ 壊変核種であるべきですが、^{129}I は β^- 壊変核種ですので陽電子を発しませ

ん。PET 製剤として主に用いられる核種は ^{11}C, ^{13}N, ^{15}O, ^{19}F です。
5 記述のとおりです。^{131}I は，核医学治療として，甲状腺疾患の内用療法に用いられます。

問 26 解答 4 解説 無担体とは，放射性核種がその安定同位体と共存していないものをいいます。それぞれの生成核を付して次に示します。
1 ^{27}Al (d, p) ^{28}Al
2 ^{31}P (p, pn) ^{30}P
3 ^{34}S (n, γ) ^{35}S
4 ^{48}Ti (p, n) ^{48}V
5 ^{65}Cu (α, 2p3n) ^{64}Cu

これからわかるように，選択肢 4 だけが核種の元素記号（原子番号）が変わっています。つまり，^{48}V という放射性核種は，V の安定同位体と共存していません。他の 4 つのケースは，いずれも安定同位体（照射された核種）と共存していることがわかります。

このことを核反応表式で見ると，1 の (d, p)，2 の (p, pn)，3 の (n, γ)，5 の (α, 2p3n) については，基本的に陽子数に変化のない反応となっています。つまり，反応前の非放射性核種と生成核種とが同じ元素記号を持つものですので，担体になります。

これに対して，4 の (p, n) は陽子を与えて中性子が飛び出す反応ですので，陽子数が変化して元素記号が変わっているものとなります。同様な反応として，(d, n)，(d, 2n)，(n, p)，(α, d) などが挙げられます。

問 27 解答 3 解説 A 記述は誤りです。^{55}Fe から放出される特性 X 線は低エネルギーで，BGO 検出器では検出できません。
B 記述のとおりです。Ge 半導体検出器は，エネルギー分解能が良好で，γ 線を放出する未知の核種を同定するのに最適です。
C 記述のとおりです。^{14}C と ^{3}H からの放出 β 線の最大エネルギーが大幅に異なりますので，これらが同時に測定できます。一般に液体シンチレーションカウンタを用いて定量します。
D 記述は誤りです。α 線は透過性が低く，GM 検出器表面のマイカ膜などでも遮へいされてしまい検出が困難です。
E 記述のとおりです。^{210}Po が発する α 線は，液体シンチレーションカウンタで測定できます。

問28 解答 5　**解説** A　^{11}C は半減期が20分と短い陽電子放出核種で，陽電子放射断層撮影（PET）に用いられます。他に PET で用いられる核種には，^{13}N（半減期10分），^{15}O（半減期2分），^{18}F（半減期110分）などが挙げられます。
B　^{12}C の質量の1／12が原子量1とされています（IUPAC 国際純正・応用化学連合）。
C　核磁気共鳴分光法で用いられる核として，最も多いものが ^{1}H ですが，それに次いで ^{13}C が多用されています。
D　大気に降り注ぐ宇宙線が空気中の二酸化炭素に照射して，$^{14}CO_2$ を生成します。そのため大気中に $^{14}CO_2$ の形で存在します。

問29 解答 3　**解説** 1　誤った組合せです。フリッケ線量計は，Fe^{3+} の還元ではなく，Fe^{2+} が Fe^{3+} に酸化されることを利用しています。金属の価数が増えることが酸化，減ることが還元です。
2　誤った組合せです。セリウム線量計は，フリッケ線量計とは逆に，Ce^{4+} が Ce^{3+} に還元される反応を利用しています。
3　正しい組合せです。アラニン線量計とは，放射線照射によってたんぱく質を構成する比較的単純なアミノ酸であるアラニン（右図参照）を攻撃し，そのアミノ基を切断してラジカルにすることで，それを検出する方式です。「ラジカル生成」は正しい対応となっています。
4　蛍光ガラス線量計は，放射線のエネルギーを蛍光中心に蓄えておいて，紫外線によってこれを放出させることでオレンジ色の発光をさせることを利用しています。発熱ではありません。再使用（繰り返し使用）や再読み取りも可能で，感度も高く，広く個人被ばく線量計として用いられています。
5　熱ルミネセンス線量計は，放射線のエネルギーを捕獲中心に蓄えておいて，加熱によってそれを蛍光として放出させることを利用した線量計です。イオン対生成は関係ありません。再使用は可能ですが，再読み取りはできません。感度は高いです。

問30 解答 4　**解説** 1　臭素酸カリウムがイオン化して BrO_3^- となっていますが，これに中性子照射からの反跳エネルギーによって Br－O 結合が切断されて，放射性の Br^- イオン（ホットアトム）が生成します。
2　中性子照射によって，^{127}I（n, γ）^{128}I という核反応が起き，ここで発生

する γ 線が C_2H_5-I の結合が切断されて，^{128}I が水相に移行します。この ^{128}I（ホットアトム）は高い比放射能を持ちます。

3　^{234}U（半減期4.5億年）は，^{238}U（半減期25万年）の子孫核種（中途に ^{234}Th や ^{234}Pa などを経由します）ですが，放射平衡が成立している場合なら，$^{234}U/^{238}U = 1$ が成立します。しかし，壊変に伴う反跳効果（ホットアトム効果）で結晶構造などが変化し，地下水中に溶け込む速度が異なるため $^{234}U/^{238}U$（放射能比）が1より大きいことがありえます。

4　$O-^3H$ 結合は，$O-^1H$ 結合よりも結合エネルギーが高い（同位体効果）ので，トリチウムを含む水を電気分解すると，結合力の弱い $O-^1H$ 結合が先に分解されて，水中のトリチウム濃度は高くなります。しかし，このトリチウムを含む水分子は特に反応性が高いわけではなく，ホットアトムには関係しません。

5　ここでは，^{10}B（n，α）^7Li という反応が起きます。この反応の出力である α 線も ^7Li も反跳エネルギーを持ちますが，飛程が短いので選択的に腫瘍を照射することができます。ホットアトム効果が期待できます。

管理測定技術

問1 解答

I　A－13（電離）　　B－2（電離箱）　　C－3（比例計数管）
　　D－7（電子）　　　E－11（ガス増幅）
　　F－10（エネルギー）

II　G－6（電離）　　　H－1（紫外線）　　I－2（電子）
　　J－3（陽イオン）　K－13（内部消滅）　L－10（有機ガス）
　　M－11（分解）　　　N－14（外部消滅）

III　O－2（回復時間）　P－4（分解時間）　Q－5（二線源法）
　　R－11（窒息）
　　ア－3（10^{-4}）　　イ－6（$t-Nq$）

問1 解説

I　多くの気体放射線検出器は，気体原子や分子の電離による電流変化を，増幅器などによって電気信号の形で取り出して放射線を検出します。この形式の検出器では，計数ガス，印加電圧，電極構造などの違いにより，異なる動作モードが得られます。電離箱は，放射線により生成された初期の電荷量に相当する出力が得られる検出器です。また，比例計数管では，電離で発生した電子が検出器内の電場で加速され，新たな電離が引き起こされます。比例計数管は，このガス増幅作用を利用して出力波高を高めますが，この際，入射放射線のエネルギー情報は保持されます。

II　GM計数管の動作過程では，計数ガス中に生成された電子が陽極心線へと移動しながら運動エネルギーを増し，新たに電離を起こすとともに，計数ガスの励起に起因した紫外線の介在による電離も加わり，電子なだれが陽極心線全体に広がります。この結果，陽極心線周辺に生じた陽イオンの鞘によって電界が弱まり，GM放電が停止します。

　GM放電の停止後，陽イオンは次第に移動して陰極へ到達しますが，この際に陰極から電子が放出されると再放電を招きます。このため，計数ガス中に内部消滅ガスとして働く少量の有機ガスを混ぜ，このガスの分解により電子の再放出を防止します。これと異なる方法として，電気回路により印加電圧を一時的に下げて再放電を防止することを外部消滅と呼びます。

III　GM計数管の出力と経過時間との関係をオシロスコープで観測すると，問題の図のようになります。ここで，もとのパルス波高にまで戻る時間 p は，

回復時間と呼ばれます。また，パルス波高が波高弁別レベルまで戻る時間 q は分解時間と呼ばれ，この間，新たな放射線を計数しません。q の値は，通常 10^{-4}s 程度で，これを求める方法には，二線源法などがあります。

信号処理系を含めた GM 計数装置において，時間 t の間に得られた放射線の計数を N とすると，計数 N を得るために要した放射線に有感な時間は $(t-Nq)$ となります。この時間で N を割ることによって，数え落としが補正された計数率が得られます。

計数率が極めて高くなりパルス波高が回復できない状態になると，補正の範囲を越えて極端に計数が低下しますが，これを窒息現象と呼びます。このため，高線量率場での放射線管理測定などにおいては十分な注意が必要です。

ここで，上記の二線源法について説明しておきましょう。線源1および線源2による観測計数率をそれぞれ m_1，m_2 とし，それらを同時に使用した際の観測計数率を m_{12}，バックグラウンド計数率を m_0 で表し，また，それらの真の計数率をそれぞれ n_1，n_2，n_{12}，n_0 で表すと，次のようになります。

$$n_{12} - n_0 = (n_1 - n_0) + (n_2 - n_0)$$

よって，

$$n_{12} + n_0 = n_1 + n_2$$

τ を分解時間とすると，それぞれについて，

$$n = \frac{m}{1 - m\tau}$$

となるので，これらを $n_{12} + n_0 = n_1 + n_2$ の式に代入して，

$$\frac{m_{12}}{1 - m_{12}\tau} + \frac{m_0}{1 - m_0\tau} = \frac{m_1}{1 - m_1\tau} + \frac{m_2}{1 - m_2\tau}$$

これを τ について解くことによって分解時間が求められます。すなわち，次のようになります。

$$\tau = \frac{A\left(1 - \sqrt{1-C}\right)}{B}$$

ここで，

$$A = m_1 m_2 - m_{12} m_0$$
$$B = m_1 m_2 (m_{12} + m_0) - m_{12} m_0 (m_1 + m_2)$$
$$C = \frac{B(m_1 + m_2 - m_{12} - m_0)}{A^2}$$

問2 解答

Ⅰ　A－9（3.5）　　　　B－3（放射能濃度）
　　C－4（表面汚染密度）　D－10（ろ紙）　E－1（通気型電離箱）
　　F－5（遊離性）

Ⅱ　G－3（比例計数管）　H－9（PRガス）　I－6（ZnS(Ag)）
　　J－6（ダイオード）　K－1（逆方向）　L－9（空乏層）
　　M－12（波高弁別）

Ⅲ　N－3（機器）　　O－2（線源）　　P－6（自己吸収）
　　Q－12（4.0）　　R－6（ふき取った部分）　S－2（大きく）

問2 解説

Ⅰ　α線の空気中の飛程は5 MeVのエネルギー単位でも3.5cm程度ですので，α線放出核種については主として内部被ばくの管理が重要となります。この飛程は，公式としての$R = 0.318E^{1.5}$で計算して，$E = 5\text{MeV}$では，$R = 3.56 ≒ 3.5\text{cm}$となります。概算では，$5^{1.5} = 125^{0.5} ≒ 11 (11^2 = 121)$とすると，$R = 3.498$となります。

　内部被ばくを防ぐための管理測定では，空気中における放射能濃度と，物品などの表面汚染密度の2つの量が主な対象となります。放射能濃度の測定において，粒子状汚染はろ紙フィルタに吸引捕集し，α線や光子などを測定して評価することが一般的です。また，気体状のものは，サンプリング容器に捕集し測定しますが，検出器自身がサンプリング容器の機能を持つ通気型電離箱を用いて測定する場合もあります。

　一方，表面汚染密度については，管理対象物の表面をα線測定用サーベイメータで測定する直接測定法と，ろ紙などを用いてふき取ることにより遊離性汚染の放射能を測定する間接測定法があります。

Ⅱ　α線測定用サーベイメータには，比例計数管，シンチレーション検出器，半導体検出器などの検出器が用いられます。気体計数管である比例計数管はβ線測定と兼用でき入射窓面積が大きいものが多く，計数ガスとしてはPRガスが用いられます。α線測定用シンチレーション検出器は，一般的に，粉末状のZnS（Ag）シンチレータを光透過性のある膜上に塗布して，光電子増倍管と組み合わせて構成されます。半導体検出器は，シリコン半導体を用いた電子デバイスの1つである（単純に整流作用を有する素子としての）ダイオードと同様の接合構造を持ち，これに逆方向の電圧を印加することにより生じる空乏層を有感領域として利用します。

これらの α 線用の検出器は，光子や β 線にも感度を持つことがありますが波高弁別により α 線の計数への影響を抑えることが可能であります。

Ⅲ　サーベイメータを用いた直接測定法において，α 線の正味の計数率 $N\alpha$ [s^{-1}] と表面汚染 R [Bq·cm^{-2}] との関係は，次式で与えられます。

$$R = \frac{N\alpha}{W\varepsilon_a \varepsilon_b}$$

ここで，ε_a は機器効率と呼ばれ，線源との距離，検出器の入射窓厚などに依存して変化します。ε_b は線源効率と呼ばれ，汚染部の状態に依存し，α 線の自己吸収などにより小さくなります。また，W は検出器の窓の面積を表します。与えられた条件での計算をすると，$N\alpha = 15\text{s}^{-1}$，$\varepsilon_b = 0.25$，$W = 60\text{cm}^2$ に加えて，標準線源については，面積 150cm^2 で 300s^{-1} の放出率ということなので，単位面積当たり 2.0s^{-1} の放出率となり，60cm^2 では 120s^{-1}，これが 30s^{-1} としてカウントされたというので，機器効率 ε_a は 0.25 となります。これらより表面汚染 R を求めると，次のようになります。

$$R = \frac{15}{60 \times 0.25 \times 0.25} = 4.0 \text{Bq·cm}^{-2}$$

一方，間接測定法の場合では表面汚染 R' [Bq·cm^{-2}] は次式で与えられます。

$$R' = \frac{N\alpha}{SF\varepsilon_a \varepsilon_b}$$

ここで，S はふき取った部分の面積，F はふき取り効率と呼ばれ，一般に汚染面の状態が平滑で浸透性が低いほど大きくなります。

問 3 解答

Ⅰ　A－2（HCl）　　　　B－5（CO$_2$）　　　C－8（H$_2$）
　　D－5（HCl）　　　　E－1（H$_2$S）　　　F－7（酸性）
　　ア－4（900）
Ⅱ　G－3（シリカゲル）　H－4（パラジウム触媒）　I－2（活性炭）
　　J－1（トリエチレンジアミン）　　　　　K－2（アルカリ性）
Ⅲ　L－4（99.97）　　　M－7（活性炭）　　N－11（^{222}Rn）
　　O－10（^{220}Rn）　　P－15（3.8日）　　Q－12（56秒）

問 3 解説

Ⅰ　非密封の ^{3}H（T），^{14}C，^{35}S，^{131}I を使用する施設では，それらの使用に際して以下のような反応や性質について注意する必要があります。

1MBqの^{14}Cで標識された炭酸ナトリウム水溶液100mL（濃度：0.5mol·L^{-1}）に強酸性のHCl（塩酸）を滴下すると，酸とアルカリの反応として，炭酸ナトリウムが分解し二酸化炭素が発生します。

$$Na_2^{14}CO_3 + 2HCl \rightarrow 2NaCl + {}^{14}CO_2 \uparrow + H_2O$$

また，濃度0.5mol·L^{-1}の炭酸ナトリウム水溶液100mLには，

0.5mol·L^{-1} × 0.1L = 0.05mol

の炭酸ナトリウムが存在します。上記の化学反応式から，炭酸ナトリウムの1molから二酸化炭素も1molだけ発生しますので，0.05molの炭酸ナトリウム$Na_2^{14}CO_3$から発生する二酸化炭素$^{14}CO_2$も0.05molです。これは単独では標準状態（0℃，1気圧）で22.4L×0.05mol = 1.12Lの体積を持ちます。これが1MBqの^{14}Cを含みますので，その放射能濃度は，

1MBq ÷ 1.12L = 892,000Bq·L^{-1} = 892Bq·cm^{-3} ≒ 900Bq·cm^{-3}

マグネシウムの反応に関する本問では若干の注意を要します。^{3}Hで標識された水に，金属マグネシウムを入れ，強酸性のHClを滴下する際に，「一般的な金属を酸が溶かす反応」を想定すると次のように考えられます。

$$Mg + 2HCl \rightarrow MgCl_2 + H_2 \uparrow$$

ただ，実際にはマグネシウムは反応性が高く，熱水や薄い酸において，次のような反応をします。

$$Mg + 2H_2O \rightarrow Mg(OH)_2 + H_2 \uparrow$$

本問では，「放射性の水素が発生」とありますので，「一般的な金属を酸が溶かす反応」では，塩酸の水素が気体になって「放射性の水素」は発生しないことから，マグネシウムが塩酸ではなく，水と反応することの記述と判断できます。

$Fe^{35}S$にHClを加えると，放射性のH_2Sが発生します。次のような反応です。

$$Fe^{35}S + 2HCl \rightarrow FeCl_2 + H_2^{35}S \uparrow$$

$Na^{131}I$の水溶液を取り扱う際に，酸性にしたり酸化剤を加えたりすると，ヨウ素が還元されて，固体の場合にも常温で昇華しやすい$^{131}I_2$が揮散する可能性がありますので注意が必要です。

$$2Na^{131}I + H_2O_2 \rightarrow 2NaOH + {}^{131}I_2 \uparrow$$

Ⅱ　放射性の気体が発生するような化合物はフードまたはグローブボックス内で取り扱います。空気中の放射性物質の濃度を測定するには，いったん捕集して行う方法がとられる場合が多くなっています。捕集するには放射性物質の物理的，化学的性状によって様々な手法が用いられます。例えば，気体のHTO

（水のように見えない化学式ですが，TがトリチウムすなわちΞ重水素ですので，HTO は放射性の水です）を捕集するにはシリカゲルを用いた固体捕集法やドライアイスを用いた冷却凝縮法などの方法がとられます。HT（放射性の水素ガスです）の場合には，パラジウム触媒を用いて HTO に変えたのち，上記の捕集法を適用します。放射性の二酸化炭素を捕集するには，酸－アルカリの反応を用いて，アルカリ性溶液に通す方法がとられます。また，放射性ヨウ素が無機状態の I_2 で存在する場合には活性炭捕集が行われますが，CH_3I などの有機性ヨウ素の場合にはトリエチレンジアミン担持（添着ともいわれますが）の活性炭が利用されます。トリエチレンジアミンは，右図のような構造の化合物で，ダブコという商品名があります。

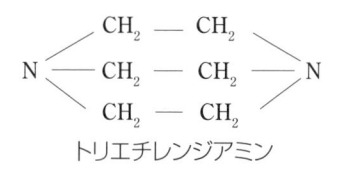

$$N \begin{array}{c} CH_2 - CH_2 \\ CH_2 - CH_2 \\ CH_2 - CH_2 \end{array} N$$

トリエチレンジアミン

Ⅲ　排気設備に備えられるフィルタとして，プレフィルタと高性能エアフィルタがあります。前者にはガラス繊維フィルタ等が用いられ，後者は HEPA フィルタとも呼ばれるもので，定格風量で $0.3\mu m$ 径の微粒子を99.97％以上の捕集効率で捕集する性能を有するものとされています。また，放射性ヨウ素が排気中濃度限度を超える可能性のある施設では活性炭フィルタが用いられています。

　フィルタの交換時に GM 管式サーベイメータで測定すると，空気中のラドンの子孫核種がフィルタに残っており，その影響でバックグラウンドよりも一般に表面線量率が高くなっています。ラドンの同位体にはウラン系列の ^{222}Rn やトリウム系列の ^{220}Rn があります。半減期は前者が3.8日，後者が56秒です。ウラン系列は ^{238}U から始まりますので，α 壊変が4つずつ質量数を減じることから，238→234→230→226→222と考えて ^{222}Rn を選択します。同様にトリウム系列は ^{232}Th が起点ですので，232→228→224→220と考えて ^{220}Rn （トロンあるいはトリウムエマネーションという名前を持ちます）を選択します。半減期の値は，さすがに高度な問題ですが，この付近の元素の同位体の中では，質量数が大きいほど少しだけ安定（半減期がやや長い）である傾向があります。

問4　解答

Ⅰ　A－4（20）　　　B－2（2.0）　　　C－3（N_2）
　　D－1（H_2O）　　E－3（N_2）　　　F－3（1.5）
　　G－5（2.0）　　　H－1（$R(p) > R(d) > R(\alpha)$）

Ⅱ	I－4 （3.6×10⁵）	J－3 （中性子）	K－3 （⁴¹Ar）
	L－2 （少ない）	M－3 （0.51）	N－7 （3.5×10⁶）
	O－4 （8.7×10¹⁴）	P－8 （1以下）	Q－2 （化学）
	R－3 （液体クロマトグラフ）		S－7 （サブマージョン）

問4 解説

Ⅰ　表中の ^{11}C と ^{15}O の半減期はそれぞれ20.4分（選択肢では20分）と2.07分（選択肢では2分）となっています。表の中で，^{11}C，^{13}N，^{15}O の製造に使用されるターゲット物質はそれぞれ N_2，H_2O および N_2 となっています。^{11}C については，（p, α）反応というので，原子番号を1つ減らす反応を使っていますので，炭素Cより原子番号の1つ大きい窒素Nを使うことになります。^{13}N についても同様で，（p, α）反応によるため，窒素Nより原子番号の1つ大きい酸素Oを使います。^{15}O については，（d, n）反応ですので，原子番号を1つ大きくするために原子番号の1つ小さい窒素Nを使います。

^{11}C は，N_2 に O_2 を添加して陽子線を照射すると $^{11}CO_2$ として生成し，^{15}O は，N_2 に H_2 を添加して重陽子線を照射すると $H_2^{15}O$ として生成します。また，^{13}N は，H_2O に陽子線を照射すると $^{13}NO_3^-$ となります。このように，ターゲット物質中で RI 製造と同時に，標識された化合物が得られます。正しい項目を入れて表を完成させると次のようになります。

製造核種	半減期［分］ （　）内はより正確な値	照射粒子	核反応	ターゲット物質
^{11}C	20 （20.4）	p	（p, α）	N_2
^{13}N	10 （9.96）	p	（p, α）	H_2O
^{15}O	2 （2.07）	d	（d, n）	N_2
^{18}F	110 （109.7）	p	（p, n）	$H_2^{18}O$

^{18}F の製造については，この他に，Ne（d, α）^{18}F という方法もあります。

　照射終了直後の生成放射能は，照射粒子のエネルギー，ビーム強度，照射時間などに依存しています。他の照射条件を同一にして，製造核種の半減期と同じ時間照射したときに比べて，その倍の時間照射すると生成放射能は1.5倍になります。これは次のようにして求めます。

　時間 t の照射で得られる生成核の放射能 A は次式で求められます。

$$A = f\sigma NS$$

　ここで，f は照射粒子束密度［n/(cm²·s)］，σ は放射化断面積［b（1b = 10^{-24}cm²）］，N は試料元素の原子数，S は飽和係数です。S は，生成

核の壊変定数をλ，生成核の半減期をTとすると，次のように表されます。
$$S = 1 - e^{-\lambda t} = 1 - (1/2)^{t/T}$$
これから，半減期と同じ時間照射するときのSをS_Tとすると，
$$S_T = 1 - (1/2)^{T/T} = 1/2$$
半減期の2倍の時間照射するときのSをS_{2T}とすると，
$$S_{2T} = 1 - (1/2)^{2T/T} = 1 - 1/4 = 3/4 \quad \therefore \quad S_{2T}/S_T = (3/4)/(1/2) = 1.5 \text{ 倍}$$
また，照射ビーム強度を2.0倍にすると，生成放射能は$A = f\sigma NS$の式より，やはり2倍になります。

同一エネルギーの荷電粒子の飛程は，おおよそ質量，そして，電荷の2乗に逆比例します。なので，質量比が$\alpha : p : d = 4 : 1 : 2$ですので，質量×（電荷）^{2}は$\alpha : p : d = 4 \times 2^2 : 1 \times 1^2 : 2 \times 1^2 = 16 : 1 : 2$

これらより，この逆比例として，$R(p) > R(d) > R(\alpha)$となります。

次に，Iについては，陽子の荷電は電気素量としての1.6×10^{-19}Cですから，平均電流10μAということは，陽子数としては毎秒10×10^{-6}A/1.6×10^{-19}Cということです。エネルギーとして$10\text{MeV} = 10 \times 10^6 \times 1.6 \times 10^{-19}$Jの陽子ということなので，毎秒のエネルギーはこれらを掛け算して，
$$10 \times 10^{-6}\text{A}/1.6 \times 10^{-19}\text{C} \times 10 \times 10^6 \times 1.6 \times 10^{-19}\text{J} = 100\text{J} \cdot \text{s}^{-1} = 100\text{W}$$
求める値は60分照射したものですから，
$$100\text{W} \times (60 \times 60)\text{s} = 3.6 \times 10^5 \text{J}$$

照射後にサイクロトロン室内の空気は，運転中に発生した中性子によって放射化し，半減期1.8時間の^{41}Arが生成している可能性がありますので，室内空気の放射能濃度が空気中濃度限度を超えていないことも確認します。

この^{41}Arは，反応^{18}O（p, n）^{18}Fの結果，^{18}Fと同数の中性子が発生しますので，これが空気中のアルゴン^{40}Arを攻撃し，^{40}Ar（n, γ）^{41}Arという反応で放射化させて生じるものです。

Ⅱ 軽元素に荷電粒子を照射して生成する核種は，その安定同位体に比べて中性子数が少ないという特徴があります。このため，β^+壊変して安定な核種になるという性質を持っています。

陽電子が電子と対消滅する際にこれらの質量に相当する0.51MeVの2本の消滅放射線が同時に反対方向に放出されますので，測定には検出器を対向させて同時計測する方法が利用されています。

^{13}Nの半減期は10分ですので，t分の経過によって放射能Aは次のように減衰します。
$$A = A_0 (1/2)^{t/10}$$

したがって，10分後は1／2，20分後は1／4，30分後には1／8と減っていきます。最初の10分で2.0×10^6のカウントがあったのですから，次の10分ではその半分，3回目の10分ではさらにその半分になります。これらを積算すると，

$$2.0 \times 10^6 + 2.0/2 \times 10^6 + 2.0/4 \times 10^6 = (2.0 + 1.0 + 0.5) \times 10^6 = 3.5 \times 10^6$$

次に，O について，$1\text{TBq} = 1 \times 10^{12}\text{Bq}$の原子数は，$A = \lambda N$ の式から，半減期10分を用いて，

$$N = A/\lambda = AT/0.693 = 1 \times 10^{12} \times 10 \times 60\text{s}/0.693 \fallingdotseq 8.7 \times 10^{14} \text{個}$$

500分後には，

$$N = N_0 (1/2)^{500/10} = 8.7 \times 10^{14} \times (1/2)^{50} = 8.7 \times 10^{14} \times \{(1/2)^{10}\}^5$$
$$\fallingdotseq 8.7 \times 10^{14} \times (10^{-3})^5 = 0.87$$

ここで，$2^{10} = 1024 \fallingdotseq 10^3$ を使っています。この結果「1以下」となります。

これら核種は短寿命なので標識化合物は短時間で合成する必要があり，さらに精製により化学純度（化学物質としての純度）をあげることも重要です。例えば，^{18}F で標識したグルコース（FDG）の分離精製には液体クロマトグラフが利用されています。

また，放射性の窒素や希ガスのような放射性気体による被ばくでは，吸入により身体組織に放射性物質が集積することによる線量よりも，体外または肺の中の放射性気体からの放射線による線量の方がはるかに大きくなることがありますが，この状態をサブマージョンと呼んでいます。

問5 解答

Ⅰ　A−2（吸収）　　　B−6（放射線）　　C−3（等価）
　　D−8（組織）　　　E−11（1）
Ⅱ　F−2（下回らない）　G−4（国際放射線単位測定委員会）
Ⅲ　H−3（ICRU）　　　I−10（30）
　　J−13（30cm×30cm×15cm）　　K−6（10）
　　L−1（周辺）　　　M−11（10）
　　N−3（個人）　　　O−6（1センチメートル）
　　P−7（0.07）　　　Q−2（方向性）　　R−3（個人）
　　S−11（10）　　　T−15（空気カーマ）

問5 解説

Ⅰ　等価線量は人体の組織・臓器に対する放射線の影響を評価するためのもの

で，組織・臓器の平均の吸収線量に放射線加重係数を乗じたものです。実効線量は組織・臓器ごとの等価線量に組織加重係数を乗じた値を足し合わせたものです。全身の組織・臓器の組織加重係数の値を足し合わせると1となります。放射線加重係数と組織加重係数の2つの概念が出てきますので，注意しましょう。

Ⅱ 外部被ばく管理のための線量測定の方法として，1点のみで線量が決められ，なおかつ，同一被ばく条件では実効線量や等価線量と比較して一般に下回らない値を示す実用量が国際放射線単位測定委員会によって定められています。

Ⅲ 周辺線量当量と方向性線量当量の基礎となる線量は，ICRU球と呼ばれる線量計算用ファントムを用いて計算されます。ファントムとは英語では「仮想のもの」という意味で，ICRU球は30cmの組織等価物質でできた球です。一方，個人線量当量の基準となる線量の計算には，組織等価物質でできた30cm×30cm×15cmの大きさの線量計算用スラブファントム表面から深さ10mmの周辺線量当量に相当する線量を測定するか，あるいは個人のモニタリングにより深さ10mmの個人線量当量に相当する線量を測定することによって評価します。これらの線量の法令等での名称は，ともに1センチメートル線量当量です。皮膚や眼の水晶体に対する等価線量は，（非常に薄い深さとなって）場のモニタリングにより深さ0.07mmの方向性線量当量，あるいは個人のモニタリングにより同じ深さの個人線量当量に相当する線量の測定により評価します。ただし，眼の水晶体に対しては，放射線によっては深さ10mmの線量が用いられることもあります。また，実効線量については，計算により評価することもできます。X・γ線の場合，自由空気中の空気カーマから実効線量への換算に用いる係数が法令等に規定されています。

問6 解答

Ⅰ　A－2（天然放射性）　　　B－3（原始放射性）
　　C－4（宇宙線生成）　　　D－4（^{40}K）　　　E－2（^{14}C）
　　F－4（2）
Ⅱ　G－4（実効線量係数）　　H－8（預託実効線量）
　　I－2（ホールボディカウンタ）　　　　　J－7（γ線）
　　K－8（高い）　　L－6（β線）　　M－13（排泄率）
　　N－10（呼吸率）

Ⅲ　O－4（8日）　　　　P－3（7日）　　　　Q－11（30年）
　　R－6（100日）　　　S－6（カリウム）
　　T－3（プルシアンブルー）

問6　解説

Ⅰ　自然放射線による被ばくには，宇宙線によるものと天然放射性核種からのものの2つがあります。さらに，天然放射性核種は，地球の誕生時から存在していた原始放射性核種とその子孫核種および宇宙線が大気に当たって生成した宇宙線生成核種からなります。

　大地の天然放射性核種からも外部被ばくを受けますが，世界平均では，自然放射線による被ばくで最も寄与が大きいのはラドンおよびその子孫核種の吸入による内部被ばくです。

　^{40}K は典型的な原始放射性核種で，外部被ばくをもたらすとともに，食品から摂取され，体の構成要素として内部被ばくももたらします。宇宙線生成核種からの被ばくの大部分は ^{14}C による内部被ばくですが，被ばくに占める割合はごくわずかです。

　これらすべての自然放射線による被ばくは，世界平均では年間2 mSv 程度（報告値，年間2.4mSv）になるとされています。この値も頭に入れておくとよいでしょう。日本では，従来1.5mSv 程度とされていましたが，魚などに含まれる ^{210}Po の影響が考慮されて，最近年間2.1mSv 程度とされています。

Ⅱ　内部被ばくの管理においては，摂取した放射能（単位：Bq）に実効線量係数を乗ずることにより預託実効係数を求めますが，摂取した放射能を被験者の測定から求めるには，体外計測法やバイオアッセイ法などがあります。体外計測法は取り込まれた核種から放出される放射線を直接測定する方法で，測定には主にホールボディカウンタを用い，基本的にγ線を放出する放射性核種が対象になります。測定時における体内放射能の評価精度はバイオアッセイ法に比べて高いものです。バイオアッセイ法は，被験者の尿，便などの放射能を測定して，その値をもとにして摂取量を推定するものです。すべての核種が測定対象になりますが，特に ^{90}Sr のようなβ線だけを放出する核種の場合は，バイオアッセイ法が適しています。ただし，尿，便のバイオアッセイ法では排泄率などのパラメータの個人差による誤差に注意が必要です。

　空気中の放射性物質の吸入による摂取量の推定には，空気中放射能濃度から算定する方法もあります。この場合も，呼吸率などのパラメータが必ずしも個人の実際の値と一致しているわけではなく，また空気中放射能濃度と摂取量の関係が一様ではありませんので，摂取量の評価精度はあまり高くはありませ

ん。

Ⅲ ^{131}I の場合，物理的半減期は 8 日であり，生物学的半減期を80日とすると，有効半減期は約 7 日となります。有効半減期を T_eff とすると，

$$\frac{1}{80}+\frac{1}{8}=\frac{1}{T_\text{eff}}$$

これを解いて，$T_\text{eff} = 7.3 ≒ 7$

^{137}Cs の場合，物理的半減期は30年であり，生物学的半減期を100日とすると，30年と100日では圧倒的に100日のほうが短いため，有効半減期はこれに非常に近づいて約100日となります。

放射性ヨウ素に対しては，薬剤として安定ヨウ素剤を予防的あるいは摂取後すみやかに投与することでその効果が認められています。セシウムは，アルカリ金属ということで，カリウムやナトリウムと化学的性質が類似しており，経口摂取すると消化管から吸収されて全身に分布します。放射性セシウムを摂取した場合には，必要に応じて医師の処方にしたがってプルシアンブルーを投与します。プルシアンブルーは，ベルリン青，紺青などともいわれるもので，アルカリ金属を M とすると，Fe^{3+} を含んで $MFe[Fe(CN)_6]$ で表されます。プルシアンブルーはセシウムと結合して，コロイドとして便に排泄されることにより，セシウムの消化管からの吸収を阻害します。

生物学

問1 解答 3 解説 A [^{14}C] メチオニンの ^{14}C は，炭素の原子番号が 6 ですから，$^{14}_{6}$C と表せます。つまり，この核の中は陽子 6 個と中性子 8 個からできていますので，中性子が過剰気味と考えられ，そのバランスをとるために次の反応が起きやすいです。すなわち，β^- 壊変ですので，PET（陽電子放射断層撮影）には使えません。$\bar{\nu}$ は反ニュートリノです。

$$n \to p + \beta^- + \bar{\nu}$$

つまり，次の反応です。

$$^{14}C \to {}^{14}N + \beta^- + \bar{\nu}$$

B [^{15}O] 水の ^{15}O は $^{15}_{8}$O となります。陽子が 8 個，中性子が 7 個で陽子がやや過剰です。次の β^+ 壊変が起きますので，PET に用いることができます。ここで，ν はニュートリノです。

$$p \to n + \beta^+ + \nu \quad \text{つまり，} \quad {}^{15}O \to {}^{15}N + \beta^+ + \nu$$

C [^{18}F] フルオロデオキシグルコース（FDG）の ^{18}F は，B の反応と同様で，β^+ 壊変です。

$$^{18}F \to {}^{18}O + \beta^+ + \nu$$

D [^{67}Ga] クエン酸ガリウムの ^{67}Ga は，β 壊変ではなく，EC 壊変（電子捕獲壊変）を起こしますので，PET には使えません。

問2 解答 2 解説 A 記述のとおりです。2 本鎖切断は，1 本鎖切断に比べて大きな損傷ですので，相対的に修復されにくいものです。

B 記述は誤りです。2 本鎖切断の修復に，相同組換えは関与します。G_2 期に起こります。

C 記述のとおりです。ヌクレオチド除去修復とは，損傷部位を含む広い範囲の DNA 鎖を切り出して修復することで，塩基損傷を修復するものです。

D 記述は誤りです。非相同末端結合は，1 本鎖切断の修復ではなく，2 本鎖切断の修復です。

問3 解答 1 解説 A 記述のとおりです。転座や逆位，小さな欠失などは安定型異常に分類されます。

B 記述のとおりです。環状染色体や二動原体染色体は，不安定型異常に分類されます。

C D と逆になっています。G_1 期の照射により分裂期である M 期で染色体型異常が生じます。染色体型異常（DNA 複製前での照射）と染色分体型異常

（染色体長軸にそって縦裂する染色分体ができた後での照射）の違いに注意しましょう。
D　G_2 期の照射により M 期で染色分体型異常が生じます。

問 4　解答　2　**解説**　A　記述のとおりです。点突然変異は 1 ヶ所の変化ですので，吸収線量に比例する形で増加します。すなわち，直線的に増加します。
B　記述は誤りです。線量率を下げれば，単位吸収線量当たりの突然変異頻度は減少します。
C　記述のとおりです。X 線は，α 線被ばくに比べ低エネルギー放射線ですので，単位吸収線量当たりの突然変異頻度は低いことになります。
D　記述は誤りです。塩基置換も突然変異の一種です。点突然変異となります。

問 5　解答　5　**解説**　A　水和電子は，水分子や水素イオンと反応して水素ラジカル（H*）を生じます。

$$e_{aq}^- + H_2O \rightarrow OH^- + H^*$$
$$e_{aq}^- + H^+ \rightarrow H^*$$

水素イオンをラジカルにするのは，電子を与えているのですから，むしろ還元です。水和電子は強い酸化剤ではありません。
B　水素ラジカルの寿命は 10^{-10} 秒程度です。「比較的安定」とはいえません。
C　記述のとおりです。ヒドロキシルラジカル（OH ラジカル）は，DNA に作用して損傷を与えるレベルが極めて大きい存在です。
D　記述のとおりです。過酸化水素を生体内で分解する酵素がカタラーゼです。

問 6　解答　3　**解説**　**アポトーシス**は細胞が自ら能動的に死を選ぶもので，損傷を受けた細胞が自己を排除するために起こると考えられていて，プログラム死や自爆死ともいわれます。それに対するものが**ネクローシス**で，従来から考えられていたような外的要因による受動的な死（細胞の膨大が起こる）です。
　アポトーシスの特徴としては，次の 3 つが挙げられます。
①クロマチンの凝縮（A）　　②DNA の断片化（D）　　③核濃縮（E）
　これらに対して，B の細胞の膨大は，ネクローシスの特徴です。また，オートファジーとは，細胞内で過剰にタンパク質が作られたり，異常な状態になった際に，小胞を作って分解したりすることをいいます。その際に作られる小胞はオートファジー小胞あるいはオートファゴソーム（C）などと呼ばれます。

問7 解答 4 **解説** A　記述は誤りです。ラジカルスカベンジャーなどの化学物質によって間接作用からの保護効果があります。
B　記述のとおりです。主として水の電離または励起によって生じるヒドロキシルラジカル（OHラジカル）フリーラジカルなどの作用です。
C　記述は誤りです。間接作用についての不活性化率は酵素濃度の増加に伴って減少します。
D　記述のとおりです。酸素濃度の影響もあります。

問8 解答 3 **解説** A　記述は誤りです。高LET放射線による直接作用は大きいのですが，酸素効果などの間接作用はむしろ低い傾向にあります。
B　記述のとおりです。「酸素の存在により致死作用が高まること」というのが，酸素効果の基本的な意味です。
C　記述のとおりです。酸素効果の程度を表す指標としてOER（酸素増感比）が用いられます。

$$OER = \frac{無酸素下で，ある効果を得るのに必要な放射線量}{酸素存在下で，同じ効果を得るのに必要な放射線量}$$

D　記述は誤りです。酸素があるとより強い（活性の高い）ラジカルが生成して，放射線作用を強化してしまう作用です。DNA修復能を酸素が抑制することではありません。

問9 解答 5 **解説** A　バイスタンダー効果とは，（バイスタンダーが，英語で傍観者の意味なので），放射線を照射された細胞への影響が，照射されていない細胞（第三者細胞，傍観者細胞）に及ぶ現象をいいます。
B　バイスタンダー効果は，ゲノム不安定性を引き起こすことがあります。ゲノムとは，個々の生物が持つ遺伝子（あるいは染色体）の全体をいう言葉です。
C　バイスタンダー効果の機序の中に，一酸化窒素や活性酸素を介したものがあると考えられています。
D　Cに加えて，バイスタンダー効果の機序の中に，ギャップジャンクションを介したものがあるとされています。ギャップジャンクション（ギャップ結合）とは，細胞の結合形態の1つであって，環状のタンパク質が少し隙間（ギャップ）がある隣の細胞をつないでいるものです。

問10 解答 2 **解説** 細胞生存率曲線を次に示しますので，ご覧下さい。
A　記述のとおりです。通常，グラフの縦軸は生存率（対数目盛）で，横軸は

生物学

吸収線量（等間隔目盛）です。
B　記述は誤りです。細胞生存率曲線は細胞死のグラフですが，細胞死はがん化にはつながりません。
C　記述のとおりです。影響の大きい中性子線では，X線に比べて細胞生存率曲線の傾きが急になっています。
D　記述は誤りです。線量率が低くなると，線量率効果によって，細胞生存率曲線の傾きは緩やかになります。

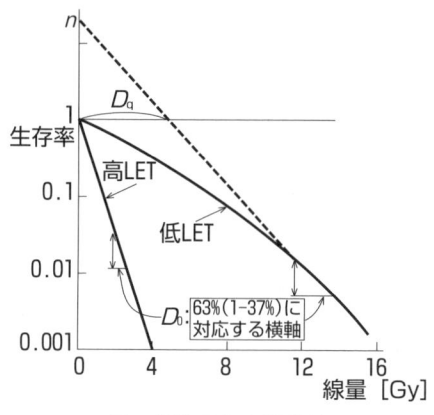

図　細胞の生存率曲線

問11 解答　1　解説　難易度の高い問題といえるでしょう。細胞などの名前だけでも覚えておきましょう。リンパ球は，白血球の一種で血液や体組織中の至る所に存在します。特にリンパ液内の細胞はほとんどがこのリンパ球です。もともとは骨髄の多能性幹細胞だったものが，脾臓，胸腺，その他のリンパ装置でなんらかの刺激によって分化したものです。

1　B細胞は，リンパ球の中でも最も感受性が高い細胞です。骨髄由来のものです。これが該当します。
2　T細胞は，リンパ球の前駆細胞（幹細胞）が胸腺に移行して分化したものです。
3　NK細胞（ナチュラル・キラー細胞）もリンパ球の一種ですが，分化して（免疫系の機構を経ずに）ウィルス等の異物を攻撃する役割を持ちます。
4　形質細胞は，プラズマ細胞ともいい，B細胞が分化したものです。脾臓や全身の結合組織に分布して免疫グロブリンを産生します。
5　マクロファージは，（白血球の一種ではありますが，リンパ球とは別の細胞で）大食細胞，貪食細胞ともいわれ，体内に入ってきた微生物などの異物

や体内の老廃細胞などを捕食し消化する役割を持ちます。

問12 解答 3 解説 消化管の粘膜（消化管上皮）の底の部分は腸腺窩（クリプト，腸腺は腸液分泌器，窩はあなという意味です）という孔があり，そこで繊毛細胞（食物吸収の役目）を供給する幹細胞がさかんに細胞分裂をしています。そのため，消化管，特に小腸は放射線感受性が高くなっています。

感受性の順序としては，小腸に次いで大腸となり，胃がそれに続きます。食道は，消化吸収の役割をしていませんので，（細胞の活動も活発ではなく）感受性は最も低くなります。

問13 解答 3 解説 ある程度以上の放射線を受けると，細胞死に至りますが，これは次のような分類がなされています。

① 細胞周期の観点　　　{ ・分裂死（増殖死）
　　　　　　　　　　　　・間期死

② 細胞死の形態の観点　{ ・ネクローシス
　　　　　　　　　　　　・アポトーシス

A 記述は誤りです。照射された後に分裂を経ないで起こる細胞死は，増殖死ではなく間期死になります。
B 記述のとおりです。増殖死は，増殖して生じたコロニーから生存率を調べるコロニー形成法で調べることができます。
C 記述のとおりです。一般に増殖死に至るまでに数回の分裂が起こりますが，うまく分裂できないことがあり，その場合には巨細胞が生じます。
D 記述は誤りです。アポトーシスは増殖死ではなく，高感受性における間期死の1つです。

問14 解答 2 解説 A 記述のとおりです。被ばく線量が高いほど，白血病の潜伏期間は短くなる傾向が見られます。
B 記述のとおりです。被ばく線量と悪性度には相関関係が認められません。確率的影響では，線量の大小によって影響の大きさは変化しません。いったん発症してしまうと，その症状の程度は線量とは無関係です。
C 記述は誤りです。乳がんの放射線による過剰発生リスクと線量との関係は，LQ（直線－2次曲線）モデルよりも，直線モデルが適合するようです。白血病の場合には，LQモデル適合度が高くなっています。
D 記述は誤りです。各組織における単位線量当たりのがん発生率は，リスク係数と呼ばれます。組織加重（荷重）係数については，第1回の問20の解説

問15 解答 5 解説 身体の各部の働きに応じた，それぞれのおおよその被ばくしきい値を把握しておきましょう。最も細胞活動（細胞分裂）の活発な生殖細胞の影響であるBが最も鋭敏であることはおわかりと思います。次に，宿酔（二日酔い）が現れやすいです。脱毛や紅斑などはより進んだ影響（強い被ばく影響）と考えられます。症状の程度を相対的に把握するだけでもある程度判断できる問題が多いと思います。
A　脱毛（3 Gy）
B　男性の一時的不妊（0.15Gy）
C　皮膚の紅斑（3～6 Gy）
D　放射線宿酔（1 Gy）

問16 解答 4 解説 放射線障害において，選択肢1の皮膚の痛みは感じないことが特徴です。また，2の皮膚水疱，3の消化管下血，5の肝機能障害などは，数時間では発症しません。

問17 解答 3 解説 A　記述は誤りです。着床前期とは，受精後8日後までの期間です。ここでは，まだ四肢（手足）までは分化していません。胚が生き続けられるかどうかという問題になります。「着床前期での放射線影響は胚死亡」と覚えておきましょう。
B　記述のとおりです。被ばくによる奇形発生のしきい線量は0.1Gyとされています。つまり，しきい線量が存在します。
C　妊娠10週とは，器官形成期（妊娠後約4週～9週程度）の過ぎた頃に当たります。器官形成期における放射線影響は，一般に奇形発生があることになっていますが，小頭症の発生は，例外的にそれを過ぎた時期から15週程度までに起こされ，これは，ヒトの大脳の形成は他の臓器に比べて時間がかかるからであるとされています。正しい記述と考えられます。
D　記述は誤りです。発がんリスクは成人の場合よりも，胎内被ばくのほうが2～3倍高いとされています。

問18 解答 3 解説 1　頭部へのX線照射によっても脳腫瘍はあまり認められていません。照射野に甲状腺が入ることから，甲状腺がんの増加が報告されています。
2　ウラン鉱内に気化したラドン（Rn）があって，それを吸うことによる肺

がんが多いとされています。アクチニウム系列の ^{235}U からは ^{219}Rn が，ウラン系列の ^{238}U からは ^{222}Rn が生じます。いずれもウランから直接に生成されるわけではありませんが，他の元素が気体にならないので，ラドンだけが気体で存在します。

3　チェルノブイリ原子力発電所事故での小児甲状腺がんは特に有名です。
4　原爆の被爆者には，各種のがんが有意に増加することが認められていますが，胆嚢がんは認められていません。
5　ラジウムは，アルカリ土類金属に属しますので，Sr や Ba などと同様に骨のカルシウム系に沈着します。骨がんが増加します。

問19　解答　5　解説　A　記述は誤りです。遺伝的影響は確率的影響であって，確率的影響にはしきい線量はありません。しきい線量のない影響を確率的影響と呼んでいます。
B　記述は誤りです。胎内被ばくを受けた胎児への影響は，身体的影響であって，遺伝的影響にはなりません。
C　記述のとおりです。生殖年齢を過ぎて被ばくしても，子孫を作りませんので遺伝的影響は起こりません。
D　記述のとおりです。生殖器官のみが子孫を作りますので，これが被ばくしないなら，遺伝的影響は生じません。

問20　解答　1　解説　A　記述のとおりです。発がんと遺伝的影響が確率的影響に分類されます。
B　記述のとおりです。確率的影響に分類される発がんには，長い潜伏期間がありますし，遺伝的影響も世代をまたがって発現するものなので，早期反応には確率的影響はありません。
C　記述のとおりです。組織加重（荷重）係数は，各々の臓器の確率的影響の発現のしやすさを表す係数となっています。
D　記述は誤りです。晩発影響にも確定的影響はあります。例えば，白内障が挙げられます。
E　記述は誤りです。内部被ばくであっても，大量の放射性物質が体内に入り込めば，確定的影響になる場合もありえます。

問21　解答　2　解説　生物学の問題には珍しく，計算するだけで済むものです。体内に取り込まれた物質は，生体の代謝によって（放射性であってもなくても）体外に排泄されます。この排泄による半減期を**生物学的半減期**（T_b）

といいます。これと対比して，核種そのものの半減期は**物理的半減期**（物理学的半減期，T_p）といいます。体内の放射能は，この2種の半減期が総合された結果として減少していきます。その半減期を**実効半減期**（有効半減期）といい，T_e あるいは T_{eff} などで表されます。これらの半減期の間には次のような関係があります。

$$\frac{1}{T_{eff}} = \frac{1}{T_p} + \frac{1}{T_b}$$

同じ核種であっても化学形（化合物の形）によって生物学的半減期は異なります。その場合でも，物理的半減期は基本的に変わらないことに注意しましょう。本問では，上の式に $T_p = 60$，$T_b = 140$ を代入して，

$$\frac{1}{T_{eff}} = \frac{1}{60} + \frac{1}{140} \quad \therefore \quad \frac{1}{T_{eff}} = \frac{140 + 60}{60 \times 140}$$

$$T_{eff} = \frac{60 \times 140}{140 + 60} = 42$$

問22 解答 2 **解説** A 記述のとおりです。生殖細胞であっても本人の症状であれば身体的影響です。
B 記述のとおりです。体細胞のがん化も自身の身体に及ぶ影響ですので，身体的影響です。
C 記述は誤りです。高線量被ばくであっても，晩発影響のものがあります。白内障がその例です。
D 記述のとおりです。晩発影響でも，白内障にはしきい線量があり，発がんにはしきい線量がありません。

問23 解答 3 **解説** A RBEは，X線やγ線を1.0として定められます。X線よりもRBEが小さいものはありません。陽子線のRBEも小さいですが，1.0〜1.2となっています。主な放射線のRBEを次表に示します。

表　主な放射線のRBE

放射線	RBEの値	放射線	RBEの値
X線，γ線，電子線	1.0	速中性子線	1.2〜2.8
陽子線	1.0〜1.2	重イオン線	1.2〜3.1

B 記述のとおりです。ヘリウム線（ヘリウム原子核，α線）も重荷電粒子で，物質中を通過する際の比電離を縦軸にとってブラッグ曲線が描かれま

す。そのピーク（ブラッグピーク）では，比電離が最大となりますので，生物作用も最大となります。

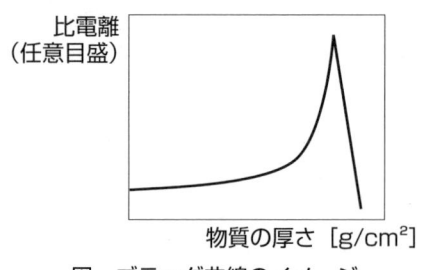

図　ブラッグ曲線のイメージ

C　記述のとおりです。中性子線は，エネルギーに応じて放射線荷重係数も変えられることになっています。エネルギーが異なると生物作用の程度も異なります。

D　記述は誤りです。炭素イオン線（質量数12）より，鉄イオン線（質量数56）のほうが質量が大きいことで，RBEも大きくなります。

問24 解答 5　**解説** 皮膚は表面から深部に向かって，表皮，真皮，皮下組織の順に並んでいます。皮膚は細胞再生系に属し，表皮の最も深部（真皮寄り）に基底層と呼ばれる層があって，ここには幹細胞があります。幹細胞はさかんに分裂する細胞ですので，皮膚の表皮は放射線感受性の高い組織となります。

図　皮膚の構造

真皮の中には，毛が伸長するもとである毛のう（毛嚢）があって，やはりさかんに細胞分裂をします。そのため放射線感受性も高く，被ばくによって脱毛が生じやすくなります。次表をご覧下さい。また，その次に急性障害におけるしきい線量もまとめます。

表　脱毛の種類と症状

脱毛の種類	被ばくレベルと症状
一時的脱毛	3 Gy 程度の放射線被ばくで，毛のうの成長が止まり，3 週間程度の潜伏期を経て脱毛に至る。しかし，被ばく後約 1 ヶ月で再び生え出して，2～3 ヶ月程度で元の状態に回復する。
永久脱毛	7 Gy 以上の被ばくで発生する。

表　急性皮膚障害のしきい線量

障害内容	しきい線量／Gy	障害内容	しきい線量／Gy
初期紅斑	2 程度	水泡	7～8
一時的脱毛	3 程度	潰瘍	10以上
持続的紅斑	5 程度	壊死	18以上
色素沈着	3～6	難治性潰瘍	20以上
永久脱毛	7 以上		

A　被ばくによる皮膚障害は，無痛であることが 1 つの特徴です。治療のために，被ばく部位を早く的確に知る必要があります。被ばくしてすぐに痛みを感じるという記述は誤りです。

B　記述は誤りです。同じレベルの障害を起こすのに必要なエネルギーは，放射線からの場合は，熱によるものに比べて約 1／40 と小さいものとされています。低いエネルギーで皮膚紅斑などが発症します。

C　記述のとおりです。何度かにわたって被ばくした場合は，その合計のエネルギーを一度で被ばくした場合に比べて，身体の修復機能が働く分だけ症状は軽くなります。つまり，しきい線量は高くなります。

D　初期紅斑のしきい線量は 2 Gy あるいは 3 Gy という文献が多いようです。正しい記述と考えてよいでしょう。

問 25　解答　4　解説　A　記述は誤りです。肺の炎症ですから呼吸困難になります。

B　記述のとおりです。しきい線量は，骨髄障害で 0.5 Gy 程度，放射性肺炎は 6～8 Gy とされています。

C　記述は誤りです。肺が部分被ばくを受けた場合，炎症は照射を受けた部分にとどまります。拡大していくことはありません。

D　記述のとおりです。高線量の被ばくで放射線肺炎を発症した場合，数ヶ月

の潜伏期間を経て肺腺維症（理学分野では肺繊維症と表記します）が発症することがあります。

問26 解答 5 **解説** LET（Linear Energy Transfer）は，線エネルギー付与ということで，単位長さ当たりどの程度のエネルギーが物質に与えられるか，という程度を示すものです。例えば，次表の放射線荷重係数などで比較すると，相対的に高低がわかります。

表　各種放射線の放射線荷重係数

放射線の種類	放射線荷重係数
X線，γ線，β線，電子線	1
陽子線	5（最近，2に改訂）
中性子線	エネルギーに応じて5〜20 （最近，エネルギー値の連続関数化がされている）
α線（ヘリウム原子核）	20

　本問で，Aのγ線やBのβ線は放射線荷重係数が1ですので，低LET放射線であると考えられます。高LET放射線が「2つ」問われていますので，CとDを答えることになります。中性子線は上表でも放射線荷重係数が5〜20ということで該当すると見られますし，Dの炭素イオン線は直接この表にありませんが，ヘリウムより大きなイオンということで「高LET放射線」に入れてもよいでしょう。

問27 解答 5 **解説** 難易度の高い問題といえるでしょう。全ての記述が正しいものとなっています。

　リスクとは，悪い事象の発生確率に相当するもので，一般に「有害性×暴露レベル（量，時間）」という形で理解されます。多くの場合，10^4人年当たりあるいは10^4人年Gy当たりの発生数で表されます。これが絶対リスクです。

　放射線影響の過剰リスク（ER）とは，放射線による健康影響の発生率が自然発生率に対してどれだけ過剰にあるかを示す指標です。その中で，過剰絶対リスク（EAR）とは，放射線被ばく集団の絶対リスク（リスクの絶対値）から，放射線に被ばくしなかった集団における絶対リスクを引いたものとなります。そして，相対リスクとは，絶対リスクの比率のことで，放射線影響の過剰相対リスク（ERR）とは，比率をとったものです。用語が多いので整理するために次のように理解しましょう。

$$\text{相対リスク} = \frac{\text{放射線による発生率(リスク)}}{\text{自然発生率(リスク)}}$$

過剰絶対リスク＝放射線による発生率(リスク)－自然発生率(リスク)

$$\text{過剰相対リスク} = \frac{\text{放射線による発生率(リスク)}-\text{自然発生率(リスク)}}{\text{自然発生率(リスク)}}$$

＝相対リスク－1

A 被ばく線量と白血病の過剰絶対リスクの関係は，直線－2次曲線(LQ)モデル，すなわち，直線－下に凸の2次曲線フィット型に適合するとされています。白血病は，血液のがんともいわれるもので，他の固形がんとは特徴がやや異なっていますので注意して下さい。

B 白血病以外の固形がんの過剰相対リスクの関係は，一般に線量範囲として0～3Svにおいて直線(L)モデルによくあてはまるとされています。

C 白血病は，最小潜伏期間が2年と短くなっています。固形がんは約10年とされています。

D 固形がんは，高齢になるほど放射線以外の要因も蓄積されてきますので，放射線被ばくの影響は明確に見えにくくなります。そのため，過剰相対リスクは，被爆時年齢が若年の方が高齢の場合よりも高い傾向にあります。また，固形がんの潜伏期間の長さからも，高齢になるほど他の要因による死亡率も高くなりますので，相対リスクにはより反映されにくくなります。

問28 解答 3 解説 しきい線量の絶対値が問われているので，重要なものについてはおおよその値を頭に入れておくとよいでしょう。マウスの実験結果では奇形発生のしきい線量は0.25Gyという報告があり，また，ヒトの場合には0.15Gyというデータがあります。ここでは，ヒトの胎児として最も近い0.1Gyを選ぶのが妥当でしょう。

問29 解答 5 解説 A 記述は誤りです。速中性子線は高LET放射線ですが，このように強い放射線では細胞周期の違いなどに関係なく影響を与えます。高LET放射線は，一般に間接作用の修飾など多くの影響修飾にはあまり関係なく結果を生じやすくなっています。

B 記述は誤りです。Aの解説で述べたように，間接作用の割合は大きくありません。直接作用の割合のほうが大きくなります。

C 記述のとおりです。高LET放射線は，RBEも大きく，修復されにくいような，より大きな損傷を引き起こしやすいです。それはDNA損傷においても同様です。

D　高 LET 放射線では，SLD 回復（亜致死損傷からの回復）は小さいので，生存率曲線の肩（図の D_q）が小さくなります。

問 30　解答　5　**解説**　誤っているものを選ぶ問題で，しかも 4 つの選択肢がすべて誤っているという珍しいケースですが，自然放射線に関する知識を問うものとしては，それなりにふさわしい問題と思います。

　自然界にもある程度の放射線が存在するわけですが，通常の地域より放射線のレベルが高い地域を**高バックグラウンド地域**と呼んでいます。しかし，その高バックグラウンド地域における疫学調査において，白血病を含むどのような種類のがんも，通常地域のそれに比べて有意に増加しているという報告はありません。したがって，「ABCD すべて」が誤りとなります。

法令

問1 解答 1 **解説** 法律の条文ですので，法律に記載されている形の記述でなければ正しいものとはいえない点に注意しましょう。例えば，1および4の「放射性同位元素の使用」と5の「放射性同位元素等の使用」とは区別されています。

Bにおいて，「放射性同位元素装置機器の製造」よりも「放射線発生装置の使用」の方が広い概念ですし，「製造」だけを規制することはおかしいですね。また，Cでは，「埋設」は「廃棄」に含まれる概念（廃棄の一方法）と考えてよいでしょう。

問2 解答 1 **解説** A　記述のとおりです。排水設備とは，「排液処理装置（濃縮機，分離機，イオン交換装置等の機械または装置），排水浄化槽（貯留槽，希釈槽，沈殿槽，ろ過槽等の構築物）排水管，排水口等液体状の放射性同位元素等を浄化し，または排水する設備」をいいます（則第1条第6号）。

B　記述のとおりです。汚染検査室とは，「人体または作業衣，履物，保護具等人体に着用している物の表面の放射性同位元素による汚染の検査を行う室」をいいます（則第1条第4号）。

C　記述のとおりです。固型化処理設備とは，「粉砕装置，圧縮装置，混合装置，詰込装置等放射性同位元素等をコンクリートその他の固型化材料により固型化する設備」をいいます（則第1条第7号）。

D　記述は誤りです。作業室とは，「密封されていない放射性同位元素の使用もしくは詰替えをし，または放射性汚染物で密封されていないものの詰替えをする室」をいいます。「密封された放射性同位元素の詰替え」は誤りです（則第1条第2号）。

問3 解答 4 **解説** 1個（1組あるいは1式）当たりの数量と下限数量の関係で，許可と届出の必要性が定まりますので，それをまとめると次のようになります（法第3条第1項，法第3条の2第1項）。また，表示付認証機器の使用をする場合の届出については法第3条の3に規定があります。

表　密封された放射性同位元素の1個当たりの数量基準

核種	下限数量	許可	届出
^{137}Cs	10 kBq	10 MBq 超	10 MBq 以下

A 記述は誤りです。1個当たりの数量が，10MBqの密封された^{137}Csを装備した照射装置のみを使用しようとする場合は，原子力規制委員会に届けることでよいのです。

B 記述は誤りです。使用の数量にかかわらず，表示付認証機器のみを認証条件に従って使用しようとする場合は，使用の開始の日から30日以内に原子力規制委員会に届けることでよいのです。

C 記述は誤りです。1個当たりの数量が，3.7MBqの密封された^{137}Csを装備した校正用線源のみ3個を使用しようとする場合は，3倍すると10MBqを超えますが，一式（1組）として用いるものでなければ，個々のものが10MBq以下なので，原子力規制委員会に届けることでよいのです。

D 記述のとおりです。1個当たりの数量が，3.7MBqの密封された^{137}Csを3個で1組として装備し，通常その1組をもって照射する機構を有するレベル計のみ1台を使用しようとする場合は，「3個で1組」ならば10MBqを超えますので，原子力規制委員会の許可を受けなければなりません。

問4 解答 3 解説 A 記述のとおりです。陽電子放射断層撮影装置による画像診断に用いるための放射性同位元素を製造しようとする場合は，工場または事業所ごとに，原子力規制委員会の許可を受けなければなりません（法第3条第1項）。

B 記述は誤りです。直線加速装置などの放射線発生装置については，その使用が法的規制を受けますが，賃貸や販売などは規制されません。届出も不要です（法第3条第1項）。

C 記述は誤りです。表示付特定認証機器のみを業として販売しようとする場合は，届出することもなく，販売や賃貸ができます（法第4条第1項）。

D 記述のとおりです。放射性同位元素または放射性汚染物を業として廃棄しようとする者は，廃棄事業所ごとに，原子力規制委員会の許可を受けなければなりません（法第4条の2第1項）。

問5 解答 2 解説 放射能標識として，使用室，施設，設備あるいは容器等に付すべき標識をP.210に示しますので参照して下さい。上部に記される内容に応じて，下部に記される文言が異なっていますので，注意しましょう。

AおよびBは，正しい標識です。Cは「許可なくして触れることを禁ず」ではなく，「許可なくして立ち入りを禁ず」です。Aも設備，Cも設備ではありますが，Cには「保管」が入るので，立ち入りを禁じています。

Dの「放射性同位元素」という標識はありません。「放射性同位元素使用

室」というものはあります。

問6 解答 1 **解説** 細かいことが問われています。正解は1の「自動表示装置が400GBq, インターロックの場合が100TBq」となっています。これは記憶しておく必要があるでしょう。

問7 解答 3 **解説** A　記述のとおりです。作業室の内部の壁，床その他放射性同位元素によって汚染されるおそれのある部分の表面は，平滑であり，気体または液体が浸透しにくく，かつ，腐食しにくい材料で仕上げることとされています（則第14条の7第1項第4号ロ）。
B　記述は誤りです。「作業室」には，洗浄設備および更衣設備を設け，汚染の検査のための放射線測定器および汚染の除去に必要な器材を備えることという規定はありません。ただし，「汚染検査室」には，洗浄設備等を設け，汚染の検査のための放射線測定器等を備えるべきことが規定されています（則第14条の7第1項第5号ハ）。
C　記述は誤りです。作業室のとびら，窓等外部に通ずる部分には，かぎその他の閉鎖のための設備または器具を設けることという規定はありません。
D　記述のとおりです。作業室の内部の壁，床その他放射性同位元素によって汚染されるおそれのある部分は，突起物，くぼみおよび仕上材の目地等のすきまの少ない構造とすることとされています（則第14条の7第1項第4号イ）。

問8 解答 2 **解説** 放射性同位元素装備機器を製造しまたは輸入しようとする場合は，当該放射性同位元素装備機器の放射線障害防止のための機能を有する部分の設計並びに当該放射性同位元素装備機器の年間使用時間その他の使用，保管および運搬に関する条件について，原子力規制委員会または原子力規制委員会の登録を受けた者（登録認証機関）の認証を受けることができます。この認証を設計認証といいます。
　法第12条の3（認証の基準）第1項を次に示します。

> 第12条の3　原子力規制委員会または登録認証機関は，設計認証または特定設計認証の申請があった場合において，当該申請に係る設計並びに使用，保管および運搬に関する条件が，それぞれ原子力規制委員会規則で定める放射線に係る安全性の確保のための技術上の基準に適合していると認めるときは，設計認証または特定設計認証をしなければならない。

問9 解答 1 **解説** 法第9条（許可証）の全体を掲げます。何が規定されているかを確認しておきましょう。出題されやすいところです。A～Cはそれぞれリストアップされています。Dの使用の方法は、許可申請書に記載される事項ではありますが、許可証には記載されないことがわかります。

> 第9条　原子力規制委員会は、第3条第1項本文または第4条の2第1項の許可をしたときは、許可証を交付する。
> 2　第3条第1項本文の許可をした場合において交付する許可証には、次の事項を記載しなければならない。
> 一　許可の年月日および許可の番号
> 二　氏名または名称および住所
> 三　使用の目的
> 四　放射性同位元素の種類、密封の有無および数量または放射線発生装置の種類、台数および性能
> 五　使用の場所
> 六　貯蔵施設の貯蔵能力
> 七　許可の条件
> 3　第4条の2第1項の許可をした場合において交付する許可証には、次の事項を記載しなければならない。
> 一　許可の年月日および許可の番号
> 二　氏名または名称および住所
> 三　廃棄事業所の所在地
> 四　廃棄の方法
> 五　廃棄物貯蔵施設の貯蔵能力
> 六　廃棄物埋設に係る許可証にあっては、埋設を行う放射性同位元素または放射性汚染物の量
> 七　許可の条件
> 4　許可証は、他人に譲り渡し、または貸与してはならない。

問10 解答 2 **解説** 法第6条（使用の許可の基準）第3号および法第7条（廃棄の業の許可の基準）第3号に係る則第14条の11（廃棄施設の基準）第1項第6号に次の規定があります。

> 六　放射性同位元素等を焼却する場合には、次に定めるところにより、焼却炉を設けるほか、第四号の基準に適合する排気設備、第14条の7第1項第4号の

基準に適合する廃棄作業室および第14条の 7 第 1 項第 5 号の基準に適合する汚染検査室を設けること。
　ロ　焼却炉は，気体が漏れにくく，かつ，灰が飛散しにくい構造とすること。
　ロ　焼却炉は，排気設備に連結された構造とすること。
　ハ　焼却炉の焼却残渣の搬出口は，廃棄作業室に連結すること。

　A，B，Dの規定はありますが，Cの規定はありません。ここでは焼却がポイントであって，貯蔵まで規定する必要がないとの判断でしょう。

問11　解答　4　解説　法第12条の 8 （施設検査）第 1 項に係る令第13条（施設検査等を要しない放射性同位元素等）第 1 項および第 2 項を示します。

第13条　法第12条の 8 第 1 項に規定する政令で定める放射性同位元素は，放射性同位元素を密封した物 1 個当たりの数量が10テラベクレル未満のものとする。ただし，放射性同位元素装備機器に装備されているものにあっては 1 台に装備されている放射性同位元素の総量が10テラベクレル未満のものとする。
　2　法第12条の 8 第 1 項に規定する政令で定める貯蔵能力は，密封されていない放射性同位元素にあってはその種類ごとに下限数量に10万を乗じて得た数量とし，密封された放射性同位元素にあっては10テラベクレルとする。

A　該当しません。令第13条第 2 項によれば，密封されていないトリチウムであれば，下限数量 1 GBq の10万倍（$1 \text{GBq} \times 10^5 = 10^2 \text{TBq}$）である100TBq より小さい 1 TBq の場合，施設検査の対象にはなりません。
B　該当します。^{32}P の下限数量が100kBqですので，その10万倍（$100 \text{kBq} \times 10^5 = 10^7 \text{kBq} = 10 \text{GBq}$）である10GBq よりも，1 TBq は大きいので，施設検査の対象になります。
C　該当しません。^{137}Cs の下限数量が示されていませんが，密封された放射性同位元素の場合，線源の種類や下限数量に関係なく，10TBq 未満であれば，施設検査の対象にはなりません。
D　該当します。密封された放射性同位元素の場合，10TBq 以上の線源は，施設検査の対象になります。

問12　解答　2　解説　法第12条の 2 （放射性同位元素装備機器の設計認証等）に係る令第12条第 1 項からの出題です。細かいことが問われています。

第12条　法第12条の 2 第 2 項に規定する政令で定める放射性同位元素装備機器

> は，次に掲げるものとする。
> 一　煙感知器
> 二　レーダー受信部切替放電管
> 三　その他その表面から十センチメートル離れた位置における一センチメートル線量当量率が一マイクロシーベルト毎時以下の放射性同位元素装備機器であって原子力規制委員会が指定するもの

　Aの「煙感知器」とBの「レーダー受信部切替放電管」は令第12条第1項のそれぞれ第1号および第2号にあります。
　Cの「ガスクロマトグラフ用エレクトロン・キャプチャ・ディテクタ」は規定がありません。
　Dの「集電式電位測定器」も規定がなさそうに思えますが，実は平成17年文部科学省告示第93号の第1号において「集電式電位測定器」と「熱粒子化式センサー」の2つが指定されています。

問13　解答　2　解説　法第12条の9（定期検査）第1項に係る令第14条（定期検査の期間）第1項第1号および第2号に関する出題です。

> 第14条　法第12条の9第1項および第2項に規定する政令で定める期間は，次の各号に掲げる者の区分に応じ，当該各号に定める期間とする。
> 一　特定許可使用者（密封された放射性同位元素または放射線発生装置のみの使用をするものを除く。）および許可廃棄業者　設置時施設検査（法第12条の8第1項または第2項の規定により使用施設等または廃棄物詰替施設等を設置したときに受ける検査をいう。以下同じ。）に合格した日または前回の定期検査を受けた日から3年以内
> 二　特定許可使用者（前号に掲げる者を除く。）　設置時施設検査に合格した日または前回の定期検査を受けた日から5年以内

　つまり，密封された放射線同位元素のみを使用する特定許可使用者の場合には，設置時の施設検査に合格した日または前回の定期検査を受けた日から5年以内ということです。当然，密封された放射線同位元素の場合の方が緩（ゆる）い規制になっていますね。

問14　解答　1　解説　法第15条（使用の基準）第1項に係る則第15条（使用の基準）第1項から出題されています。則の条文の関係部分を抜粋します。内容的にはほぼ常識的な規定といえるでしょう。

則第15条（使用の基準）第1項
（第1～4号　略）
五　作業室での飲食および喫煙を禁止すること。
（第6～7号　略）
八　作業室から退出するときは，人体および作業衣，履物，保護具等人体に着用している物の表面の放射性同位元素による汚染を検査し，かつ，その汚染を除去すること。
（第9号　略）
十　放射性汚染物で，その表面の放射性同位元素の密度が原子力規制委員会が定める密度を超えているものは，みだりに管理区域から持ち出さないこと。

A　則第15条第1項第5号が該当します。
B　則第15条第1項第8号が該当します。
C　このような規定はありません。
D　則第15条第1項第10号が該当します。

問15　解答　5　**解説**　法第15条（使用の基準）第1項に係る則第15条（使用の基準）第1項からの出題です。則の条文の関係部分を抜粋します。

第15条　法第15条第1項の原子力規制委員会規則で定める技術上の基準（第3項に係るものを除く。）は，次のとおりとする。
（第1号～3号の1　略）
三の二　第14条の7第1項第7号に規定するインターロックを設けた室内で放射性同位元素または放射線発生装置の使用をする場合には，搬入口，非常口等人が通常出入りしない出入口の扉を外部から開閉できないようにするための措置および室内に閉じ込められた者が速やかに脱出できるようにするための措置を講ずること。
（第4号～10号の2　略）
十の三　法第10条第6項の規定により，使用の場所の変更について原子力規制委員会に届け出て，400ギガベクレル以上の放射性同位元素を装備する放射性同位元素装備機器の使用をする場合には，当該機器に放射性同位元素の脱落を防止するための装置が備えられていること。
（第10号の4　略）
十一　使用施設または管理区域の目につきやすい場所に，放射線障害の防止に必要な注意事項を掲示すること。

> （第12号～13号　略）
> 十四　密封された放射性同位元素を移動させて使用をする場合には，使用後直ちに，その放射性同位元素について紛失，漏えい等異常の有無を放射線測定器により点検し，異常が判明したときは，探査その他放射線障害を防止するために必要な措置を講ずること。

A　則第15条第1項第3号の2が該当します。
B　則第15条第1項第10号の3が該当します。
C　則第15条第1項第11号が該当します。
D　則第15条第1項第14号が該当します。

問16　解答　5　解説　法第16条（保管の基準等）第1項に係る則第17条（保管の基準）第1項からの出題です。A～Dのいずれも正しいです。

> 第17条　許可届出使用者に係る法第16条第1項の原子力規制委員会規則で定める技術上の基準については，次に定めるところによるほか，第15条第1項第3号の規定を準用する。この場合において，同号ロ中「放射線発生装置」とあるのは「放射化物」と読み替えるものとする。
> 一　放射性同位元素の保管は，容器に入れ，かつ，貯蔵室または貯蔵箱（密封された放射性同位元素を耐火性の構造の容器に入れて保管する場合にあっては貯蔵施設（法第10条第6項の規定により，使用の場所の変更について原子力規制委員会に届け出て，密封された放射性同位元素の使用をしている場合にあっては，当該使用の場所を含む。））において行うこと。
> （第2号　略）
> 三　貯蔵箱（密封された放射性同位元素を耐火性の構造の容器に入れて保管する場合には，その容器）について，放射性同位元素の保管中これをみだりに持ち運ぶことができないようにするための措置を講ずること。
> 四　空気を汚染するおそれのある放射性同位元素を保管する場合には，貯蔵施設内の人が呼吸する空気中の放射性同位元素の濃度は，空気中濃度限度を超えないようにすること。
> （第5号　略）
> 六　貯蔵施設内の人が触れる物の表面の放射性同位元素の密度は，次の措置を講ずることにより，表面密度限度を超えないようにすること。
> イ　液体状の放射性同位元素は，液体がこぼれにくい構造であり，かつ，液体が浸透しにくい材料を用いた容器に入れること。

□ 液体状または固体状の放射性同位元素を入れた容器で，き裂，破損等の事故の生ずるおそれのあるものには，受皿，吸収材その他の施設または器具を用いることにより，放射性同位元素による汚染の広がりを防止すること。

問17 解答 4 解説 法第20条および則第20条に係る問題ですが，告示第19条（内部被ばくによる線量の測定），第20条（実効線量および等価線量の算定）および第24条（診療上の被ばくの除外等）に基づいています。

A 記述は誤りです。累積実効線量の集計対象期間は，平成20年4月1日以後6年ごとではなく，平成13年4月1日以降5年ごとに区分した各期間とすることとされています（則第20条第4項第5号の2，告第20条第3項）。

B 記述は誤りです。累積実効線量を記録するような場合，外部被ばくによる実効線量と内部被ばくによる和として算定することとされています。「実効線量は合算しないこと」は誤りです（則第20条第4項第5号，告第20条第1項）。

C 記述は誤りです。内部被ばくによる実効線量を算定する場合，自然放射線による被ばくを含めないこととされています（告第19条）。

D 記述のとおりです。外部被ばくによる実効線量を算定する場合，1 MeV未満のエネルギーを有する電子線およびエックス線による被ばくを含めることになっています（告第24条）。

問18 解答 4 解説 法第18条（運搬に関する確認等）第1項に係る則第18条の5（A型輸送物に係る技術上の基準）からの出題です。

A 記述は誤りです。細かいことが問われています。構成部品は，「摂氏零下20度から摂氏60度まで」の温度の範囲ではなく，「摂氏零下40度から摂氏70度まで」の温度の範囲とされています。その範囲で，き裂・破損等の生じるおそれがないことです（則第18条の5第4号）。

B 記述のとおりです。外接する直方体の各辺が10cm以上であることとなっています（則第18条の5第2号）。

C 記述は誤りです。細かいことが問われています。周囲の圧力を50kPaではなく60kPaとした場合に，放射性同位元素の漏えいがないこととされています（則第18条の5第5号）。

D 正しい規定です。みだりに開封されないように，かつ，開封された場合に開封されたことが明らかになるように，容易に破れないシールのはり付け等の措置が講じられていることとされています（則第18条の5第3号）。

問19 解答 4 **解説** 法第21条（放射線障害予防規程）に係る則第21条（放射線障害予防規程）に関する出題です。
A 該当しません。セキュリティに関することは，規定がありません。
B 正しい項目です。放射線取扱主任者の代理者の選任に関することは，則第21条第1項第3号に規定されています。
C 該当しません。使用施設等の変更の手続きに関することも規定がありません。
D 正しい項目です。放射線管理の状況の報告に関することは，則第21条第1項第11号に規定されています。

問20 解答 2 **解説** 法第22条（教育訓練）に係る則第21条の2（教育訓練）および22条の3（放射線発生装置に係る管理区域に立ち入る者の特例）に関する出題です。
A 記述のとおりです。放射線業務従事者に対しては，初めて管理区域に立ち入る前および管理区域に立ち入った後にあっては1年を超えない期間ごとに行わなければならないとされています（則第21条の2第1項第2号）。
B 記述のとおりです。取扱等業務に従事する者であって，管理区域に立ち入らないものに対しては，取扱等業務を開始する前および取扱等業務を開始した後にあっては1年を超えない期間ごとに行わなければならないと定められています（則第21条の2第1項第3号）。
C 記述は誤りです。第22条の3第1項の規定により管理区域でないものとみなされる区域であっても，当該者が立ち入る放射線施設において放射線障害が発生することを防止するために必要な事項について教育および訓練を施すこととされています（則第21条の2第1項第5号）。
D 記述のとおりです。見学のために管理区域に一時的に立ち入る者に対する教育および訓練は，当該者が立ち入る放射線施設において放射線障害が発生することを防止するために必要な事項について施さなければなりませんが，時間数までは定められていません（則第21条の2第1項第5号）。

問21 解答 5 **解説** 法第23条（健康診断）に係る則22条（健康診断）に関する出題です。
A 記述のとおりです。初めて管理区域に立ち入る場合は，立ち入る前に健康診断を行うことが定められています（則22条第1項第1号）。
B 記述のとおりです。放射性同位元素により表面密度限度を超えて皮膚が汚染され，その汚染を容易に除去することができないときは，遅滞なく，その

者につき健康診断を行うことになっています（則22条第1項第3号ロ）。
C　記述のとおりです。実効線量限度または等価線量限度を超えて放射線に被ばくし，または被ばくしたおそれのあるときは，遅滞なく，その者につき健康診断を行う必要があります（則22条第1項第3号ニ）。
D　記述のとおりです。管理区域に立ち入った後の検査または検診は，医師が必要と認めた場合に限り行うことになっています（則22条第1項第6号）。

問22　解答　1　解説　法第26条の2（合併等）第1項の条文からの出題です。
　Aについては，法人が存続するときはこのような細かい規定はいらないでしょうから，「存続するときを除く」が妥当でしょう。また，Cでは「認可」と「許可」，Dでも「一体として承継した法人」と「承継した法人」の違いがわかりにくいですが，法律で用いられているものが正解となります。問題文の上から4行目に「一体として承継させる場合に限る」とありますので，Dでは「一体として承継した法人」が妥当と考えられます。これらの判断から，選択肢の1が選ばれるでしょう。
　Bでは「貯蔵施設」は容易に外せると思いますが，「使用施設」と「放射線施設」は，法律を知らない限り区別をしにくいところだと思います。

問23　解答　1　解説　法第25条（記帳義務）第1項に係る則第24条（記帳）第1項第1号イ～レに関する問題です。
A　放射性同位元素等の受入れまたは払出しの年月日およびその相手方の氏名または名称は，施行規則において定められています（則第24条第1項第1号ロ）。
B　貯蔵施設における放射性同位元素の保管の期間，方法および場所も，定められています（則第24条第1項第1号チ）。
C　廃棄に係る放射性同位元素等を収納する容器の外形寸法，容積および重量は，定められていません。該当しないものです。
D　工場または事業所の外における放射性同位元素等の運搬の年月日，方法および荷受人または荷送人の氏名または名称ならびに運搬に従事する者の氏名または運搬の委託先の氏名もしくは名称も，定められています（則第24条第1項第1号ヌ）。

問24　解答　5　解説　法第32条（事故届）の条文がそのまま出題されています。ここでいう「事故」とは，破損や汚染などではなく，盗取や所在不明のようなより深刻なものをいいます。そのような重大かつ緊急性の高いものは，警

察官や海上保安官に知らせなければなりません。海上保安官は,「海の警察」という立場にあたります。

問25 解答 1 **解説** 法第27条（使用の廃止等の届出）に係る則第25条（使用の廃止等の届出）および則第26条の2（表示付認証機器に係る使用の廃止等の届出等）に関する出題です。

A〜C 記述のとおりです。許可使用者も，届出使用者も，表示付認証機器届出使用者も，いずれも使用の廃止に当たっては，遅滞なく，その旨を原子力規制委員会に届け出ることになっています（法第27条第1項，則第25条第1項，則第26条の2）。

D 記述は誤りです。「特定許可使用者」という用語は，法第12条の8（施設検査）に現れますが，特定許可使用者に関する使用の廃止における特例はありません。「あらかじめ」ではなく，「遅滞なく」原子力規制委員会に届ければよいのです（法第27条第1項，則第25条第1項）。

問26 解答 1 **解説** 法第30条（所持の制限）に係る則第28条（所持の制限）に関する問題です。

A 記述のとおりです。放射性同位元素のみを使用している特定許可使用者が，使用を廃止したときは，使用を廃止した日に所持していた放射性同位元素を使用の廃止の日から30日間，所持することができます（法第30条第7号，則第28条）。

B 記述のとおりです。許可を取り消された許可使用者は，その許可を取り消された日に所持していた放射性同位元素を，許可を取り消された日から30日間，所持することができます（法第30条第6号，則第28条）。

C 記述のとおりです。許可使用者から放射性同位元素の運搬を委託された者は，その運搬の委託を受けた放射性同位元素を，委託を受けた日から荷受人に引き渡すまでの間，所持することができます（法第30条第11号）。

D 記述は誤りです。届出販売業者が，放射性同位元素の運搬を委託された場合は，その届け出た種類の放射性同位元素に限り運搬のために所持することができます。当然ともいえますが，その届け出た種類以外の放射性同位元素の所持は認められません。

問27 解答 3 **解説** 法第34条（放射線取扱主任者）に係る則第30条（放射線取扱主任者の選任）および法第37条（放射線取扱主任者の代理者）に係る則第33条（放射線取扱主任者の代理者の選任等）からの出題です。

法令

A 記述のとおりです。放射性同位元素を業として販売するため原子力規制委員会に届け出た届出販売業者は，放射性同位元素の販売の業を開始するまでに放射線取扱主任者の選任をしなければなりません（則第30条第2項）。
B 記述は誤りです。その職務を行うことができない期間が30日に満たない場合であっても，放射線取扱主任者の代理者の選任を必要とします（法第37条第1項および第3項，則第33条第4項）。ただし，その期間が30日に満たない場合に，「選任の届出」を行うことは必要とされていません。
C 記述は誤りです。許可を受けている事業所内で複数の使用施設を有する特定許可使用者は，「使用施設ごとに」ではなく，「工場，あるいは事業所ごとに」放射線取扱主任者を選任すればよいのです（則第30条第1項）。
D 記述のとおりです。表示付認証機器のみを使用する表示付認証機器届出使用者は，放射線取扱主任者の選任を要しません（法第34条第1項）。

問28 解答 1 **解説** 法第36条（放射線取扱主任者の義務等）の第1〜3項の条文の穴埋め問題です。
Aは，「立ち入る放射線業務従事者」よりも「立ち入る者」のほうが広い人を対象にできますね。「放射線業務従事者」でなくても，「立ち入る」人は放射線取扱主任者の指示に従わなければなりません。
Bは「安全の」と「確保」がつながりやすいと思うかもしれませんが，ここは「放射線障害予防規程の実施」の「確保」です。

問29 解答 2 **解説** 法第36条の2（定期講習）第1項に係る則第32条（定期講習）に関係する問題です。
A 記述のとおりです。特定許可使用者は，これまで定期講習を受けたことのない者を放射線取扱主任者に選任した場合には，選任した日から1年以内に定期講習を受けさせなければなりません（則第32条第2項第1号）。
B 記述のとおりです。表示付認証機器のみを業として販売する届出販売業者は，放射線取扱主任者に定期講習を受けさせることを必要としません。則第32条第1項第2号の除外規定に当たります。
C 記述は誤りです。放射性同位元素等の運搬を行わない届出賃貸業者は，放射線取扱主任者に対し，選任した日から3年以内に定期講習を受けさせる義務を負いません。則第32条第1項第2号の除外規定に当たります。
D 記述は誤りです。許可使用者は，放射線取扱主任者に前回の定期講習を受けた日から「5年以内」ではなく，「3年以内」に定期講習を受けさせなければなりません。届出販売業者および届出賃貸業者にあっては「5年以内」

ですので，混同しないように注意しましょう（則第32条第 2 項第 2 号）。

問30 解答 5 **解説** 法第42条（報告徴収）第 1 項に係る則第39条（報告の徴収）からの出題です。

A～Dは，いずれも法に適(かな)っています。報告の期限について，「直ちに」，「10日以内」，「30日以内」，「 3 月以内」とありますが，それぞれどの場合に適用されるのか，緊急性との関係がありますので，よく確認しておきましょう。

A 許可使用者は，毎年 3 月31日に所持している特定放射性同位元素について，特定放射性同位元素の所持に係る報告書により同日の翌日から起算して 3 月以内に原子力規制委員会に報告しなければなりません（則第39条第 6 項）。

B 許可使用者から運搬を委託された者は，放射性同位元素の盗取または所在不明が生じたときは，その旨を直ちに，その状況およびそれに対する処置を10日以内に原子力規制委員会に報告しなければなりません（則第39条第 1 項第 1 号）。

C 許可使用者は，使用施設内の人が常時立ち入る場所において人が被ばくするおそれのある線量が，原子力規制委員会が定める線量限度を超え，または超えるおそれがあるとき，その旨を直ちに，その状況およびそれに対する処置を10日以内に原子力規制委員会に報告しなければなりません（則第39条第 1 項第 6 号）。

D 許可使用者は，放射線業務従事者について実効線量限度もしくは等価線量限度を超え，または超えるおそれのある被ばくがあったときは，その旨を直ちに，その状況およびそれに対する処置を10日以内に原子力規制委員会に報告しなければなりません（則第39条第 1 項第 8 号）。

MEMO

MEMO

著者紹介

福井 清輔（ふくい せいすけ）

略歴と資格

福井県出身，工学博士，東京大学工学部卒業，東京大学大学院修了

主な著作

「わかりやすい 第1種放射線取扱主任者 合格テキスト」（弘文社）
「わかりやすい 第2種放射線取扱主任者 合格テキスト」（弘文社）
「実力養成！第1種放射線取扱主任者 重要問題集」（弘文社）
「実力養成！第2種放射線取扱主任者 重要問題集」（弘文社）
「第1種放射線取扱主任者 実戦問題集」（弘文社）＊本書
「わかりやすい エックス線作業主任者試験 合格テキスト」（弘文社）

第1種放射線取扱主任者 実戦問題集

著　　者	福井清輔
印刷・製本	亜細亜印刷㈱

発　行　所	株式会社 弘文社	〒546-0012 大阪市東住吉区中野2丁目1番27号 ☎ (06)6797－7441 FAX (04)6702－4732 振替口座 00940－2－43630 東住吉郵便局私書箱1号
代 表 者	岡﨑　達	

ご注意
(1) 本書は内容について万全を期して作成いたしましたが，万一ご不審な点や誤り，記載もれなどお気づきのことがありましたら，当社編集部まで書面にてお問い合わせください。その際は，具体的なお問い合わせ内容と，ご氏名，ご住所，お電話番号を明記の上，FAX，電子メール (henshu1@kobunsha.org) または郵送にてお送りください。
(2) 本書の内容に関して適用した結果の影響については，上項にかかわらず責任を負いかねる場合がありますので予めご了承ください。
(3) 落丁・乱丁本はお取り替えいたします。